化学工程与技术研究生教学丛书

化工分离过程

李士雨 编著

天津大学研究生创新人才培养项目资助

科学出版社

北　京

内 容 简 介

本书共 10 章，介绍了当前化工工业领域常见的分离技术，主要包括精馏、吸收、工业结晶、吸附与离子交换、膜分离等。编写中力求选取先进的技术方法，如计算机模拟、过程集成优化、过程强化，结合大量示例及实际工业案例详细演示和阐述相关分离技术，以引导读者深刻理解分离技术原理，做到举一反三并指导实际应用。

本书适用于具有一定化工基础知识的高年级本科生、研究生、科技及工程设计人员，可作为高等学校化工类专业的研究生教材或教学参考书，也可作为本科生毕业设计、化工设计大赛的参考用书，还可作为化工科研人员、技术人员和设计人员的参考书。

图书在版编目（CIP）数据

化工分离过程／李士雨编著. —北京：科学出版社，2022.6
（化学工程与技术研究生教学丛书）
ISBN 978-7-03-072599-8

Ⅰ．①化… Ⅱ．①李… Ⅲ．①化工过程-分离-高等学校-教材
Ⅳ．①TQ028

中国版本图书馆 CIP 数据核字（2022）第 103064 号

责任编辑：陈雅娴 李丽娇／责任校对：杨 赛
责任印制：张 伟／封面设计：无极书装

科学出版社 出版
北京东黄城根北街 16 号
邮政编码：100717
http://www.sciencep.com

北京厚诚则铭印刷科技有限公司 印刷

科学出版社发行 各地新华书店经销
*
2022 年 6 月第 一 版 开本：787×1092 1/16
2023 年 2 月第二次印刷 印张：18 3/4
字数：427 000
定价：98.00 元
（如有印装质量问题，我社负责调换）

前　言

作者自 1998 年开始主讲天津大学化工学院的化工分离过程研究生课程，当时以 Seader 和 Henley 主编、John Wiley & Sons, Inc.出版社于 1998 年出版的 *Separation Process Principles* 为教学参考书，主要讲授平衡级分离过程。讲授过程中发现该课程很难讲，原因之一是许多计算非常复杂，采用手算较困难，采用计算机计算又需要编程，而许多学生的编程能力不足；原因之二是该课程实践性强，仅讲授理论知识而没有实践或练习，存在讲不透、学不深的问题。

随着计算机软件技术的发展，特别是 Aspen Plus 流程模拟软件的推广应用，许多计算问题解决了，因此作者将计算机模拟技术引入课堂，并利用软件引导学生思考和分析问题。这是该课程第一次比较大的改革，实践证明改革效果明显。

2008～2009 年，作者到英国曼彻斯特大学过程集成中心(Centre for Process Integration)作访问教授，全程听了该中心的全部研究生课程，发现他们的化工分离过程课程有自己的特色，即把过程集成理念引入课程，突出讲解化工分离过程的节能优化。作者受到启发，吸取他们的优点，也把过程集成理念引入课程，并对以往的一些教学内容进行了适当精简。这是该课程的第二次改革。

后续的十余年里，作者多次深入企业调研，将相关理论方法与实践相结合，获得许多新的认识和理解，将一些优秀的案例经提炼后引入教学中，同时精简传统理论部分的讲解。有些内容还曾多次用于全国性行业培训，效果良好。这是该课程第三次比较大的改革。

本书的编写正是在上述多年教学与研究基础上，吸取了相关国际名校、名师、名企的一些好思路、方法和教学案例，引入了一些实际案例而展开的。

本书的编写和出版得到了天津大学研究生创新人才培养项目(项目编号：YCX19048)和天津大学化工学院的立项资助，得到了国内外一些同行专家及技术公司的支持，作者在此一并表示感谢。

化工分离过程博大精深、范围宽广，本书作用在于抛砖引玉。由于作者水平有限，一些理解未必到位，书中不足之处在所难免，欢迎各位读者批评指正，以便本书进一步完善。

作　者
2021 年 9 月

目　　录

第 1 章

绪　　论

本章介绍化工分离过程相关的一些基本概念，包括分离过程的重要性、分离过程的机理及多样性、常见分离过程、分离过程的成熟度、分离过程的分类、分离因子、精馏过程的局限、平衡级分离过程及排列方式、如何选择合适的分离过程。

1.1　分离过程的重要性

将混合物分成两种或多种纯物质或不同组成的混合物的过程称为分离过程。如图 1-1 所示，待分离的混合物即原料，原料是混合物，得到的产物 $1\sim N$ 可能是纯物质，也可能是不同组成的新的混合物，将原料分离成产物的过程就是分离过程。分离过程种类很多，如精馏、萃取、吸收、膜分离、吸附、结晶等，其共同特征是将原料分离成纯物质或新的混合物。

分离过程具有悠久的历史，早期的海水晒盐、金属冶炼、香料提取、中药炮制等实际上都包含了分离过程。

分离过程的范围也很广，色谱分离和化学实验中经常用到的萃取、蒸馏、干燥等过程，以及小试实验中的小型精馏过程等都是分离过程，这些分离过程注重的只是物料能否被分开，不注重分离过程的经济性。

工业上的分离过程既要注重分离效果，也要注重分离的经济性，如大型炼油装置、大型甲醇精馏装置，必须同时考虑分离效果及过程的经济性。本书的化工分离过程是指工业中常用的分离过程。

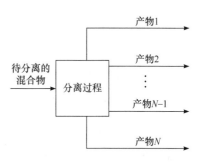

图 1-1　分离过程示意图

以精馏为代表的基于气-液平衡的多级分离过程在大化工如煤化工、石油化工、天然气化工等领域有许多重要的应用，原料的预处理、反应产物的分离等许多领域都会用到精馏技术。炼油中的常减压装置(例 1-1)，煤化工中合成气体脱硫采用的低温甲醇洗工艺，石油化工中的芳烃装置，天然气处理中的甲烷与乙烷、丙烷、丁烷等物质的分离装置，都使用精馏技术，近些年出现的大型空分装置也是以精馏系统为核心装备的。精细化工中也有许多精馏技术的应用，如香料行业中的挥发油精制、制药行业中的溶剂回收、氟化工中的混合物分离等。

精馏过程的重要性还可以从以下几方面理解：

(1) 普遍适用性。精馏过程可以用于许多物系的分离，如石油化工、煤化工、天然气化工、精细化工中均有大量精馏过程应用。

(2) 产品规模分布较宽。精馏过程可用于小批量生产，如实验室小规模的分离提取，也适用于大批量生产，如年产量千万吨的炼油和年产量百万吨的乙烯生产。

(3) 投资方面。常见的化工生产过程，如石油化工、煤化工、天然气化工中，精馏过程的投资一般占整个装置投资的 40%～70%。

(4) 对所分离物系的要求不高。精馏适用于分离的物料的进料组成比较宽，既可用于分离目标产物含量较低的物系，也可用于分离目标产物含量较高的物系。

(5) 精馏过程的产品。精馏过程可以得到新的、组成与进料不同的混合物，也可以得到高纯目标产品，如含量为 4 个 9(99.99%)、5 个 9(99.999%)或 6 个 9(99.9999%)的情况。

结晶过程在工业中也有广泛的应用。许多固体产品都是结晶产品，如化肥中的碳酸铵、硫酸铵，许多固体药物都是晶体，如青霉素钾盐和钠盐、二甲双胍等，这些物质往往要求高纯度。从理论上讲，晶体是纯度 100%的产品，结晶产品中所含的杂质一般包裹在晶体外面或夹杂在晶体中，因此结晶技术在制药行业有广泛的应用。在工业结晶中，溶液结晶和熔融结晶是应用最广泛的结晶技术。溶液结晶一般是指溶质从水溶液中结晶出来，依据溶质的溶解度进行分离，是比较常见的结晶技术；熔融结晶则是依据固-液平衡相图，以固体溶液型和低共熔型相图为主，依据物质的凝固点差异对物系进行分离，对沸点相差很小的同分异构体往往可以得到很好的分离效果。熔融结晶技术逐渐应用到一些大化工领域，如芳烃同分异构体混合物的分离、稀硫酸废水的分离等。

此外，还有吸附、离子交换、膜分离、过滤等多种分离过程在工业中得到广泛应用。

除化工、炼油、天然气处理、精细化工等领域采用大量不同的分离过程外，环保领域也有大量分离过程的应用，如挥发性有机物的治理、废水处理、固体废弃物的处理等。

【例 1-1】 常减压蒸馏过程。

图 1-2 为某炼油厂常减压装置工艺流程图。该装置由 4 部分组成：①换热部分，主要作用是将原油加热到一定的温度进入蒸馏塔蒸馏，同时回收蒸馏塔中物料的能量；②闪蒸部分，用于分离轻组分；③常压部分，在常压条件下进行蒸馏分离；④减压部分，在减压条件下进行蒸馏分离。该装置的产品有常压瓦斯、石脑油、汽油、柴油、重柴油、减压馏分和燃料油等。

1. 换热部分

约 40℃的原油自罐区由泵送入装置，分两路分别与常顶油气换热器 E-101/1、2("1、2"表示两台换热器，编号为 1 和 2，下同)换热，再混合。再经流量控制调节阀分成两路：一路进减一线及减顶循换热器 E-105/1、2，减二线换热器 E-106，减三线换热器 E-107/1、2；另一路进常一线换热器 E-102，常三线换热器 E-103，常二线换热器 E-104/1、2。然后两路合并经过气化油换热器 E-138，温度升至 130℃后，依次进入一级电脱盐罐、二级电脱盐罐(2 台并联)，进行脱盐脱水。该换热网络称为脱前换热网络。

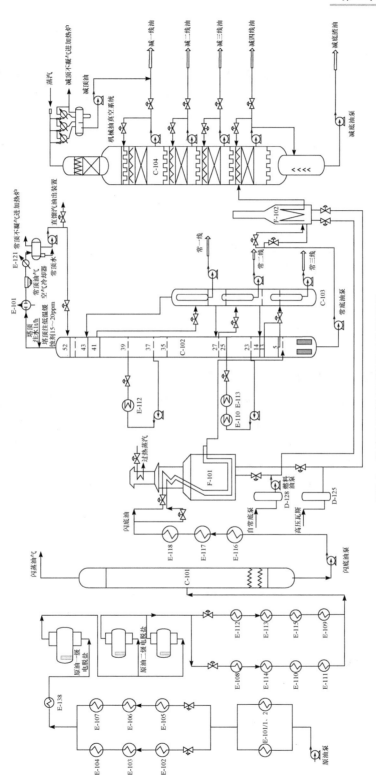

图1-2 某炼油厂常减压装置工艺流程图

C-101. 闪蒸塔；C-102. 常压塔；C-103. 汽提塔；C-104. 减压塔；F-101. 常压炉；F-102. 减压炉

脱盐脱水后温度达到 127℃，分两路进入脱后换热网络：一路经常一线中换热器 E-112，常二线中(二)换热器 E-113，减底渣油(三)换热器 E-115，减三线及减二线中(二)换热器 E-109；另一路经减底渣油(四)换热器 E-108/1、2，减二线及减一线中换热器 E-114，常二线中(一)换热器 E-110，常三线(一)换热器 E-111。换热后两路合并，温度约为 235℃，然后进入闪蒸塔 C-101 进行闪蒸。

231℃闪蒸塔底油由闪底油泵抽出，经减底渣油(二)换热器 E-116、减三线及减二线中(一)换热器 E-117、减底渣油(一)换热器 E-118。该换热网络称为炉前换热网络，换热至 301℃后，经常压炉进料调节阀进常压炉 F-101 升温至 370℃，然后进入常压塔 C-102。

2. 闪蒸部分

用于分离轻组分。原油电脱盐后，经脱后换热网络加热到温度约为 235℃，进入闪蒸塔 C-101 进行闪蒸，除去轻组分。

3. 常压部分

闪蒸塔底油经换热网络加热后进入常压炉 F-101 升温到 370℃，然后进入常压塔 C-102 在常压下蒸馏。

约126℃的塔顶油气经E-101/1、2及空气冷却器换热冷却至40℃后进入常顶汽油回流罐，不凝气引至常压瓦斯罐分液后进入常压炉烧掉。常顶汽油由常顶回流泵抽出，一部分作为塔顶冷回流回注常压塔 C-102 内，另一部分作为产品经常顶汽油碱洗、电精制后出装置。

常一线、常二线、常三线自常压塔不同的塔盘进入汽提塔 C-103 汽提，然后经换热，再经碱洗、水洗、电精制罐精制后送至罐区。常压塔底重油温度为356℃，由常底油泵抽出后，经减压炉 F-102 加热至 395℃，进入减压塔 C-104 进行蒸馏。

4. 减压部分

减压塔 C-104 顶设三级抽真空泵，一、二、三级抽空冷凝气冷却后的油水混合物进入减顶油气分水罐，不凝气引至减压炉 F-102 后烧掉，减顶油经减顶油泵升压后并入减一线出装置。

减一线油、减二线油、减三线油自减压塔侧线采出，分别经换热后，其中一路作为回流，另一路再经换热冷却出装置。

减压塔底重油温度为373℃，由减底油泵抽出，至后续减黏反应塔。

此装置中，闪蒸塔、常压塔、汽提塔和减压塔都是分离设备。

1.2 分离过程的多样性

分离过程的多样性是指同一混合物可以采用不同的分离方法达到同样的分离效果。以混合二甲苯分离为例，该混合物主要由邻二甲苯、间二甲苯、对二甲苯组成，分离的目标是得到高纯的对二甲苯。三种同分异构体的沸点和熔点如表 1-1 所示。

表 1-1 三种二甲苯的沸点和熔点数据

物质	沸点 T_b /℃	熔点 T_f / ℃
邻二甲苯	144.17	−25.18
间二甲苯	139.10	−47.87
对二甲苯(目标物质)	138.35	13.26

文献中可检索到的分离方法主要有：熔融结晶法、分子筛吸附法、精馏法和其他分离方法。

熔融结晶法：根据组分的熔点差异进行分离。从表 1-1 中可以看出，三种同分异构体的熔点相差比较大，熔融结晶法不失为一种可以考虑的分离方法。

分子筛吸附法：这种方法是利用三种同分异构体分子结构的差异，采用分子筛技术实现对二甲苯与邻、间二甲苯的分离。其中，对二甲苯的两个甲基在一条直线上，可以进入吸附剂的孔道，邻、间二甲苯的两个甲基不在一条直线上，分子直径比较大，不能进入吸附剂的孔道。这种方法在工业上得到了广泛应用，如 UOP 公司的模拟移动床技术。采用分子筛技术时，吸附在吸附剂上的对二甲苯解吸往往消耗很多能量，另外，当物系中含有甲苯时，还存在对二甲苯与甲苯进一步分离的问题。

精馏法：精馏主要依据组分间相对挥发度的差异进行分离，相对挥发度与沸点关联性强，沸点相差比较大时，相对挥发度一般也相差比较大。对于该物系，对二甲苯与间二甲苯的沸点相差不足 1℃，与邻二甲苯的沸点相差也不大，因此采用精馏方法分离的难度比较大，要求精馏塔的理论塔板数很高，且精馏过程的能耗很高，经济上不划算。这种方法已逐渐淘汰。

其他分离方法：文献中还有化学反应法，即利用对二甲苯与乙酸钠反应得到钠盐，再脱钠盐，得到高纯对二甲苯，但尚未见到该方法的工业化装置。

可见，对同一物系、同一分离要求，可以采用不同的分离技术实现。分离方法的经济性是工业上选择分离方法的一个重要依据。近些年出现的一些复合分离技术，如热耦精馏、隔板塔精馏、反应精馏等，均与分离方法的经济性有关。

1.3 分离过程的成熟度

图 1-3 给出了多种常见分离方法的技术成熟度和应用成熟度。可以看出，精馏是目前技术最成熟、应用最广泛的分离技术，其次是气体吸收、萃取/恒沸(或共沸)精馏、结晶、溶剂萃取等。从机理上讲，精馏、气体吸收、萃取/恒沸精馏都属于多级气-液平衡分离过程，有许多相似之处。溶剂萃取属于多级液-液平衡分离过程，其模型与多级气-液平衡模型类似，但相平衡关系属于液-液平衡。结晶是固-液分离过程，一般分为溶液结晶、熔融结晶和升华结晶等。

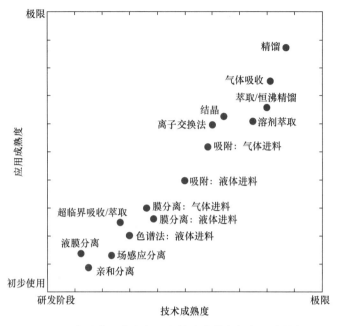

图 1-3   多种常见分离方法的技术成熟度与应用成熟度

1.4   分离过程的机理与分类

分离过程的种类很多,分类方法也不唯一。从机理上讲,分离过程可分为基于相间传质的分离过程、基于屏障面的分离过程、基于固体分离剂的分离过程和基于场效应的分离过程。

基于相间传质的分离过程的特点是分离过程中有两个或两个以上的相,在不同的相间有质量传递,进而在不同的相中组分的浓度不同,从而实现分离。常见的分离过程有蒸发、精馏、吸收、萃取、结晶、升华。蒸发、精馏、吸收过程有气-液两相或者气-液-液三相,相间存在相平衡,各相中的组成不同,相间存在质量传递。萃取过程基于液-液平衡,结晶过程主要是固-液平衡,升华结晶过程是气-固平衡。

每种分离过程又可进一步细分,如精馏又分为简单精馏(只有一个进料、一个塔顶采出、一个塔釜采出的精馏)、有侧线采出的精馏、汽提精馏、热泵精馏、萃取精馏、共沸精馏、反应精馏等,结晶过程又分为溶液结晶、熔融结晶、升华结晶等,溶液结晶又分为冷却结晶、蒸发结晶、溶析结晶等。

无论哪种分离过程,基于相间传质的分离过程均具有三个基本特征:必须有两个或两个以上的相,分离效果受热力学平衡的限制,分离速率受传质动力学的限制。以精馏为例,有些过程无法形成两相或者形成两相非常困难,不能考虑精馏方法分离,如烟气中 CO_2 的脱除,这种分离过程主要是 CO_2 和 N_2、O_2 的分离,很难形成两相,或者形成两相的成本过高,经济上不具备可行性,因而不能考虑精馏方法分离。有些物系各组分之间相对挥发度很小,甚至存在共沸现象,这种情况就是典型的热力学平衡限制了分离效果。对于传质速率，通过高效填料促进气液两相之间的充分接触，可以强化传质速率，加速分离进行。

这里还有两个概念，即能量分离剂和质量分离剂。能量分离剂是指分离过程中需要提供的能量，如向精馏塔塔釜再沸器提供的热能、向精馏塔塔顶冷凝器提供的冷能、结晶过程中需要提供的热能或冷能。能量分离剂的特点是可以采用不同类型的公用工程提供，分离剂不与工艺物料接触。质量分离剂是指分离过程中需要添加的工艺物料之外的物质，如萃取精馏中需要添加的萃取剂、共沸精馏中需要添加的共沸剂、吸收过程中的吸收剂等。质量分离剂需要与工艺物料相接触，接触后还要有分离剂的回收分离问题，因此，不得已的情况下才使用质量分离剂。

基于屏障面的分离过程主要是指过滤、膜分离。

基于固体分离剂的分离过程主要是指吸附、离子交换、分子筛、柱层析等。

基于场效应的分离过程主要是指离心分离、旋风分离、电泳等。

1.5 多级分离过程及排列方式

1.5.1 平衡级

平衡级是相间传质分离过程的基本分离单元，如图 1-4 所示，这是一个存在气-液-液三相的相间传质分离过程，如果有足够的接触时间，混合物各组分在相间的分配就能达到热力学平衡，平衡后将各相分开，即实现了一次平衡分离。

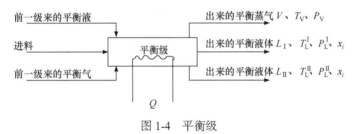

图 1-4 平衡级

平衡时

$$T_V = T_L^{I} = T_L^{II} \tag{1-1}$$

$$P_V = P_L^{I} = P_L^{II} \tag{1-2}$$

式中，T 为温度；P 为压力。上标 I 和 II 分别表示第 I 液相和第 II 液相，下标 V 和 L 分别表示气体和液体。

如果只有气-液两相，相平衡关系为

$$K_i = \frac{y_i}{x_i}, \quad K = f(T, P, X, Y) \tag{1-3}$$

式中，K_i、y_i 和 x_i 分别为 i 组分的气-液相平衡常数、气相组成和液相组成，$K = f(T, P, X, Y)$ 表示相平衡常数是温度、压力及气、液相组成的函数。

存在气-液-液三相时

$$K_i^{\mathrm{I}} = \frac{y_i}{x_i^{\mathrm{I}}} \qquad\qquad (1\text{-}4)$$

$$K_i^{\mathrm{II}} = \frac{y_i}{x_i^{\mathrm{II}}} \qquad\qquad (1\text{-}5)$$

对气-液分离过程，可通过相对挥发度 α_{ij} 表示分离的难易程度：

$$\alpha_{ij} = \frac{y_i/x_i}{y_j/x_j} = \frac{K_i}{K_j} \qquad\qquad (1\text{-}6)$$

对液-液分离过程，可通过选择性系数 β_{ij} 表示分离的难易程度：

$$\beta_{ij} = \frac{x_i^{\mathrm{I}}/x_i^{\mathrm{II}}}{x_j^{\mathrm{I}}/x_j^{\mathrm{II}}} = \frac{K_{\mathrm{D}i}}{K_{\mathrm{D}j}} \qquad\qquad (1\text{-}7)$$

式中，$K_{\mathrm{D}i}$ 和 $K_{\mathrm{D}j}$ 分别为 i 组分和 j 组分在两液相中的分配系数。

1.5.2 平衡级的排列方式

分离过程的分离程度受热力学限制，要实现比较深度的分离，一般需要多个平衡级。多个平衡级可能有不同的排列方式，一般有并流、逆流和错流三种排列方式，如图 1-5 所示。

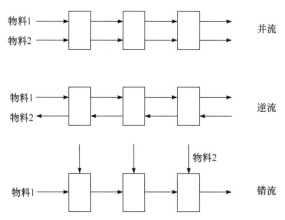

图 1-5 平衡级的并流、逆流和错流三种排列方式

不同排列方式的传质推动力不同，逆流排列的传质推动力最大。

精馏过程是典型的多级分离过程。按气液接触方式不同，有错流排列方式，如板式塔，塔板上的液体与气体以错流方式接触；也有逆流接触方式，如填料塔，气液两相在填料上逆流接触。

图 1-6 为简单精馏塔系统，含一股进料、一个塔顶冷凝器、一个塔釜再沸器。塔内件可以是填料，也可以是塔板。

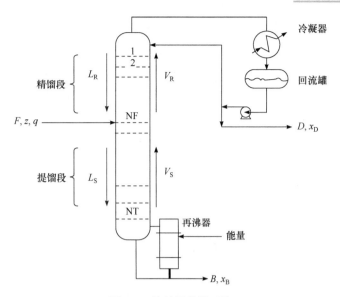

图 1-6　简单精馏塔系统

F. 进料量；z. 组成；q. 状态；L_R、V_R. 精馏段液相及气相流量；L_S、V_S. 提馏段液相及气相流量；NF、NT. 进料板号、总理论板数；D、x_D. 塔顶馏出流量及液相组成；B、x_B. 塔釜采出流量及液相组成

1.6　分　离　因　子

分离因子是表示分离过程所能达到的分离程度的一种度量，可用产品之间的关系表示。通用分离因子定义式如下：

$$\alpha_{ij}^{s} = \frac{x_{i1}/x_{j1}}{x_{i2}/x_{j2}} \tag{1-8}$$

式中，α_{ij}^{s} 为组分 i 和组分 j 的通用分离因子，即为组分 i 和组分 j 在产品 1 中的摩尔分数的比值除以在产品 2 中的摩尔分数的比值。

若 $\alpha_{ij}^{s}=1$，则说明组分 i 和组分 j 在产品 1 和产品 2 中的含量比例关系相等，系统无分离作用；若 $\alpha_{ij}^{s}>1$，则说明组分 i 在产品 1 中得到浓缩，而组分 j 在产品 2 中得到浓缩，系统有分离作用，且 α_{ij}^{s} 越大越好；若 $\alpha_{ij}^{s}<1$，则说明组分 i 在产品 2 中得到浓缩，而组分 j 在产品 1 中得到浓缩，系统有分离作用，且 α_{ij}^{s} 越小越好。

可见，可用 α_{ij}^{s} 对 1 的偏离程度表示分离效果的优劣。由于 i 和 j 可任意指定，故一般习惯上常使 $\alpha_{ij}^{s} \geqslant 1$。

表示二组分精馏难易程度的相对挥发度 $\alpha_{AB} = \dfrac{y_A/x_A}{y_B/x_B}$，以及表示液-液萃取难易程度的选择性系数 $\beta_{AB} = \dfrac{x_A^{I}/x_A^{II}}{x_B^{I}/x_B^{II}}$ 就是通用分离因子式(1-8)的特例。

分离过程很复杂，一般在没有装置的条件下得不到产品组成数据，并且系统的平衡组成、传质效率、设备结构、分离流程都会影响 α_{ij}^s 的大小。为方便计算，将分离过程理想化，平衡分离过程仅讨论平衡浓度，速度控制过程仅讨论在场的作用下的分离机理，将其他不易定量的量全部归于效率，以说明实际过程与理想过程的偏差。

1.7   分离方法的选择

分离方法的选择与混合物的物性差异密切相关，一般需要根据组分之间的物性差异选用合适的分离方法。用于确定分离方法的物性主要有分子性质、热力学性质及传递性质。

分子性质：分子量、范德华体积、范德华面积、分子形状、偶极矩、极性、介电常数、电荷。

热力学性质及传递性质：蒸气压、溶解度、吸附性能、扩散性能。

影响分离方法可行性的因素还包括：

(1) 进料条件，如组成、流率、温度、压力、相态。

(2) 产品条件，如分离要求、温度、压力、相态。

(3) 分离技术的特点，如是否容易放大，是否容易级联，温度、压力、相态条件，物理尺寸的限制，能量要求。

按放大从易到难排列分离技术如下：

(1) 精馏，容易实现级联。

(2) 吸收，容易实现级联。

(3) 萃取精馏、共沸精馏，容易实现级联。

(4) 液-液萃取，容易实现级联。

(5) 膜分离，容易实现级联。

(6) 吸附，容易实现级联。

(7) 结晶，不容易实现级联。

(8) 干燥，不方便实现级联。

1.8   精馏过程的局限

精馏过程不是万能的，以下过程或物系不适合采用精馏方法分离：

(1) 低分子量物质的分离，低分子量物质很难形成液相，需要很高的压力或很低的温度，经济上往往不划算，可考虑吸附、吸收、膜分离等方法。

(2) 高分子量且有热敏特性物质的分离，这种物系往往会因为精馏塔釜温度过高而发生热分解，可考虑结晶、液-液萃取等方法。

(3) 低浓度物质的分离，如果待分离组分含量太低，使用精馏进行分离往往需要消耗大量能量，这种物系可考虑吸收、吸附、离子交换类的分离方法。

(4) 同分异构体的分离。

(5) 相对挥发度很低的物系，或者近似共沸的物系。

(6) 含有不凝组分的混合物。

思考与练习题

1. 下列情况是否可选用精馏方法进行分离？为什么？

　(1) 以海水为原料制备饮用水。

　(2) 锅炉烟气中 CO_2 的分离。

　(3) 发酵液中乙醇的回收。

　(4) 石脑油重整中氢气与 $C_1 \sim C_5$ 轻烃的分离。

2. 什么是分离因子？如何计算分离因子？给出计算示例。

第2章

多元精馏过程的设计

本章介绍多元精馏过程的设计方法，涉及许多有用的概念和技术，如流股相态的判别、关键组分、精馏塔操作压力的确定、冷凝器类型的选择、分离序列的确定等。

2.1 单级气-液平衡计算

单级气-液平衡计算是平衡级气-液分离过程计算的基础，也是流股相态判别的基础。例如，精馏塔进料状态的判别是精馏塔塔顶冷凝器、塔釜再沸器计算的基础，也是物性方法选择正确与否的参考。因此，本节首先简单回顾单级气-液平衡计算的有关内容。

2.1.1 单级气-液平衡过程

闪蒸是最常见的单级气-液平衡分离过程，如图 2-1 所示。闪蒸时，液体混合物在闪蒸器中蒸发，由于混合物中各组分的挥发性不同，易于挥发的组分(轻组分)较多地集中于气相，而不易挥发的组分(重组分)较多地集中于液相。当气-液两相达到平衡时，气-液两相的组成宏观上不再发生变化。分别收集气液两相产品，可以得到两种新混合物，闪蒸气相得到的新混合物中易挥发组分的含量较多，闪蒸液相得到的新混合物中难挥发组分的含量较多，这两种新混合物的组成与进料组成均不一样，进料混合物在一定程度上得到了分离。

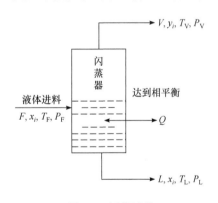

图 2-1 闪蒸过程

闪蒸过程有 3 股物料，设物系中所含的组分数为 C，则每股物料有 $(C+3)$ 个变量(C 个组成变量、1 个温度变量、1 个压力变量和 1 个流量变量)，再加 1 个热量变量，总变量个数为 $3(C+3)+1=3C+10$。

独立方程共 $(2C+6)$ 个，分析如下：

(1) 物料平衡方程(M 方程)：C 个，每个组分 1 个。

(2) 相平衡方程(E 方程)：C 个，每个组分 1 个。

(3) 焓平衡方程(H 方程)：1 个，系统的焓平衡方程只有 1 个。

(4) 分子分数约束方程(S 方程)：3 个，每个流股 1 个，即每个流股组成加和为 1，3 个流股共 3 个 S 方程。

(5) 温度恒等：1 个，离开平衡级的气-液两相温度恒等。

(6) 压力恒等：1 个，离开平衡级的气-液两相压力恒等。

自由度(或设计变量数)为 $(3C+10)-(2C+6)=(C+4)$ 个。设计变量规定如下：

(1) 规定进料中的温度、压力、组成、流量：$(C+2)$ 个，其中独立组成变量数为 $(C-1)$ 个。

另外 2 个变量的规定方法有以下几种典型选项：

(2) 规定闪蒸的温度和压力，这种闪蒸为等温闪蒸。

(3) 规定闪蒸压力和热负荷，当热负荷为 0 时，为绝热闪蒸。

(4) 规定气化分率和压力或温度或热负荷，为部分冷凝或部分气化。

(5) 规定气相分率为 0，平衡压力或温度，为泡点计算。

(6) 规定气相分率为 1，平衡压力或温度，为露点计算。

2.1.2　闪蒸过程的数学模型与算法

参见图 2-1 所示闪蒸过程，假设物系中组分数为 C，则可建立其数学模型如下：

M 方程　　　　　　　$Fz_i = Vy_i + Lx_i \qquad i=1,2,\cdots,C$ （2-1）

E 方程　　　　　　　$y_i = K_i x_i \qquad i=1,2,\cdots,C$ （2-2）

H 方程　　　　　　　$h_F F + Q = h_V V + h_L L$ （2-3）

S 方程　　　　　　　$\sum_{i=1}^{C} x_i = 1, \quad \sum_{i=1}^{C} y_i = 1$ （2-4）

温度恒等　　　　　　$T_V = T_L$ （2-5）

压力恒等　　　　　　$P_V = P_L$ （2-6）

另一种建模方式是给出总物料平衡方程，再将两个 S 方程合并成为一个加和方程，即

总物料平衡方程　　　$F = V + L$ （2-7）

加和方程　　　　　　$\sum_{i=1}^{C} y_i - \sum_{i=1}^{C} x_i = 0$ （2-8）

这样，独立方程的总数不变。

相关的相平衡常数、焓的计算关系可以采用适用的公式计算，它们均是温度、压力、组成的函数。

$$K_i = K_i(T_V, P_V, Y, X)$$ （2-9）

$$h_F = h_F(T_F, P_F, Z)$$ （2-10）

$$h_V = h_V(T_V, P_V, Y)$$ （2-11）

$$h_L = h_L(T_L, P_L, X)$$ （2-12）

上述方程组为非线性方程组，可通过迭代法，如牛顿(Newton)法、弦解法、韦格斯坦(Wegstein)法、布罗伊登(Broyden)法等方法求解。

相平衡常数与组成有关联和无关联时的求解步骤有所不同。Rachford-Rice 给出了不考虑相平衡常数与组成关系的求解步骤，如下：

第 1 步：指定设计变量，F, T_F, P_F, z_1, z_2, $\cdots$, z_C, T_V, P_V。

第 2 步：$T_V = T_L$。

第 3 步：$P_V = P_L$。

第 4 步：求解

$$f(\varphi) = \sum_{i=1}^{C} \frac{z_i (1-K_i)}{1 + \varphi(K_i - 1)}$$

式中，$\varphi = \dfrac{V}{F}$，$K_i = K_i(T_V, P_V)$，这里假定相平衡常数与组成无关。

第 5 步：$V = F\varphi$。

第 6 步：$x_i = \dfrac{z_i}{1 + \varphi(K_i - 1)}$。

第 7 步：$y_i = K_i x_i = \dfrac{K_i z_i}{1 + \varphi(K_i - 1)}$。

第 8 步：$L = F - V$。

第 9 步：$Q = h_V V + h_L L - h_F F$。

若采用牛顿法求解 $f(\varphi) = \sum\limits_{i=1}^{C} \dfrac{z_i(1-K_i)}{1+\varphi(K_i-1)}$，则有如下迭代格式：

$$\varphi^{(k+1)} = \varphi^{(k)} - \frac{f\left[\varphi^{(k)}\right]}{f'\left[\varphi^{(k)}\right]} \tag{2-13}$$

$$f'\left[\varphi^{(k)}\right] = \sum_{i=1}^{C} \frac{z_i(1-K_i)^2}{1 + \varphi^{(k)}(K_i - 1)} \tag{2-14}$$

若考虑相平衡常数与组成的关系，则有如图 2-2 所示求解步骤。

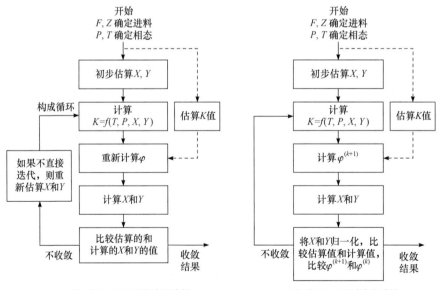

(a) 对 φ 和 (X, Y) 分别做迭代计算   (b) 对 φ 和 (X, Y) 同时迭代计算

图 2-2   等温闪蒸计算框图

2.1.3　物料状态的判别

在 Aspen Plus 中，流股(Streams)模块、闪蒸(Flash2)模块、换热器(Heater)模块、阀门(Valve)模块均可做闪蒸计算。

【例 2-1】　试确定含正丁烷(C_4H_{10}，n-butane，CAS 号 106-97-8)0.15(摩尔分数，下同)、正戊烷(C_5H_{12}，n-pentane，CAS 号 109-66-0)0.40 和正己烷(C_6H_{14}，n-hexane，CAS 号 110-54-3)0.45 的烃类混合物，在 0.2MPa 压力下何时为饱和液体，何时为饱和气体，何时为气-液两相共存，何时为过冷液体，何时为过热气体。

解　可通过确定物系的泡点温度和露点温度判别物料的状态。泡点温度时为饱和液体，露点温度时为饱和气体，泡点温度和露点温度之间为气-液两相共存，低于泡点温度时为过冷液体，高于露点温度时为过热气体。求解过程如下。

第 1 步，输入组分。

选取 Chemicals with Metric Units 模板，新建模拟过程。输入组分，见图 2-3。

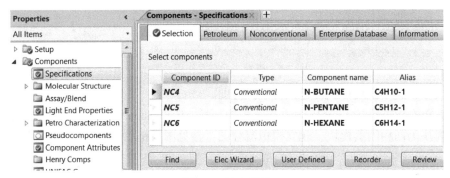

图 2-3　输入组分

第 2 步，设置物性方法，查看物性参数。

所选模板的默认热力学方法是 NRTL。对于此物系多选用 Peng-Robin 方法，通过查询二元交互作用参数，发现该物系的二元交互作用参数是齐全的，故这里仍采用 NRTL 方法，参见图 2-4。

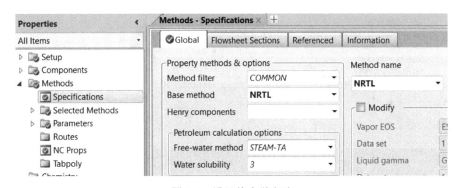

图 2-4　设置热力学方法

查看二元交互作用参数，参见图 2-5。

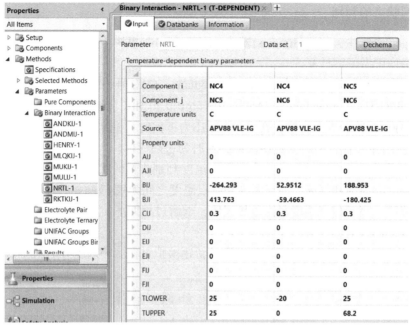

图 2-5　查看二元交互作用参数

第 3 步，进入模拟环境，建立模拟流程图。

从菜单左下方点击 Simulation，进入模拟环境。选择 Separators 模型库中的 Flash2 模块，该模块为两相闪蒸模块，建立模拟流程图，参见图 2-6。

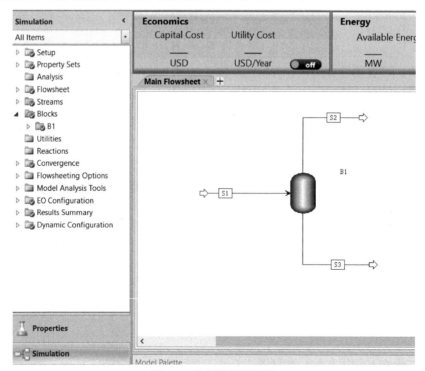

图 2-6　绘制模拟流程图

第 4 步，设置进料条件。

题中仅给出了物料的摩尔组成，由于闪蒸条件可在闪蒸器中设置，因此进料的其他条件可在合理范围内任意设定。进料条件设置参见图 2-7。

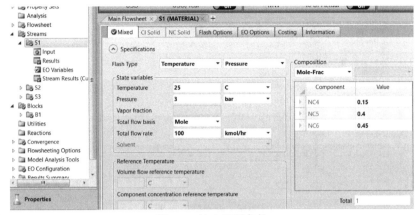

图 2-7　输入进料条件

第 5 步，设置闪蒸器条件。

闪蒸器需要设置两个条件，题中已经给出压力条件为 0.2MPa，另一个条件可选取 Vapor fraction：当 Vapor fraction 为 0 时，可计算泡点温度；当 Vapor fraction 为 1 时，可计算露点温度，参见图 2-8。

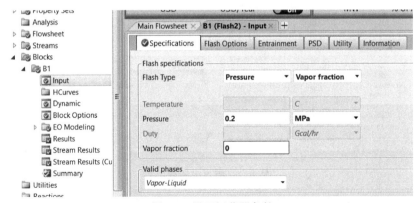

图 2-8　设置闪蒸器条件

第 6 步，运行模拟，查看结果。

点击工具按钮左侧的 Run 按钮可运行模拟，参见图 2-9。

图 2-9　运行模拟

查看模拟结果,可知该物系的泡点温度为 57.1℃,参见图 2-10。

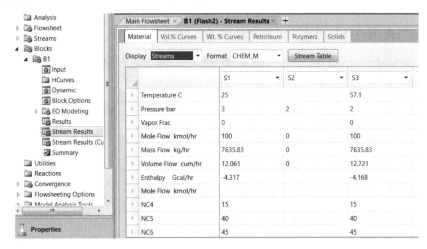

图 2-10   泡点模拟结果

第 7 步,按同样方法将 Vapor fraction 改为 1,计算露点温度,为 75.9℃,参见图 2-11。

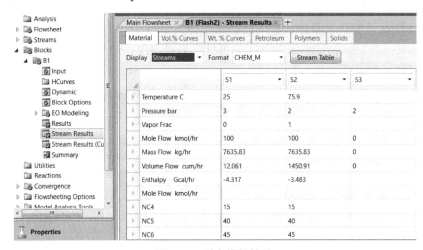

图 2-11   露点模拟结果

计算结果小结:该物系在 0.2MPa 下,57.1℃时为饱和液体,75.9℃时为饱和气体,57.1~75.9℃为气-液两相共存,低于 57.1℃时为过冷液体,高于 75.9℃时为过热气体。

2.2   分离方案的设计

产品分离方案的确定是分离过程设计的第一步,一般根据市场需求、环保要求等因素设计。确定产品分离方案时要确定生产什么产品,产品的质量要求、环保要求,还要考虑节能因素。

简单精馏塔是指只有一股进料、二股出料(塔顶、塔釜各一股出料)的精馏塔,最多只能得到两种产品。对于多组分混合物,要得到多种不同的产品,需使用多个精馏塔串联来实现。这就是精馏塔序列问题。

2.2.1　精馏塔序列

对于含有 A、B、C 三组分的理想混合物，要得到三个纯组分，理论上需要两座精馏塔，如图 2-12 所示。

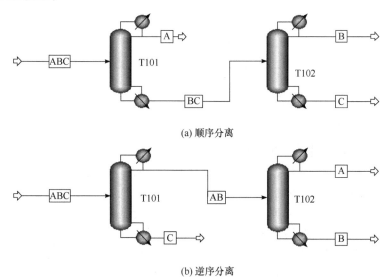

(a) 顺序分离

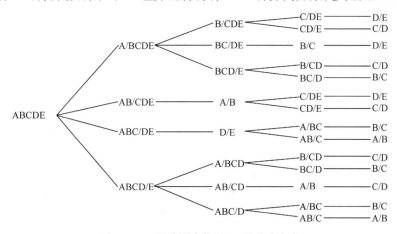

(b) 逆序分离

图 2-12　三组分理想混合物分离序列

假设 A、B、C 三组分的相对挥发度大小为 A>B>C，则可构成两个分离流程：①顺序分离(direct sequence)，即先分离轻组分(相对挥发度大、容易气化的组分)，再分离重组分(相对挥发度小、不易挥发的组分)；②逆序分离(indirect sequence)，先分离重组分，再分离轻组分。

如果混合物组分数增加，可能的分离序列的数量也会显著增加。仍考虑理想混合物，即各种可行的分离方案均是可行的，则对 4 组分混合物理论上有 5 种分离方案，对 5 组分混合物有 14 种分离方案，对 10 组分混合物有 4862 种分离方案，参见图 2-13 和表 2-1。

图 2-13　5 组分混合物的 14 种分离方案

表 2-1　组分数与分离方案数

组分数	分离方案数
2	1
3	2
4	5
5	14
⋮	⋮
10	4862

2.2.2　精馏塔序列合成的启发式规则

分离序列合成的目的是在众多分离方案中较快速地找到可行的、尽可能经济的分离序列。精馏塔序列合成遵循一些启发式规则。启发式规则实质是一些经验规则,这些规则来源于工程经验,简单实用,但这些规则只是定性的,有时会出现彼此矛盾。

规则 1,分离相对挥发度接近 1 或有共沸特征的物系时,应事先将非关键组分分离掉。这种物系的分离需要很大的回流比,额外组分的存在会显著提高精馏塔的能耗。

规则 2,有不凝气或难冷凝组分时,应尽可能在第一个精馏塔中将这些组分除去。这些组分的存在可能使精馏塔塔顶使用制冷剂冷却,能耗很高。

规则 3,如果某组分在进料中的含量很高,应尽早分离。

规则 4,五五分割原则,即塔顶和塔釜的采出量尽可能相等。

如果需要对精馏塔分离序列进行定量评价,可采用气相负荷进行分析,有条件时可通过计算机模拟进行精确分析。

2.2.3　精馏塔序列合成的约束条件

现实中的待分离物系很少是理想物系,非理想性、化学反应、腐蚀性等因素构成精馏塔序列合成的约束条件。合成精馏塔序列时需要考虑的约束条件主要包括:

(1) 安全性:有些组分为有害组分,应尽早除去。

(2) 发生化学反应或有热敏性、在塔釜易分解的物质应尽早除去。

(3) 腐蚀性物质应尽早除去。

(4) 容易聚合的物质应尽早除去。

(5) 难冷凝的物质应尽早除去。

【例 2-2】　煤制甲醇过程的产品分离方案确定。

煤制甲醇过程(图 2-14)的工艺流程:首先进行煤气化,得到粗煤气,粗煤气中除含有有效成分 CO 和 H_2 外,还含有 CO_2、N_2、CH_4、Ar、H_2S、H_2O 等成分,以及夹带的煤灰。粗煤气首先经过洗涤,清除夹带的煤灰,然后一部分煤气进入变换装置,以调整合适的 CO 和 H_2 比例(碳氢比),再经过净化工序(现多为低温甲醇洗工艺)脱除 H_2S 和大部分 CO_2。最后进入合成反应器,生成粗甲醇。粗甲醇再经精馏工序得到合格的甲醇产品。

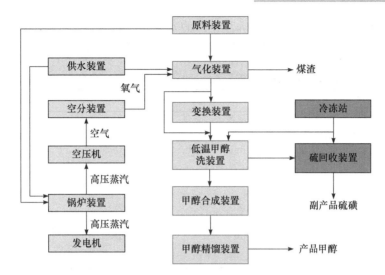

图 2-14　煤制甲醇过程方框图

此过程的最终产品是甲醇，甲醇精馏是生产的最后一步。为了确定甲醇精馏的分离方案，首先需要知道分离系统的进料条件，也就是甲醇合成反应器出口物料的组成及温度、压力条件。卡萨利工艺甲醇合成的操作温度为 230～265℃，操作压力为 7.6～8.4MPaG(G 表示表压)。

甲醇合成的原料气有 3 个来源：新鲜合成气，循环气(未反应的物料循环利用)，CO 深冷尾气。3 种原料气的组成参见表 2-2。

表 2-2　甲醇合成原料气组成(体积分数)

原料气	H_2	CO	CO_2	CH_4	N_2	Ar	CH_3OH	$COS+H_2S$
新鲜合成气	66.95%	29.33%	3.01%	0.13%	0.42%	0.16%	0.0093%	<0.1ppm
循环气	84.91%	2.39%	4.03%	1.34%	4.92%	1.86%	0.53%	
CO 深冷尾气	88.09%	10.94%	0.17%		0.1%	0.03%	0.67%	

接下来看甲醇反应过程。甲醇合成的主要化学反应有两个：

$$CO + 2H_2 \Longrightarrow CH_3OH \tag{2-15}$$

$$CO_2 + 3H_2 \Longrightarrow CH_3OH + H_2O \tag{2-16}$$

此外，还有产生乙醇、丙醇、丁醇、乙醛和酮等副产物的副反应。

在单程反应器中，CO 和 CO_2 的单程转化率达不到 100%，反应器出口气体中甲醇含量仅为 6%～12%，未反应的 CO、CO_2 和 H_2 需与甲醇分离，然后被压缩到反应器中进入下一步合成。

因此，进入精馏系统的物料成分主要有三类：

(1) 未反应的原料：H_2，CO，CO_2，CH_4，N_2，Ar。

(2) 主反应产物：CH_3OH，H_2O。

(3) 副反应产物：乙醇、丙醇、丁醇、乙醛和酮等。

依据 GB/T 338—2011，我国工业用甲醇的质量标准的部分数据如表 2-3 所示。这里最难分离的是乙醇，但乙醇含量的要求在此标准中没有具体给出。

表 2-3　工业用甲醇的质量标准(GB/T 338—2011 部分数据)

项目		指标		
		优等品	一等品	合格品
色度 Hazen 单位 (铂-钴色号)	≤	5	5	10
密度 ρ_{20} /(g/cm³)		0.791～0.792	0.791～0.793	0.791～0.793
沸程* (0℃,101.3kPa)/℃	≤	0.8	1.0	1.5
水(质量分数)/%	≤	0.10	0.15	0.20
乙醇(质量分数)/%	≤	双方协商	—	—

*包括 64.6℃ ± 0.1℃

企业也经常参考工业甲醇美国联邦标准(O-M-232G)，其关键指标参见表 2-4。此标准中明确规定了甲醇产品中对乙醇的要求：AA 级产品中乙醇≤10ppm，此外，水分含量≤1000ppm。丙酮在煤制甲醇产品中基本上检测不到。因此，设计院在做甲醇精馏塔设计时经常采用联邦 AA 级指标。甲醇废水的排放要求是废水中甲醇含量≤1000ppm。

表 2-4　工业甲醇美国联邦标准(O-M-232G)关键指标

项目	指标/%	
	A 级	AA 级
乙醇最大值	—	0.0010
丙酮最大值	0.0030	0.0020
水分最大值	0.15	0.10

对于题给物系，由于精馏塔进料中含有不凝气相组分，需要尽早将其除去，因此甲醇精馏过程的工艺流程可设计成如图 2-15 所示双塔流程。塔 1 为预分离塔或预精馏塔，主要用于分离轻组分，特别是不凝气体；塔 2 为甲醇精馏塔，用于得到甲醇产品(塔顶)，除去杂醇(侧线)，分离出达到排放要求的合格废水。这种设计的致命问题是塔 2 的设计及操作均太严格，要求同时满足的条件太多，调节余地小。

为了解决这个问题，在甲醇精馏塔 2 后面再增加一座汽提塔，即塔 3，塔 2 集中得到合格甲醇，塔 3 用于汽提处理废水，使其达到排放要求，如图 2-16 所示。相对于双塔流程，三塔流程操作难度大幅度降低。

甲醇精馏过程的能耗很高，优良的设计应考虑节能问题，在后续章节中再讨论。

【例 2-3】　烷基化产物的分离。

烷基化是炼油过程中一个重要的加工过程，可将烷基从一个分子转移到另一个分子。例如，将小分子烯烃(如丙烯和丁烯)和侧链烷烃(如异丁烷)转变成更大的具有高辛烷值的侧链烷烃(如辛烷)。大部分原油仅含有 10%～40%可直接用作汽油的烃类，通过烷基化，

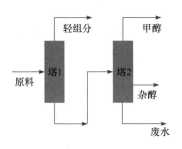
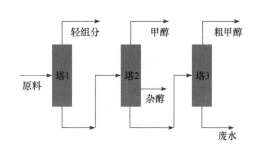

图 2-15　甲醇分离双塔流程　　　　图 2-16　甲醇分离三塔流程

可提高炼厂的汽油产量。烷基化物是一种汽油添加剂，具有抗爆作用，并且燃烧后得到清洁的产物。

某烷基化反应器的出口物料组成如表 2-5 所示，表中物质按相对挥发度递减的顺序排列。可以看出，该物料主要含有异丁烷、正丁烷和正辛烷 3 个组分，其他组分的含量比较低。异丁烷是烷基化反应物，应回反应器循环利用；正丁烷是液化气的主要成分，可看成烷基化反应的副产品；正辛烷是烷基化反应的主产品。

表 2-5　某烷基化反应器的出口物料组成

编号	中文名称	英文名称	分子式	摩尔分数/%
C3	丙烷	propane	C$_3$H$_8$	2.36
IC4	异丁烷	isobutane	C$_4$H$_{10}$	29.21
NC4	正丁烷	*n*-butane	C$_4$H$_{10}$	36.36
IC5	异戊烷	2-methyl-butane	C$_5$H$_{12}$	2.77
NC5	正戊烷	*n*-pentane	C$_5$H$_{12}$	1.15
C6	正己烷	*n*-hexane	C$_6$H$_{14}$	1.77
C7	正庚烷	*n*-heptane	C$_7$H$_{16}$	3.01
C8	正辛烷	*n*-octane	C$_8$H$_{18}$	20.93
C9	正壬烷	*n*-nonane	C$_9$H$_{20}$	2.38
	未知组分			0.06
总量				100

该物系的一个分离目标是尽可能回收异丁烷进入循环流股，因此需要控制异丁烷的损失，同时要控制异丁烷循环流股中正丁烷的含量，以避免循环流股中惰性组分过多。另一个分离目标是保证烷基化产品质量合格，组成中不能含有太多的正丁烷。液化气中正己烷的含量控制在约为 0。

假定异丁烷回收率为 99.9%，异丁烷产品中正丁烷的含量不超过 0.1%。烷基化产品中正丁烷的含量不超过 0.5%，液化气产品中正己烷的含量约为 0。可得到两种分离流程：

流程 1，先分离异丁烷产品，再分离正丁烷，这种分离流程是先分离轻组分，再分离重组分，为顺序分离，如图 2-17 所示；流程 2，先分离出烷基化产品，再分离异丁烷和正丁烷，这种分离流程是先分离重组分，再分离轻组分，为逆序分离，如图 2-18 所示。

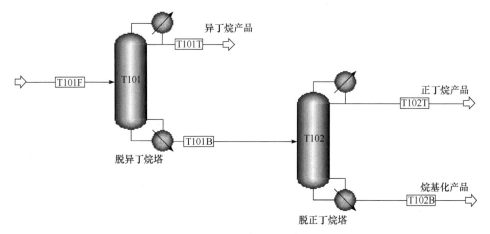

图 2-17　烷基化产物的顺序分离

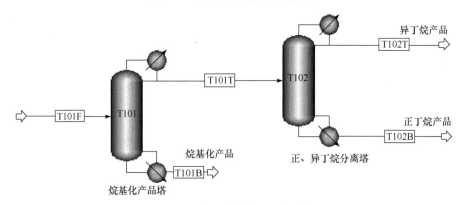

图 2-18　烷基化产物的逆序分离

2.3　精馏塔的操作压力和冷凝器类型

2.3.1　精馏塔的操作压力

精馏塔的操作压力一般指塔顶压力。确定了塔顶压力，可以根据理论板数及塔板压降确定塔釜压力及精馏塔的压力分布。

操作压力直接影响塔径、理论级数(塔高)和操作费用。例如，减压精馏时，一方面需要额外设备产生并维持一定的真空度；另一方面，在处理量或产量一定的前提下，减压塔中气体的体积流量较大，因而所需的塔径也较大。再如，加压操作时，一方面需要较高的塔壁承受压力；另一方面，压力越高，相对挥发度越低，对于一定的分离要求，所需的理论级数和回流比均比较高。

精馏塔操作压力一般优先考虑常压，这样无论是操作费用还是设备费用均比较低。

塔顶压力的确定也与冷凝器类型及公用工程的选择密切相关。从控制的角度，全凝器相对于分凝器容易控制，故优先选择全凝器。从经济的角度，公用工程优先考虑使用循环水。以冷却介质为循环水、凝器类型为全凝器为例，假定循环水的回水温度为40℃，换热温差为5℃，则塔顶气相的最低冷凝温度为45℃，在此条件下对塔顶物料做泡点计算，可确定精馏塔的操作压力。如果操作压力过高，就要考虑使用分凝器(部分冷凝器)，或者使用其他冷却介质，如低温水甚至制冷剂。确定了塔顶压力，还要考虑塔釜压力，塔釜温度较高，不能出现物料热分解的现象。

一般取冷凝器或再沸器的最小换热温差为5~15℃，可以考虑以下塔顶冷却介质和塔釜加热介质，如表2-6所示。

表 2-6　精馏塔常用冷却及加热介质

塔顶冷却介质	操作温度/℃	塔釜加热介质	操作温度/℃
循环水	20~40	热水	60~90
深井水(一次水)	18	低压蒸汽	130~150
溴化锂制冷(冷水)	5~10	中压蒸汽	170~200
冷冻盐水	−15~−5	导热油	250~360
甲醇水	−15~−5	烟气	600~700
液氨	−40~−20		
液态丙烯	−40~−20		

蒸汽加热时用的是潜热，有相变。导热油加热时用的是显热，无相变。导热油的热量损失较蒸汽小，是一种节能物质。

只要塔顶蒸气的冷凝可以用冷却水，再沸过程塔底物料不发生热分解，优先选择精馏塔的操作压力应当略高于大气压力，这就是所说的常压操作。

需减压操作的情况：热敏物系，如乙苯-苯乙烯物系90℃时容易聚合，为防止聚合，操作温度应小于90℃，这时需要较低的压力(对应于较低的泡点温度)。

对于有机混合物，如天然香料提取挥发油的过程，水通常与有机物不互溶，可用水蒸气蒸馏解决上述与温度有关的热敏问题。在该过程中，新鲜蒸汽直接加到塔的底部，作为加热介质和蒸汽流的来源。水蒸气蒸馏的一个优点是总压等于各组分饱和蒸气压之和，所以水蒸气的存在降低了有机物质的蒸馏分压，进而降低了蒸馏温度。水蒸气蒸馏的另一个优点是馏出液冷凝后常分成两个液相(油相和水相)，油相几乎不含水，水相中会含有有机污染物，排放前需做处理，或返回再沸器以产生水蒸气。

需加压操作的情况：物系在常压下为气态，必须加压才能变为液态，只有有了液相，才能采用精馏方法进行分离。例如丙烯-丙烷物系，丙烯的常压沸点为−47.7℃，在2.04MPa下的沸点为50℃，丙烷的常压沸点为−42.07℃，在1.70MPa下的沸点为50℃，此物系通常在2.0MPa下精馏。

确定了塔顶压力，根据冷凝器、塔板的压降(表2-7)，就可估计全塔压力分布。

表 2-7   精馏塔塔板及冷凝器压降

塔	塔板压降/kPa	冷凝器压降/kPa
常压塔或加压塔	0.7	35～14
减压塔	0.35	

2.3.2   冷凝器类型的确定

冷凝器的任务是为分离提供足够的回流，如果塔顶产品要求为液相，则冷凝器要将全部塔顶蒸汽冷凝。

冷凝器有全凝器和分凝器之分。全凝器要将塔顶蒸汽全部冷凝，以提供液相产品。分凝器则只将部分塔顶蒸汽冷凝，提供回流所需的液相及气相产品。分凝器相当于一块理论板，具有分离作用。全凝器则无此特性。

从回流比控制方面比较，全凝器优于分凝器：全凝器可快速调节回流比(调节阀门开放即可)；分凝器通过调节冷却剂的量控制回流比，由于冷却剂的量与换热器性能之间存在非线性关系，因而很难控制回流比。

冷凝器的类型与精馏塔的操作压力具有直接关系，当冷凝器可用水冷时，其操作温度通常可视为50℃，这时冷凝器的操作压力可按泡点压力直接估算。图 2-19 给出了确定精馏塔操作压力和选择冷凝器类型的计算方法。

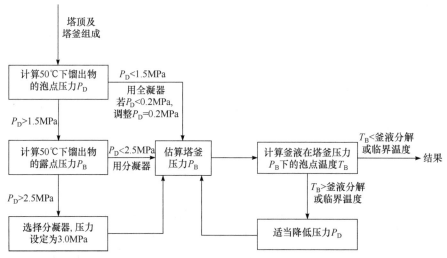

图 2-19   确定精馏塔操作压力和选择冷凝器类型的计算方法

确定精馏塔的操作压力后，可进一步确定进料状态，即估计出进料板压力及进料压力(P_D+0.05MPa)，在此条件下对进料进行绝热闪蒸计算。

【例 2-4】   确定【例 2-2】中甲醇预分离塔及甲醇精馏塔的塔顶压力及冷凝器类型。

已知甲醇预分离塔的进料组成(质量分数，%)为 CO (0.012)、H_2 (0.003)、CH_4 (0.003)、N_2+Ar (0.009)、CO_2 (1.244)、甲醇(90.078)、乙醇(0.14)、水(8.282)、轻组分(0.154)、杂醇(0.077)。

解 (1) 确定甲醇预分离塔的塔顶压力。

要确定塔顶压力，关键是估算塔顶组成。预分离塔的作用是分离不凝气体和轻组分。题目中没有给出轻组分的具体成分，依据过程特点，可采用二甲醚替代。杂醇是比较重的组分，为混合物，可用丁醇替代。

表 2-4 中给出了 AA 级甲醇的质量标准，要达到 AA 级标准，甲醇中轻组分的含量应约为 0，以避免其在甲醇精馏塔中影响甲醇的产品质量。

从进料组成看，进料中含有 CO、H_2、CH_4、N_2+Ar、CO_2 等不凝气体，塔顶冷凝器应该为分凝器。分凝器中的不凝气体可进入燃料气系统作为燃料使用。

甲醇是目标产品，不能有过多的损失，这里假定甲醇在塔顶不凝气相中的量为损失量，其含量不能超过 0.4%。以 100kg/h 进料量为基准，估算出不凝气的各组分流量，加和可得到不凝气的总流量为 1.788kg/h，以此计算出不凝气的组成，如表 2-8 所示。

表 2-8　甲醇预分离塔塔顶不凝气组成的估算

组分	进料		塔顶不凝气	
	组成(质量分数)/%	流量/(kg/h)	组成(质量分数)/%	流量/(kg/h)
CO	0.012	0.012	0.671	0.012
H_2	0.003	0.003	0.168	0.003
CH_4	0.003	0.003	0.168	0.003
N_2+Ar	0.009	0.009	0.503	0.009
CO_2	1.244	1.244	69.575	1.244
甲醇	90.078	90.078	20.134	0.36
乙醇	0.14	0.14		
水	8.282	8.282	0.168	0.003
轻组分	0.154	0.154	8.613	0.154
杂醇	0.077	0.077		
合计	100.002	100.002	100	1.788

假定采用循环水冷却，物料的冷却终温为 50℃。采用 Aspen Plus 软件计算出该不凝气在 50℃时的泡点压力和露点压力分别为 42.62MPa 和 0.19MPa，最终将预分离塔的操作压力确定为 0.19MPa。工厂实际甲醇预分离塔的操作压力略低于此压力，主要是为了比较彻底地清除轻组分，而计算过程中轻组分是采用二甲醚做近似估算的，存在一定的误差。采用更低的操作压力也会造成甲醇损失量增大。

(2) 确定甲醇精馏塔的塔顶压力。

依据表 2-4 中给出的 AA 级甲醇的质量标准，假定甲醇精馏塔塔顶物料组成为甲醇质量分数 99.9%，水质量分数 0.1%。

假定采用循环水冷却，物料的冷却终温为 50℃。采用 Aspen Plus 软件计算出该条件下物料的泡点压力为 0.06MPa，为微负压。因此可考虑常压操作，设操作压力为 0.11MPa，则物料的泡点温度为 66.7℃。此条件合理可行。

【例 2-5】   确定图 2-17 中脱异丁烷塔的操作压力和冷凝器类型。

解   假设可用循环水冷却,将馏出液温度定为 50℃。

依据【例 2-3】给出的条件,以 100kmol/h 进料量为基准进行物料衡算,计算脱异丁烷塔塔顶组成,如表 2-9 所示。

表 2-9   脱异丁烷塔塔顶组成计算

编号	进料		塔顶	
	组成(摩尔分数)/%	流量/(kmol/h)	组成(摩尔分数)/%	流量/(kmol/h)
C3	2.36	2.36	7.41	2.36
IC4	29.21	29.21	91.60	29.19
NC4	36.36	36.36	1.00	0.32
IC5	2.77	2.77		
NC5	1.15	1.15		
C6	1.77	1.77		
C7	3.01	3.01		
C8	20.93	20.93		
C9	2.38	2.38		
未知组分	0.06	0.06		
合计	100	100	100.01	31.87

采用 Aspen Plus 计算 50℃条件下塔顶物料的泡点压力,结果为 0.741MPa。对照图 2-17,可知该精馏塔选择全凝器,塔顶操作压力为 0.741MPa。

进一步考察塔釜有无分解情况。可以肯定,该物系在此条件下塔釜物料不会分解。

2.4   轻、重关键组分

在多组分精馏中,分离要求通常依靠规定塔顶和塔釜采出流股的某一物质或某些物质的组成确定。例如,规定在塔顶馏出液中某一组分的含量不能高于某一限值,而塔釜液中另一组分的含量不能高于另一限值,精馏过程的设计与操作就由这两个组分的含量规定来确定,其他组分的含量多少不做要求。这两个组分称为关键组分。

一般选择挥发度相邻的两个组分作为关键组分,挥发度高的组分称为轻关键组分,用 LK(light key)表示,挥发度低的组分称为重关键组分,用 HK(heavy key)表示。一般情况下,进料中比轻关键组分还轻的组分绝大部分集中在塔顶,比重关键组分还重的组分绝大部分集中在塔釜。因此,一般在塔釜规定轻关键组分的含量,而在塔顶规定重关键组分的含量。

轻、重关键组分的一个重要特征是其必须在塔顶和塔底同时出现。单纯在塔顶或塔釜出现的组分不能作为关键组分,这种组分称为非分配组分。

设计精馏塔时需根据轻、重关键组分设计,其余组分的含量可根据物性特点或经验估计。这样会出现某些组分的设计计算值与生产实际值偏差较大的情况,但这种现象无关紧要,只要达到轻、重关键组分的分离要求即可。

轻、重关键组分的确定决定塔高，进而决定设备费用。

关键组分的确定原则是选择对量有要求的组分作关键组分。

【例 2-6】　烷基化反应产物分离中关键组分的确定。

解　依据【例 2-3】中给出的分离条件及要求，可以确定两种流程下各塔的轻、重关键组分，如表 2-10 所示。

表 2-10　烷基化产品分离过程轻、重关键组分的确定

分离过程	精馏塔	轻关键组分	重关键组分	说明
顺序分离	脱异丁烷塔	IC4	NC4	异丁烷回收为 99.9%，异丁烷产品中正丁烷的含量不超过 0.1%
	脱正丁烷塔	NC4	NC5	烷基化产品中正丁烷的含量不超过 0.5%，液化气产品中正己烷含量约为 0。正己烷不能作为重关键组分，因为其在塔顶含量约为 0，故选与其相邻的 NC5 作为重关键组分。NC5 的具体分离要求没有给出，可以假定一个比较小的值，然后将 C6 作为最终判断标准，NC5 的假定值可以调整，直至 C6 在塔顶含量约为 0
逆序分离	烷基化产品塔	NC4	NC5	烷基化产品中正丁烷的含量不超过 0.5%，液化气产品中正己烷含量约为 0
	正、异丁烷分离塔	IC4	NC4	异丁烷回收为 99.9%，异丁烷产品中正丁烷的含量不超过 1%

需要指出的是，上述讨论的是技术可行性，实际还要考虑经济可行性。要考虑塔的费用(塔高、塔径)及操作费用(热负荷)，可通过对不同方案做经济评价得到答案。

【例 2-7】　硝基甲苯的进料组成及沸点数据如下，分析图 2-20 给出的两种分离流程的技术可行性和经济可行性。

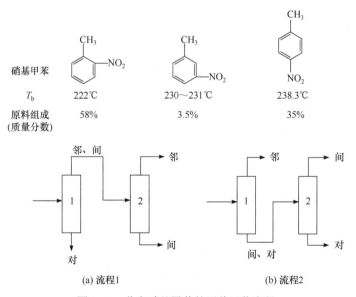

(a) 流程1　　　　　　　(b) 流程2

图 2-20　分离硝基甲苯的两种工艺流程

解 从技术角度，两种流程均可行。同时，对硝基甲苯的凝固点为 55.9℃，为防止管路堵塞，需一步将对硝基甲苯分离掉。由此可见，流程 1 优于流程 2。

从经济角度，间位经济价值高，应尽可能多地获得间硝基甲苯，由于间位、对位硝基甲苯的沸点差很小，故流程 1 的塔 1 和流程 2 的塔 2 均需很高的理论板数。可以考虑这两个塔的理论板数近似相等。由于流程 1 塔 1 的负荷为(58+3.5+35=96.5)，流程 2 塔 2 的负荷为(3.5+35=38.5)，因此流程 1 塔 1 的塔径与负荷比流程 2 塔 2 的塔径与负荷大许多。对流程 1 的塔 2 与流程 2 的塔 1 也可做类似分析，但这两个塔的塔高比前两个塔低。综上，可以得到定性分析结果：

对流程 1　高塔：塔径大，热负荷大

　　　　　低塔：塔径小，热负荷小

对流程 2　高塔：塔径小，热负荷小

　　　　　低塔：塔径大，热负荷大

可知流程 2 的费用较流程 1 低，故应选流程 2(塔的设计要考虑经济和技术两个方面的可行性)。

以上只是定性分析，也可通过计算机模拟给出定量分析。

2.5　FUG 法

2.5.1　方法概述

FUG 法是精馏塔简捷设计的典型方法，该方法的思路是由 Fenske(芬斯克)方程计算最小理论级数，由 Underwood(安德伍德)方程计算最小回流比，由 Gilliland(吉利兰)关联确定最小理论级数、最小回流比和实际理论级数、实际回流比之间的经验关系。图 2-21 给出了 FUG 法的完整步骤。

对精馏塔的理论级数本书采用自上而下的方式编号。

2.5.2　由 Fenske 方程确定最小平衡级数

精馏过程中，全回流是指精馏塔在装入一定物料后，不再有新的进料，也不采出馏出液和釜残液的一种操作状态。全回流具有以下特征：

(1) 若操作稳定且无热损失，对全塔做热量衡算可知，再沸器中加入的热量与冷凝器中排出的热量相等。

(2) 通过任意两平衡级之间的气相和液相的摩尔流率及组成相等，即第 i 块理论板与第 $i+1$ 块理论板之间的气相和液相的流率及组成相等。这一结果通过取该板与塔顶之间区域做物料衡算很容易得到。然而，除非假定为恒摩尔流，否则级间气体和液体的流率是变化的。

(3) 全回流下的平衡级数最小。

Fenske 方程的推导：对全回流塔，对第 1 级第 i 组分

$$y_{1i} = K_{1i}x_{1i} \tag{2-17}$$

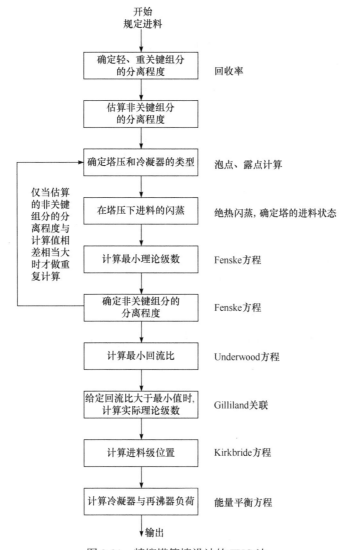

图 2-21　精馏塔简捷设计的 FUG 法

对第 2 级第 i 组分

$$y_{2i} = K_{2i}x_{2i} \tag{2-18}$$

而

$$y_{2i} = x_{1i} \tag{2-19}$$

故

$$x_{1i} = K_{2i}x_{2i} \tag{2-20}$$

$$y_{1i} = K_{1i}x_{1i} = K_{1i}K_{2i}x_{2i} \tag{2-21}$$

对第 3 级第 i 组分

$$y_{3i} = K_{3i}x_{3i} = x_{2i} \tag{2-22}$$

代入式(2-21)得

$$y_{1i} = K_{1i}K_{2i}K_{3i}x_{3i} \tag{2-23}$$

依此类推，有

$$y_{1i} = K_{1i}K_{2i}K_{3i}\cdots K_{Ni}x_{Ni} \tag{2-24}$$

同理，对 j 组分

$$y_{1j} = K_{1j}K_{2j}K_{3j}\cdots K_{Nj}x_{Nj} \tag{2-25}$$

两式相比，得

$$\frac{y_{1i}}{y_{1j}} = \frac{K_{1i}K_{2i}K_{3i}\cdots K_{Ni}x_{Ni}}{K_{1j}K_{2j}K_{3j}\cdots K_{Nj}x_{Nj}} = \alpha_1\alpha_2\cdots\alpha_N\frac{x_{Ni}}{x_{Nj}} \tag{2-26}$$

式中，α_k 为第 k 块板上组分 i 与 j 之间的相对挥发度。

式(2-26)也可写成

$$\left(\frac{x_{0i}}{x_{Ni}}\right)\left(\frac{x_{Nj}}{x_{0j}}\right) = \prod_{k=1}^{N}\alpha_k \tag{2-27}$$

计算式(2-27)时需知道每块板的 α_k，因此实际中很少使用。当 α_k 为常数时，式(2-27)可简化为

$$\left(\frac{x_{0i}}{x_{Ni}}\right)\left(\frac{x_{Nj}}{x_{0j}}\right) = \alpha^N \tag{2-28}$$

或

$$N = \frac{\ln\left[\left(\dfrac{x_{0i}}{x_{Ni}}\right)\left(\dfrac{x_{Nj}}{x_{0j}}\right)\right]}{\ln\alpha_{ij}} \tag{2-29}$$

式中，N 对应于全回流，故 N 为 $N_{\min}$，即

$$N_{\min} = \frac{\ln\left[\left(\dfrac{x_{0i}}{x_{Ni}}\right)\left(\dfrac{x_{Nj}}{x_{0j}}\right)\right]}{\ln\alpha_{ij}} \tag{2-30}$$

式(2-30)即为 Fenske 方程，在实际应用中可用于估计最小理论级数，可用于二元、多元的关键组分、非关键组分的估算。

若为多组分精馏，i 对应于轻关键组分，j 对应于重关键组分，α_{ij} 为轻关键组分与重关键组分的相对挥发度。非关键组分对 $N_{\min}$ 的影响体现在 α_{ij} 中。

Fenske 方程的另一种形式为

$$N_{\min} = \frac{\ln\left[\left(\dfrac{d_i}{d_j}\right)\left(\dfrac{b_j}{b_i}\right)\right]}{\ln\alpha_{\mathrm{m}}} \tag{2-31}$$

式中，d_i 和 b_i 分别为组分 i 在馏出液和釜残液中的流率。

$$\alpha_{\mathrm{m}} = \sqrt{\left(\alpha_{ij}\right)_N\left(\alpha_{ij}\right)_0} \tag{2-32}$$

2.5.3　由 Fenske 方程估算非关键组分的分配

由于 Fenske 方程并不局限于两个关键组分，一旦 $N_{\min}$ 已知，便可用来计算所有非关键组分的 x_0 和 x_N。当采用级数多于最小级数时，这些数值为实际的组成分布提供了一级近似。

若选重关键组分 j 为参考组分，用脚标 r 表示。令 i 表示任一非关键组分，则由 Fenske 方程

$$N_{\min} = \frac{\ln\left[\left(\dfrac{d_i}{d_{\mathrm{r}}}\right)\left(\dfrac{b_{\mathrm{r}}}{b_i}\right)\right]}{\ln\alpha_{\mathrm{m}}}$$

得

$$\frac{d_i}{b_i} = \frac{d_{\mathrm{r}}}{b_{\mathrm{r}}}\left(\alpha_{i\mathrm{r}}\right)_{\mathrm{m}}^{N_{\min}} \tag{2-33}$$

又由于进料中 i 组分的流率 $f_i = d_i + b_i$，因此

$$b_i = \frac{f_i}{1 + \left(\dfrac{d_{\mathrm{r}}}{b_{\mathrm{r}}}\right)\left(\alpha_{i\mathrm{r}}\right)_{\mathrm{m}}^{N_{\min}}} \tag{2-34}$$

$$d_i = \frac{f_i\left(\dfrac{d_{\mathrm{r}}}{b_{\mathrm{r}}}\right)\left(\alpha_{i\mathrm{r}}\right)_{\mathrm{m}}^{N_{\min}}}{1 + \left(\dfrac{d_{\mathrm{r}}}{b_{\mathrm{r}}}\right)\left(\alpha_{i\mathrm{r}}\right)_{\mathrm{m}}^{N_{\min}}} \tag{2-35}$$

令

$$B = \sum_{i=1}^{C} b_i \tag{2-36}$$

$$D = \sum_{i=1}^{C} d_i \tag{2-37}$$

则

$$x_{0i} = \frac{d_i}{D} \tag{2-38}$$

$$x_{Ni} = \frac{b_i}{B} \tag{2-39}$$

2.5.4　由 Underwood 方程确定最小回流比

全回流时回流比 $R \to \infty$，即 R 是一个极限。可测量精馏塔的理论级数以检测塔的性能。

最小回流比 $R_{\min}$ 是指完成某一分离要求所需要的最小回流比。当精馏塔的回流比小于 $R_{\min}$ 时实际上仍可操作，只是达不到预期分离要求。

对于常规二元物系，最小回流比时在进料位置有一个恒浓度区(夹点区)，操作线方程与进料线在气-液平衡曲线上相交，此时理论级数为无穷大，如图 2-22 所示。

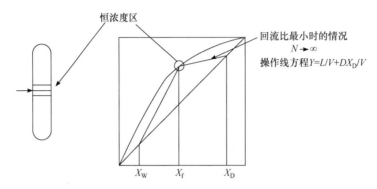

图 2-22　常规二元物系的最小回流比

对于存在共沸点的二元物系，如乙醇-水物系，恒浓度区会转移到共沸点，该点也是操作线与气-液平衡曲线的切点，如图 2-23 所示。

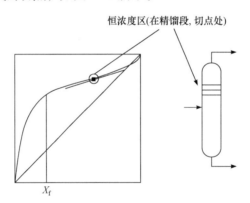

图 2-23　有共沸点的二元物系的最小回流比

多元物系的情况比较复杂，主要是有非关键组分的问题。按多元物系中非关键组分在塔顶和塔釜的分配情况，可将多元物系分成非清晰分割(类型Ⅰ)和清晰分割(类型Ⅱ)两大类。非清晰分割时，每个非关键组分在塔顶和塔釜均出现，即所有组分均为分配组分；清晰分割时，部分非关键组分只在塔顶或塔釜出现，即部分非关键组分为非分配组分。

对于非清晰分割，恒浓度区在进料板处，所有组分均为分配组分，如图 2-24 所示。图中字母含义：K 代表 Key，关键；H 代表 Heavy，重；L 代表 Light，轻；N 代表 Non，非。组合起来：LNK 代表轻非关键组分，LK 代表轻关键组分，HK 代表重关键组分，HNK 代表重非关键组分。一般轻、重关键组分是相对挥发度相邻的两个组分，则轻非关键组分是比轻关键组分还轻的组分，重非关键组分是比重关键组分还重的组分。

对于清晰分割，非关键组分为非分配组分。若 LNK 集中在塔顶，HNK 集中在塔釜，则出现两个恒浓度区，如图 2-25 所示。

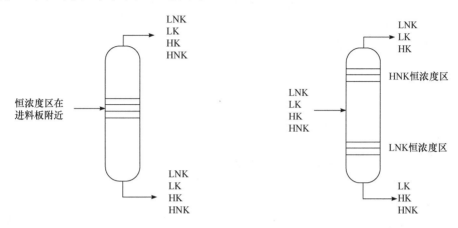

图 2-24　多元非清晰分割的恒浓度区　　　　图 2-25　轻、重非关键组分均清晰分割情况

若仅 LNK 为非分配组分，恒浓度区如图 2-26 所示。若仅 HNK 为非分配组分，恒浓度区如图 2-27 所示。

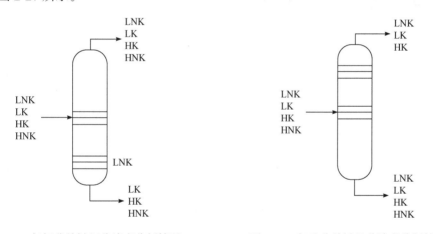

图 2-26　仅轻非关键组分清晰分割情况　　　　图 2-27　仅重非关键组分清晰分割情况

非清晰分割及清晰分割情况的最小回流比计算方法不同。

(1) 非清晰分割情况最小回流比的计算。

如图 2-28 所示，取进料处恒浓度区至塔顶的精馏段进行物料衡算，有

物料平衡方程
$$V_\infty = L_\infty + D \tag{2-40}$$

$$V_\infty y_{i\infty} = L_\infty x_{i\infty} + D x_{iD} \tag{2-41}$$

相平衡方程
$$y_{i\infty} = K_{i\infty} x_{i\infty} \tag{2-42}$$

将式(2-42)代入式(2-41)，得

$$V_\infty = \frac{L_\infty x_{i\infty} + D x_{iD}}{K_{i\infty} x_{i\infty}} \tag{2-43}$$

对 j 组分

$$V_\infty = \frac{L_\infty x_{j\infty} + Dx_{jD}}{K_{j\infty}x_{j\infty}} \tag{2-44}$$

合并式(2-43)、式(2-44)得

$$\frac{K_{i\infty}x_{i\infty}}{K_{j\infty}x_{j\infty}}\left(L_\infty x_{j\infty} + Dx_{jD}\right) = L_\infty x_{i\infty} + Dx_{iD} \tag{2-45}$$

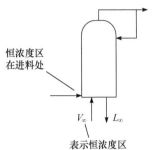

恒浓度区
在进料处

V_∞　L_∞

表示恒浓度区

图 2-28　非清晰分割精馏
段物料平衡图

又　　　　　　　$\alpha_{ij} = \dfrac{K_{i\infty}}{K_{j\infty}}$

故最小回流比(也称为内回流比)为

$$\frac{L_\infty}{D} = \frac{\dfrac{x_{iD}}{x_{jD}} - \left(\alpha_{ij}\right)_\infty \dfrac{x_{jD}}{x_{j\infty}}}{\left(\alpha_{ij}\right)_\infty - 1} \tag{2-46}$$

式(2-46)对任一组分均适用。

若令 i 为 LK，j 为 HK，∞ 为恒浓度区的位置。对第一类多元物系的分离，闪蒸进料时进料组成与恒浓度区组成是相同的，即

$$x_{i\infty} = x_{LKF} \tag{2-47}$$

$$x_{j\infty} = x_{HKF} \tag{2-48}$$

又

$$\left(\alpha_{ij}\right)_\infty = \left(\alpha_{LKF,HKF}\right)_F \tag{2-49}$$

$$x_{iD} = x_{LK,D} \tag{2-50}$$

$$x_{jD} = x_{HK,D} \tag{2-51}$$

故

$$\frac{L_\infty}{D} = \frac{\dfrac{x_{LK,D}}{x_{HK,D}} - \left(\alpha_{LKF,HKF}\right)_F \dfrac{x_{HK,D}}{x_{HK,F}}}{\left(\alpha_{LKF,HKF}\right)_F - 1} \tag{2-52}$$

将 D 移至右端，且引入 F/F 和 L_F/L_F 项，进一步整理可得

$$\frac{(L_\infty)_{\min}}{F} = \frac{\dfrac{L_F}{F}\left[\dfrac{Dx_{LK,D}}{L_Fx_{LK,F}} - \left(\alpha_{LK,HK}\right)_F \dfrac{Dx_{HK,D}}{L_Fx_{HK,F}}\right]}{\left(\alpha_{LK,HK}\right)_F - 1} \tag{2-53}$$

式中，L_F 为进料中的液体量。

式(2-53)由 Underwood 提出，可用于过冷液体或过热蒸气进料。该方程还可进一步整理为

$$\frac{Dx_{iD}}{L_Fx_{iF}} = \left[\frac{\left(\alpha_{i,HK}\right)_F - 1}{\left(\alpha_{LK,HK}\right)_F - 1}\right]\left(\frac{Dx_{LK,D}}{L_Fx_{LK,F}}\right) + \left[\frac{\left(\alpha_{LK,HK}\right)_F - \left(\alpha_{i,HK}\right)_F}{\left(\alpha_{LK,HK}\right)_F - 1}\right]\left(\frac{Dx_{HK,D}}{L_Fx_{HK,F}}\right) \tag{2-54}$$

式中，$\dfrac{Dx_{iD}}{L_F x_{iF}}$ 为组分 i 在塔顶的收率，$0 < \dfrac{Dx_{iD}}{L_F x_{iF}} < 1$。

与 Fenske 方程类似，式(2-53)、式(2-54)也可用于非关键组分，进而估算出非关键组分的分配情况。

外回流比 $\left(\dfrac{L_{\min}}{D}\right)$ 可以在内回流比公式基础上，通过精馏段焓平衡得到：

$$\frac{(L_{\min})_{外}}{D} = (R_{\min})_{外} = \frac{(L_\infty)_{\min}(H_{V\infty} - H_{L\infty}) + D(H_{V\infty} - H_V)}{D(H_V - H_L)} \tag{2-55}$$

式中，V 和 L 分别为离开顶部平衡级的气体和外部液体回流。

对恒摩尔流情况，有

$$(R_{\min})_{外} = \frac{(L_\infty)_{\min}}{D} = (R_{\min})_{内} \tag{2-56}$$

(2) 清晰分割情况最小回流比的计算。

对精馏段：

$$\sum \frac{(\alpha_{ir})_\infty x_{iD}}{(\alpha_{ir})_\infty - \varphi} = 1 + (R_\infty)_{\min} \tag{2-57}$$

对提馏段：

$$\sum \frac{(\alpha'_{ir})_\infty x_{iB}}{(\alpha'_{ir})_\infty - \varphi'} = 1 - (R'_\infty)_{\min} \tag{2-58}$$

式中，r 表示参考组分，一般取重关键组分作为参考组分；$(R_\infty)_{\min} = \dfrac{(L_\infty)_{\min}}{D}$；$(R'_\infty)_{\min} = \dfrac{(L'_\infty)_{\min}}{B}$。

假设：在恒浓度区 α 为定值，在进料口与精馏段恒浓度区范围内 L 和 V 为恒摩尔流，则

$$(L'_\infty)_{\min} - (L_\infty)_{\min} = qF \tag{2-59}$$

式中，$q = \dfrac{H_{VF} - H_F}{H_{VF} - H_{LF}}$。

若通根 $\theta = \varphi = \varphi'$，则可推出

$$\sum \frac{(\alpha_{ir})_\infty Z_{iF}}{(\alpha_{ir})_\infty - \theta} = 1 - q \tag{2-60}$$

$$\alpha_{HK,HK} = 1 < \theta < \alpha_{LK,HK}$$

将 θ 代入式(2-57)，得

$$\sum \frac{(\alpha_{ir})_\infty x_{iD}}{(\alpha_{ir})_\infty - \theta} = 1 + (R_\infty)_{\min} \tag{2-61}$$

两边乘 D，得

$$\sum \frac{(\alpha_{ir})_{\infty} x_{iD} D}{(\alpha_{ir})_{\infty} - \theta} = D + (L_{\infty})_{\min} \tag{2-62}$$

对非清晰分割的组分也应核算。再设 θ 值：

$$1 < \theta_1 < \alpha_{\mathrm{LK,HK}}$$

$$\alpha_{\mathrm{HNK,HK}} < \theta_2 < 1$$

由式(2-60)通过迭代解出 θ_1 和 θ_2，将其分别代入式(2-61)，联立求解可得非清晰分割组分的 x_{iD} 和 $(R_{\infty})_{\min}$。要求解满足条件 $\sum x_{iD} = 1$。

恒浓度区的浓度计算：

精馏段

$$x_{i\infty} = \frac{\theta x_{iD}}{(R_{\infty})_{\min} \left[(\alpha_{ir})_{\infty} - \theta \right]} \tag{2-63}$$

$$y_{i\infty} = \frac{L_{\infty} x_{i\infty} + x_{iD} D}{V} \tag{2-64}$$

式(2-63)中 θ 为式(2-62)的根，满足不等式 $0 < \theta < (\alpha_{\mathrm{HNK,r}})_{\infty}$，HNK 是最小回流时，馏出液中最重的非关键组分。

提馏段

$$x'_{i\infty} = \frac{\theta x_{iB}}{(R'_{\infty})_{\min} \left[(\alpha_{ir})_{\infty} - \theta \right]} \tag{2-65}$$

式(2-65)中 θ 为式(2-62)的根，满足不等式 $0 < \theta < (\alpha_{\mathrm{HNK,r}})_{\infty}$；HNK 是最小回流时，塔底产品中最重的非关键组分。

由内回流比计算外回流比可采用式(2-55)计算。

由于 Underwood 的最小回流方程式比较简单，因此，在第 II 类多元物系的分离计算中广泛应用，但通常没有考虑非关键组分的分配。另外，经常假设 $(R_{\infty})_{\min}$ 等于外回流比。

当精馏塔进料的沸点范围比较宽时，外回流远高于内回流。Bachelor 列举了一种情况，其外回流比内回流大 55%。

当假设两个恒浓度区内的相对挥发度不恒定与非恒摩尔流时，对于第 II 类多元物系的分离，由 Underwood 方程计算出的最小回流比有明显的偏差，这是由式(2-60)对 q 值的敏感性引起的。

如果 Underwood 的假设看起来是正确的，但又计算出负的最小回流比，可以解释为不需要精馏段便可获得给定的分离结果。

Underwood 方程指出：最小回流比取决于进料条件和相对挥发度，而两个关键组分的分离程度对其影响较小。对于理想分离，存在确定的最小回流比。

2.5.5　由 Gilliland 关联确定实际回流比与理论级数

确定最小回流比后，可通过取最小回流比一定倍数的方法确定实际回流比，即

$$R = K R_{\min} \tag{2-66}$$

式中，K 为经验参数。K 的取值影响操作费用及设备费用，一般 $K=1.1 \sim 1.5$。对于难分离物系，K 取较大值，可以减少理论级数；对于易分离物系，K 取较小值，可降低操作费用。经验上，取 $K=1.3$ 比较多。

确定实际回流比后，通过 Gilliland 关联可以确定实际理论级数，参见图 2-29。

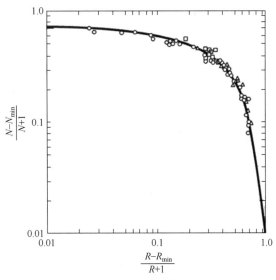

图 2-29　Gilliland 关联图

Molokanov 给出了 Gilliland 关联的近似式，见式(2-67)、式(2-68)，准确性比较高。

$$Y = \frac{N - N_{\min}}{N+1} = 1 - \exp\left[\left(\frac{1+54.4X}{11+117.2X}\right)\left(\frac{X-1}{X^{0.5}}\right)\right] \tag{2-67}$$

$$X = \frac{R - R_{\min}}{R+1} \tag{2-68}$$

2.5.6　实际回流比下非关键组分的分配

全回流时：所有组分分布于馏出液与釜残液之间。

最小回流时：没有或很少有非关键组分分配。

实际回流时：当回流比接近最小回流比时，产品的分配介于两个极限之间；但当回流比较大时，非关键组分的产品分配实际上可能在极限情况的外边，分离效果较差。

当两个关键组分的给定分离程度不变时，随着回流比从全回流时开始减少，所需的平衡级数开始只是慢慢增加，而当接近最小回流比时则迅速增加。开始时回流比迅速减少，不能抵偿级数的增加，这使得非关键组分分配得不好。但当接近最小回流比时，回流比的稍微减少都要通过平衡级数的大量增加来抵偿，非关键组分的分离比全回流时要好。

在接近最佳回流比 1.3 时，非关键组分的分配与全回流时用 Fenske 方程计算的结果近似。

2.5.7　由 Kirkbride 方程确定进料位置

Kirkbride 给出了精馏塔精馏段理论级数(N_R)与提馏段理论级数(N_S)之间的经验关

联式，可以比较准确地给出适当的进料板位置：

$$\frac{N_R}{N_S} = \left[\left(\frac{z_{HK,F}}{z_{LK,F}} \right) \left(\frac{z_{LK,B}}{z_{HK,D}} \right)^2 \left(\frac{B}{D} \right) \right]^{0.206} \tag{2-69}$$

2.6 计算机辅助设计

精馏塔简捷设计可采用 Aspen Plus 精馏塔模型中的 DSTWU、Distl 和 SCFrac 模块完成。这些模块的功能简述于表 2-11。

表 2-11 **Aspen Plus 简捷法设计模拟模型**

模块名称	功能
DSTWU	精馏塔设计简捷法模型，采用 Winn-Underwood-Gilliland 方法
Distl	用于精馏塔核算或标定计算，采用 Edmister 方法
SCFrac	精馏塔简捷法模拟模型，用于复杂或热耦精馏塔，如原油的常减压蒸馏

【例 2-8】 参见【例 2-3】烷基化反应产物分离条件，在【例 2-5】的基础上，采用 DSTWU 模块进行流程 1 中脱异丁烷塔的设计。进料条件如表 2-12 所示。

表 2-12 进料条件

项目		数值
温度/℃		饱和液体
压力/bar(1 bar = 10^5Pa)		5
流量/(kmol/h)		590
摩尔分数	C3	0.0236
	IC4	0.2921
	NC4	0.3636
	IC5	0.0277
	NC5	0.0115
	C6	0.0177
	C7	0.0301
	C8	0.2093
	C9	0.0238

分离要求：异丁烷回收率为 99.9%，异丁烷产品中正丁烷的含量不超过 0.1%。

解 在【例 2-5】中已经确定了精馏塔的操作压力为 0.741MPa，设精馏塔全塔压降为 20kPa，则塔釜压力为 0.743MPa。

设置好组分及物性方法后，转到模拟环境，选择 DSTWU 模型，设计模拟流程如图 2-30 所示。

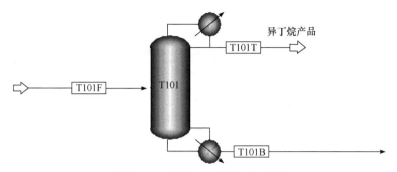

图 2-30　脱异丁烷塔模拟流程图

第 1 步，输入进料条件，参见图 2-31。

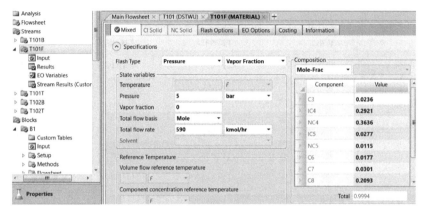

图 2-31　输入进料条件

第 2 步，设置精馏塔条件。

取回流比为最小回流比的 1.1 倍，设置异丁烷、正丁烷塔顶回收率的一组估算值，按图 2-32 设置精馏塔条件。

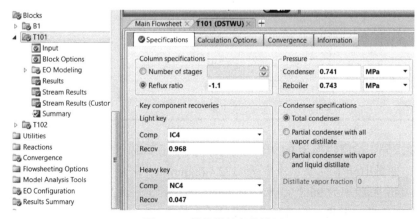

图 2-32　精馏塔的条件设置

第 3 步，运行模拟，查看结果。

流股模拟结果列于表 2-13。

表 2-13   流股模拟结果

项目		T101F	T101T	T101B
温度/℃		58.3	50.5	96.6
压力/bar		5	7.41	7.43
气相分率		0	0	0
总摩尔流率/(kmol/h)		590	190.945	399.055
总质量流率/(kg/h)		43381.01	10902.97	32478.05
组分摩尔流率/(kmol/h)	C3	13.932	13.932	痕量
	IC4	172.442	166.924	5.518
	NC4	214.653	10.089	204.564
	IC5	16.353		16.353
	NC5	6.789		6.789
	C6	10.449		10.449
	C7	17.77		17.77
	C8	123.561		123.561
	C9	14.05		14.05
摩尔分数	C3	0.024	0.073	痕量
	IC4	0.292	0.874	0.014
	NC4	0.364	0.053	0.513
	IC5	0.028		0.041
	NC5	0.012		0.017
	C6	0.018		0.026
	C7	0.03		0.045
	C8	0.209		0.31
	C9	0.024		0.035

设计要求异丁烷回收率为 99.9%，异丁烷产品中正丁烷的含量不超过 0.1%。从表 2-13 可以看出，进料中异丁烷摩尔流率为 172.442kmol/h，塔顶回收异丁烷的摩尔流率为 166.924kmol/h，回收率为 96.8%，未达到预期要求。异丁烷产品中正丁烷含量达到 5.3%，也未达到预期要求。因此，该精馏塔的设计不合格。

调整异丁烷、正丁烷塔顶回收率分别为 0.999 和 0.001，重新计算，结果达到预期要求，如表 2-14 所示。

表 2-14　调整参数后的流股模拟结果

项目		T101F	T101T	T101B
温度/℃		58.3	49.9	96.5
压力/bar		5	7.41	7.43
气相分率		0	0	0
总摩尔流率/(kmol/h)		590	186.417	403.583
组分摩尔流率/(kmol/h)	C3	13.932	13.932	痕量
	IC4	172.442	172.27	0.172
	NC4	214.653	0.215	214.438
	IC5	16.353		16.353
	NC5	6.789		6.789
	C6	10.449		10.449
	C7	17.77		17.77
	C8	123.561		123.561
	C9	14.05		14.05
摩尔分数	C3	0.024	0.075	痕量
	IC4	0.292	0.924	427ppm
	NC4	0.364	0.001	0.531
	IC5	0.028		0.041
	NC5	0.012		0.017
	C6	0.018		0.026
	C7	0.03		0.044
	C8	0.209		0.306
	C9	0.024		0.035

此条件下精馏塔的设计结果如图 2-33 所示。从图 2-33 中可以找到:

最小回流比(Minimum reflux ratio):7.8656

实际回流比(Actual reflux ratio):8.65216

最小理论级数(Minimum number of stages):56.9974

实际理论级数(Number of actual stages):123.538

进料位置(Feed stage):61.4048

进料以上实际塔板数(Number of actual stages above feed):60.4048

塔釜再沸器热负荷(Reboiler heating required):8.1295Gcal/hr

塔顶冷凝器热负荷(Condenser cooling required):7.42012Gcal/hr

馏出物温度(Distillate temperature):49.8641℃

塔釜温度(Bottom temperature):96.4927℃

馏出物占进料比(Distillate to feed fraction):0.315961

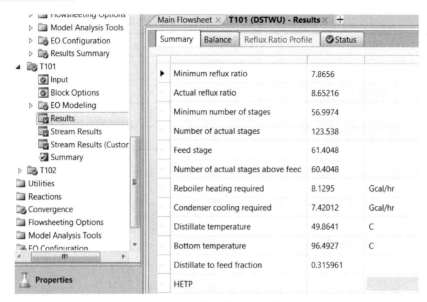

图 2-33　精馏塔设计结果

该设计结果中精馏塔的理论级数过高,可通过提高回流比将其降低。例如,取实际回流比为最小回流比的 1.5 倍时,实际回流比变为 11.7984,实际理论级数降为 87.3353,但这种调整会造成能耗的提高。

或者放松分离要求,如异丁烯的回收率降低一些、正丁烷的塔顶回收率提高一些。但是这种调整要根据工艺要求而定,不能任意调整。

思考与练习题

1. 闪蒸罐压力为 85.46kPa,温度为 50℃,进料摩尔组成为:乙酸甲酯(methyl acetate)0.33,丙酮(acetone)0.34,甲醇(methanol)0.33。求气相分率及气-液相平衡组成。

2. 确定水蒸气在 5atm、10atm、20atm(1atm=1.01325×10^{5}Pa)下的饱和温度。

3. 已知 BDO 高沸塔塔顶质量组成为:1,4-丁二醇 0.99、水 0.01,温度 155℃。试确定其操作压力。

4. 某厂氯化法合成甘油车间,氯丙烯精馏二塔的釜液组成为 3-氯丙烯(3-chloropropene)0.0145,1,2-二氯丙烷(1,2-dichloropropane)0.3090,1,3-二氯丙烷(1,3-dichloropropane)0.6765(均为摩尔分数)。塔釜压力为常压,试求塔釜温度。

5. 进料流率为 1000kmol/h 的轻烃混合物,其摩尔组成为:丙烷(propane)30%,正丁烷(n-butane)10%,正戊烷(n-pentane)15%,正己烷(n-hexane)45%。求:(1)在 50℃和 200kPa 下闪蒸的气-液相组成及流率;(2)分别设计顺序流程与逆序流程,得到含量各 99%以上的组分。

第3章

精馏过程的精确计算

简捷法计算仅给出了精馏塔的理论级数、进料位置、回流比、采出率、塔顶塔釜热负荷等设备参数及操作条件的近似值，适用于初步设计或者为精确计算提供所需的关键参数的近似值。

对精确设计，各平衡级上的温度、压力、流率、物料组成和传热速率也是非常重要的，特别是精馏塔的水力学性能分析。这可通过求解各级上的物料平衡、能量平衡和相平衡关系式完成。这些关系式是强烈耦合的非线性代数方程组，因此求解步骤相当烦琐。但是借助于计算机，只要有准确的物性及热力学数据，对多组分多级精馏也可以给出相当精确的解。这种计算模式是精馏塔的精确计算，也称严格计算，即 Rigorous 计算。

与简捷法计算类似，精馏塔的精确计算也借助商用化工模拟软件完成，如 Aspen Plus、Aspen Hysys、Pro II 、ChemCAD、Design II 等。

3.1 多元平衡级分离模型

精馏、萃取、吸收均属于多级分离过程，在数学建模及模型求解上有许多类似之处，图 3-1 给出了第 j 级的通用平衡级分离模型。

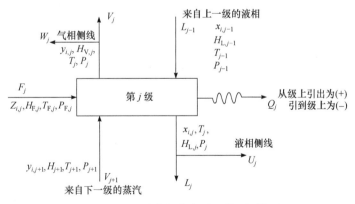

图 3-1 通用平衡级分离过程第 j 级模型

假设：① 各级达到平衡且不发生化学反应；② 进料可为一相或两相，图中变量为总组成、总焓。将 N 个平衡级串联，自上向下顺序编号，去掉两端 L_0 和 V_{N+1} 两股物流，则组合成适用于精馏、吸收、萃取的通用逆流装置，如图 3-2 所示。

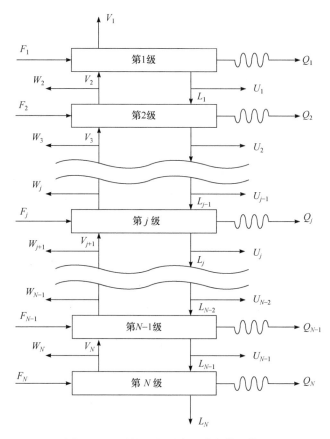

图 3-2   通用的 N 级平衡级分离装置模型

假设所处理的物料中有 C 个组分，用脚标 i 表示第 i 个组分，则 i 的取值范围为 $1\sim$ C。平衡级分离装置中共有 N 个平衡级，用脚标 j 表示第 j 个平衡级，则 j 的取值范围为 $1\sim N$。

平衡级模型中所涉及的计算关系有物料平衡方程(M 方程)、相平衡方程(E 方程)、分子分数约束方程(S 方程)、焓平衡方程(H 方程)，即 MESH 方程。对第 j 级，MESH 方程如下。

物料平衡方程(C 个)：

$$M_{i,j} = L_{j-1}x_{i,j-1} + V_{j+1}y_{i,j+1} + F_jZ_{i,j} - \left(L_j + U_j\right)x_{i,j} - \left(V_j + W_j\right)y_{i,j} = 0 \tag{3-1}$$

相平衡方程(C 个)：

$$E_{i,j} = y_{i,j} - K_{i,j}x_{i,j} = 0 \tag{3-2}$$

分子分数约束方程(2 个)：

$$\left(S_y\right)_j = \sum_{i=1}^{C} y_{i,j} - 1.0 = 0 \tag{3-3}$$

$$\left(S_x\right)_j = \sum_{i=1}^{C} x_{i,j} - 1.0 = 0 \tag{3-4}$$

焓平衡方程(1 个)：

$$H_j = L_{j-1}H_{L,j-1} + V_{j+1}H_{V,j+1} + F_jH_{F,j} - \left(L_j + U_j\right)H_{L,j} - \left(V_j + W_j\right)H_{V,j} - Q_j = 0 \tag{3-5}$$

可用总物料平衡式代替式(3-3)或式(3-4)：在 j 级上先用式(3-1)对 C 个组分加和，然后将所得结果从第 1 级加到到第 j 级，再与式(3-3)和式(3-4)联立即可得到如下总物料平衡关系式：

$$L_j = V_{j+1} + \sum_{m=1}^{j} \left(F_m - U_m - W_m\right) - V_1 \tag{3-6}$$

通常

$$K_{i,j} = K_{i,j}\left(T_j, P_j, x_{i,j}, y_{i,j}\right) \tag{3-7}$$

$$H_{V,j} = H_{V,j}\left(T_j, P_j, y_{i,j}\right) \tag{3-8}$$

$$H_{L,j} = H_{L,j}\left(T_j, P_j, x_{i,j}\right) \tag{3-9}$$

若不把这些关系计入方程数内，且不把这三个性质量作变量，则每个平衡级只用 $(2C+3)$ 个 MESH 方程定义。

对于 N 级逆流平衡级分离装置，独立方程数为 $N(2C+3)$ 个，变量个数为 $N(3C+10)+1$ 个，则自由度或者设计变量数为 $N(C+7)+1$ 个。即需要事先给定 $N(C+7)+1$ 个变量，才能保障独立方程数与变量数相等，即保障 MESH 方程组有唯一一组解。典型的操作型计算的设计变量规定 $N(C+7)+1$ 如下。

(1) 各级进料温度 $T_{F,j}$、压力 $P_{F,j}$、流量 F_j、组成 $Z_{i,j}$，$N(C+3)$ 个。

(2) 各级压力 P_j，N 个。

(3) 各级液相采出流率 U_j，N 个。

(4) 各级气相采出流率 W_j，N 个。

(5) 各级换热器的热负荷 Q_j，N 个。

(6) 级数 N，1 个。

通过对上述平衡级模型求解，可以获得精馏塔每块理论塔板上的温度、压力、流量、组成等数据，即可对精馏塔进行精确计算。

Aspen Plus 中精馏塔的通用平衡级模型如图 3-3 所示。与图 3-2 不同的是，该平衡级模型中还考虑了游离水、中段回流和虚拟流股。游离水和中段回流主要用于常减压精馏塔、催化裂化主分馏塔等石油炼制过程的模拟计算，虚拟流股是一种纯粹用于计算的流股，实际中并不存在，其作用只是将某塔板的相关数据提取出来，对精馏塔整个过程的模拟没有任何影响。如果需要对精馏塔塔顶冷凝器或塔釜再沸器进行设计，则可利用虚拟流股将相关流股的信息提取出来，独立地用于冷凝器或再沸器的设计计算。这是计算机模拟技巧问题。

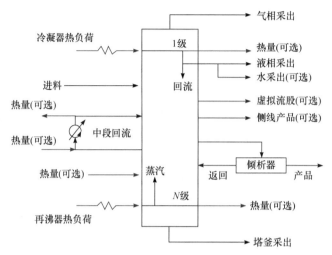

图 3-3　Aspen Plus 中的通用平衡级模型

在 Aspen Plus 提供的精馏塔模型中，RadFrac、MultiFrac、PetroFrac 和 Extract 都是精确的塔式平衡级模拟模型，其功能简述于表 3-1。

表 3-1　Aspen Plus 提供的多级平衡严格模拟计算模型

模型名称	功能	模型名称	功能
RadFrac	严格的二相(气-液)或三相(气-液-液)多级平衡分离模型，可用于各类单个精馏塔、吸收、反应精馏过程的计算	PetroFrac	严格的精馏塔模型，适用于石油加工过程
MultiFrac	严格的精馏塔模型，可用于复合或热耦精馏塔，适用于原油分离单元、吸收和汽提过程	Extract	严格的液-液萃取塔模型

3.2　精馏塔的精确模拟

采用 Aspen Plus 中的 RadFrac 多级平衡分离模型可以对精馏塔进行精确模拟。RadFrac 模型是一个通用模型，除简单精馏塔外，还可模拟：吸收塔及再沸吸收塔，汽提塔及再沸汽提塔，萃取精馏和共沸精馏，反应精馏，三相精馏(气-液-液三相)。下面通过示例说明该模型的应用方法。

【例 3-1】　脱异丁烷塔精确模拟。

2.6 节通过简捷法确定了脱异丁烷塔的理论级数、回流比、采出量、进料位置等，这些计算结果有一定的近似性，但可以作为精馏塔精确计算的初值。精馏塔的性能需要通过精确模拟来最后确定。

解　第 1 步，建立模拟流程图。

在【例 2-8】的基础上，在模拟流程图中使用 DULP 模块复制进料流股，添加 RadFrac

精馏塔，连接塔顶与塔釜采出流股，设置精馏塔名称(T101R)及流股名称(T101RT 和 T101RB)，为清楚起见，将 DSTWU 塔的名称修改为 T101D，塔顶、塔釜流股的名称分别修改为 T101DT 和 T101DB，参见图 3-4。

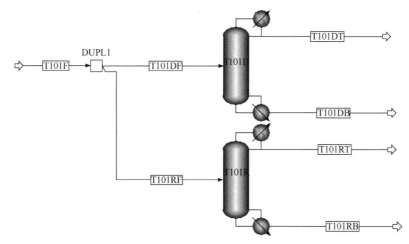

图 3-4　脱异丁烷塔的严格模拟

第 2 步，设置模拟参数。

将【例 2-8】DSTWU 设计计算得到的结果(图 2-33)经圆整后作为 T101R 的参数值：理论级数取 123，Distillate to feed ratio(馏出与进料比)取 0.32，回流比取 9.05，进料位置取 62，塔顶压力取 0.731MPa，全塔压降取 0.002MPa，如图 3-5 所示。

第 3 步，运行模拟，查看结果。

设置完毕后运行模拟，发现有警告信息。打开 Control Panel，发现警告的原因是进料压力低于进料板压力，参见图 3-6。

适当提高进料压力，如由 5bar 提高到 10bar(进料板压力为 7.32bar，可在精馏塔压力分布中查到)，警告信息消失。

流股模拟结果参见图 3-7，详细结果示于表 3-2。

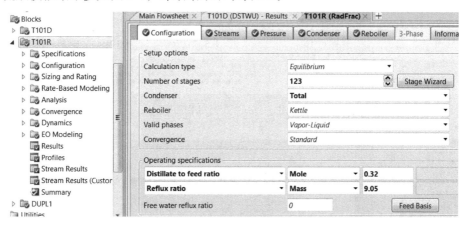

(a) 精馏塔参数

图 3-5　脱异丁烷塔严格模拟精馏塔的设置

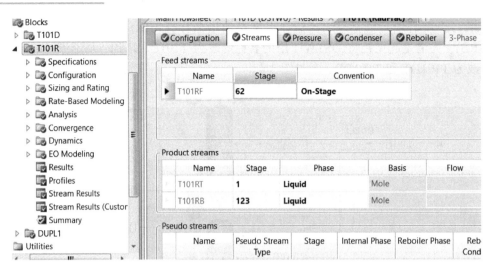

(b) 进料位置

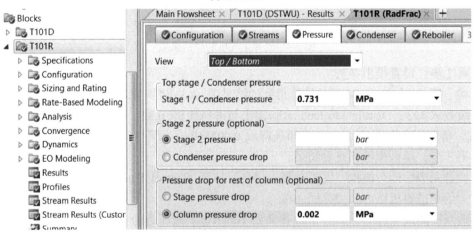

(c) 操作压力

图 3-5(续)

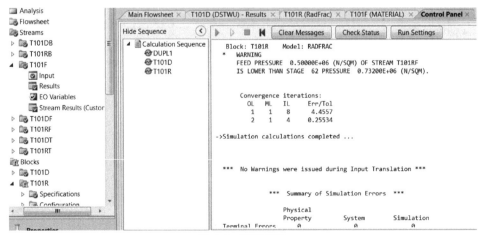

图 3-6　警告信息

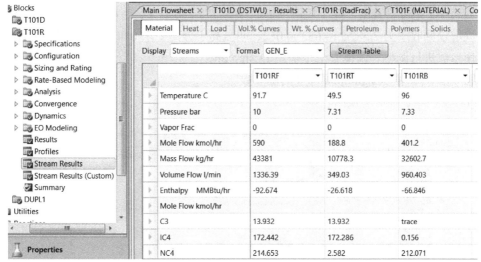

图 3-7　流股模拟结果

表 3-2　流股模拟结果

项目		T101RF	T101RT	T101RB
温度/℃		91.7	49.5	96
压力/bar		10	7.31	7.33
气相分率		0	0	0
总摩尔流率/(kmol/h)		590	188.8	401.2
组分摩尔流率/(kmol/h)	C3	13.932	13.932	痕量
	IC4	172.442	172.286	0.156
	NC4	214.653	2.582	212.071
	IC5	16.353	痕量	16.353
	NC5	6.789	痕量	6.789
	C6	10.449	痕量	10.449
	C7	17.77	痕量	17.77
	C8	123.561	痕量	123.561
	C9	14.05	痕量	14.05
摩尔分数	C3	0.024	0.074	痕量
	IC4	0.292	0.913	390ppm
	NC4	0.364	0.014	0.529
	IC5	0.028	痕量	0.041
	NC5	0.012	痕量	0.017
	C6	0.018	痕量	0.026
	C7	0.03	痕量	0.044
	C8	0.209	痕量	0.308
	C9	0.024	痕量	0.035

从表 3-2 中可以看出，异丁烷塔顶回收率为 172.286/172.442=0.999，满足目标要求；正丁烷塔顶回收率为 2.582/214.653=0.012，明显高于分离要求 0.001。因此需要对精馏塔的操作参数进行调整。调整方法是采用 Design Spec。

第 4 步，采用 Design Spec 调整模型参数。

(1) 设置异丁烷塔塔顶回收率为 0.999(图 3-8)。

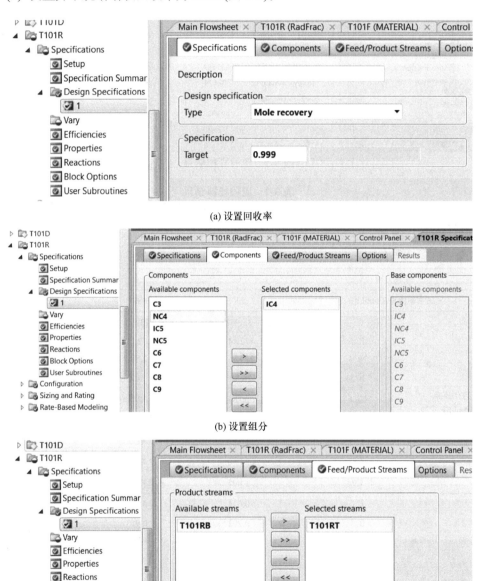

(a) 设置回收率

(b) 设置组分

(c) 设置流股位置

图 3-8　设置异丁烷塔塔顶回收率

(2) 设置正丁烷塔塔顶回收率为 0.001(图 3-9)。

(a) 设置回收率

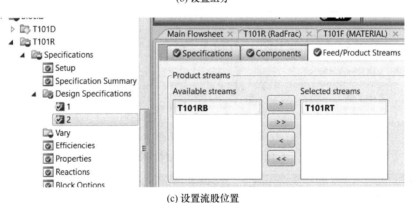

(b) 设置组分

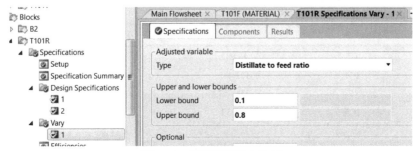

(c) 设置流股位置

图 3-9　设置正丁烷塔塔顶回收率

(3) 设置调节变量 1：塔顶采出比例，参见图 3-10。

图 3-10　设置塔顶采出比例

(4) 设置调节变量 2：回流比，参见图 3-11。

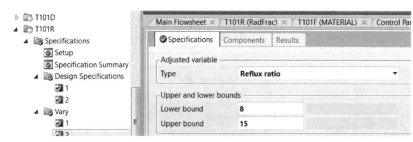

图 3-11　设置回流比

第 5 步，运行模拟，不收敛。调整最大迭代次数为 200，如图 3-12 所示，再次运行模拟，收敛。新的流股模拟结果示于表 3-3。

从表 3-3 可以重新计算异丁烷和正丁烷的塔顶回收率，均可满足分离要求。此时的回流比为 9.317，塔顶采出比例为 0.316。

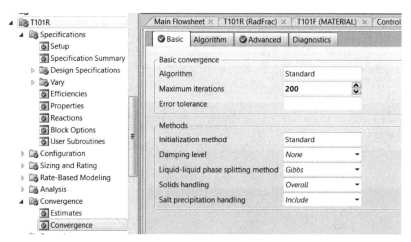

图 3-12　调整最大迭代次数

表 3-3　新的流股模拟结果

项目		T101RF	T101RT	T101RB
温度/℃		91.7	49.3	95.8
压力/bar		10	7.31	7.33
气相分率		0	0	0
总摩尔流率/(kmol/h)		590	186.417	403.583
组分摩尔流率/ (kmol/h)	C3	13.932	13.932	痕量
	IC4	172.442	172.27	0.172
	NC4	214.653	0.215	214.438
	IC5	16.353	痕量	16.353
	NC5	6.789	痕量	6.789
	C6	10.449	痕量	10.449

续表

项目		T101RF	T101RT	T101RB
组分摩尔流率/ (kmol/h)	C7	17.77	痕量	17.77
	C8	123.561	痕量	123.561
	C9	14.05	痕量	14.05
摩尔分数	C3	0.024	0.075	痕量
	IC4	0.292	0.924	427ppm
	NC4	0.364	0.001	0.531
	IC5	0.028	痕量	0.041
	NC5	0.012	痕量	0.017
	C6	0.018	痕量	0.026
	C7	0.03	痕量	0.044
	C8	0.209	痕量	0.306
	C9	0.024	痕量	0.035

除了流股数据以外，RadFrac 还可给出精馏塔冷凝器、再沸器热负荷，精馏塔的温度、压力、组成、流量等沿精馏塔各理论板的分布数据及图形。举例如下：

(1) 精馏塔温度分布曲线参见图 3-13。

(2) 组成分布曲线参见图 3-14。

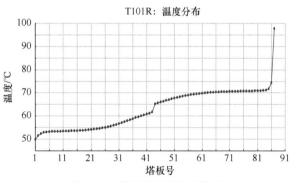

图 3-13　精馏塔温度分布曲线

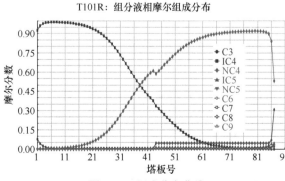

图 3-14　组成分布曲线

(3) 塔顶冷凝器及塔釜再沸器热负荷参见图 3-15。

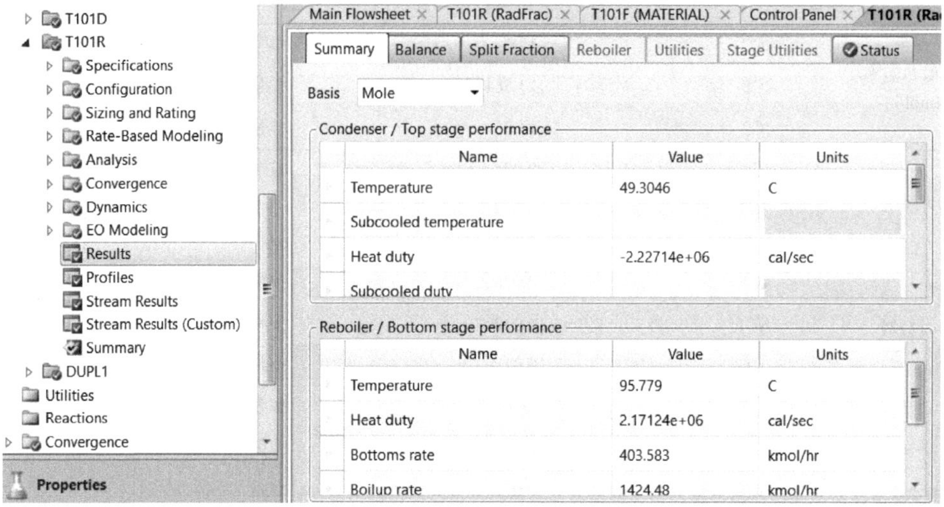

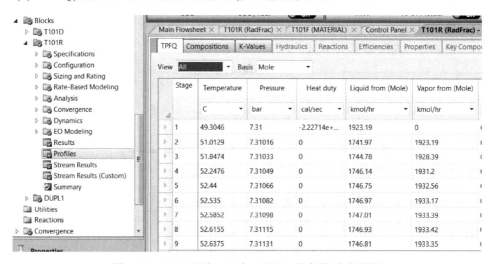

图 3-15 塔顶冷凝器及塔釜再沸器热负荷

(4) TPFQ(温度、压力、流量、热负荷)分布数据参见图 3-16。

图 3-16 TPFQ(温度、压力、流量、热负荷)分布数据

3.3 精馏塔的精确设计与核算

RadFrac 模块中可以进行精馏塔的精确设计计算与核算。设计计算是指在确定的塔板类型及尺寸的前提下，计算精馏塔的塔径及负荷性能；核算是指将设计计算中得到的精馏塔的直径圆整后再进行负荷性能计算。核算也可用于已有精馏塔的计算，这种计算也称标定计算。

RadFrac 模块可以分别对板式塔和填料塔进行精确设计与核算，计算过程类似。

3.3.1　板式塔的设计与核算

【例 3-2】　脱异丁烷塔的精确设计。

在【例 3-1】基础上，设计一个泡罩塔，分析其负荷性能。

第 1 步，设置精馏塔参数。

打开模拟文件，双击 T101R 精馏塔，在左侧树状菜单中找到 Sizing and Rating，点击 Tray Sizing，再点击新弹出窗口中的 New 按钮，参见图 3-17。

图 3-17　板式塔设计画面

出现如图 3-18 所示窗口，取默认值 1，点击 OK 按钮。

图 3-18　新建板式塔设计

输入如下数据：起始塔板 2，终止塔板 122，选择塔板类型 Bubble Cap，其余数据取默认值，参见图 3-19。

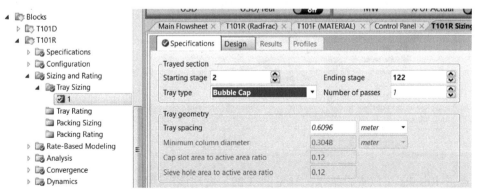

图 3-19　板式塔设计输入参数

第 2 步，运行，查看结果。

运行后点击页面中的 Results 查看结果，参见图 3-20。可知该精馏塔塔径为 2.618m，第 62 块板对应最大塔径值。

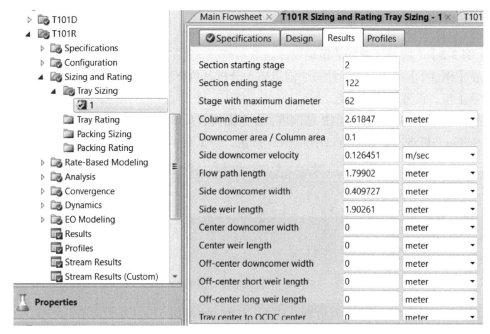

图 3-20　板式塔设计结果

第 3 步，将塔径圆整后进行核算。

点击 Tray Rating，然后点击 New 按钮，按默认值点击 OK 按钮。设圆整后的精馏塔直径为 2.5m，按图 3-21 设置参数，然后运行程序。

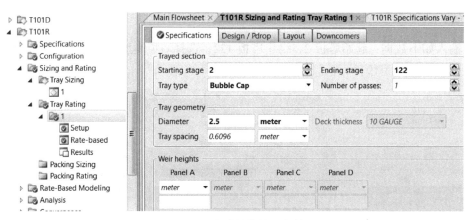

图 3-21　板式塔核算输入参数

点击 Results 可以查看结果，参见图 3-22。发现该设计最大液泛因子为 0.8634(该值一般不超过 0.8)，可知 2.5m 的塔径偏小。

将塔径改为 3.0m 再次核算，结果示于图 3-23，最大液泛因子变为 0.6414，满足要求。

在 Profiles 页面中可查看每块塔板的液泛因子、降液管流速等信息，参见图 3-24。

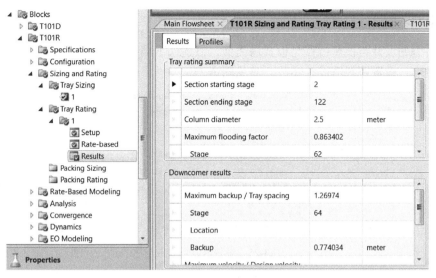

图 3-22　板式塔核算结果

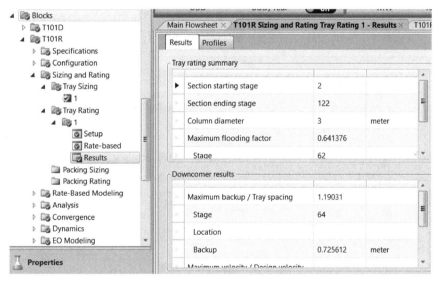

图 3-23　板式塔再次核算结果

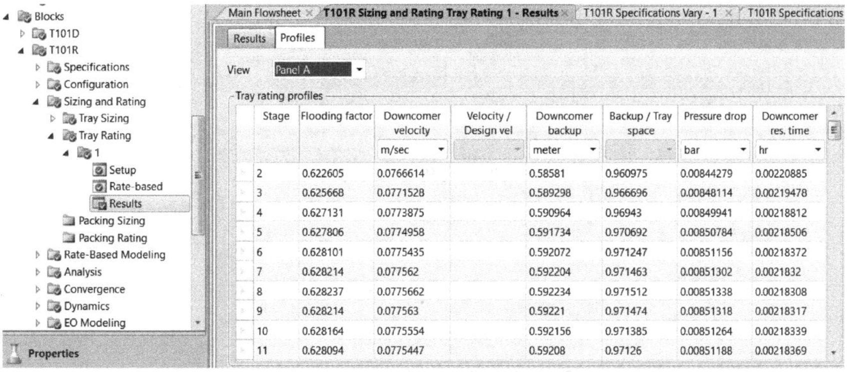

图 3-24　板式塔参数逐板分布

3.3.2　填料塔的设计与核算

填料塔的设计与核算过程与板式塔类似，概述如下。

第1步，设置填料塔设计参数，参见图3-25。

图 3-25　填料塔设计参数

第2步，运行模拟，查看结果，参见图3-26。

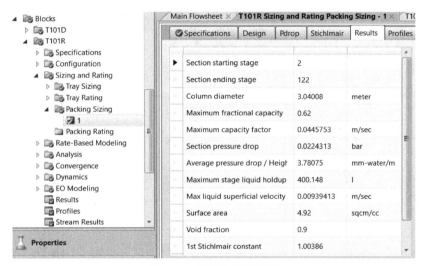

图 3-26　填料塔设计结果

第3步，圆整塔径为3.0m，进行核算，输入如图3-27所示参数。

图 3-27　填料塔核算输入参数

第 4 步，查看结果，如图 3-28 所示。

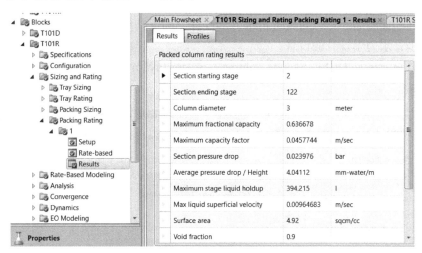

图 3-28　填料塔核算结果

当前负荷为最大负荷的 63.7%，可以正常操作。

关于填料塔设计参数及结果的解释如表 3-4 所示。

表 3-4　填料塔设计参数及结果的解释

英文名称	含义
Packing Surface Area	填料的比表面积，用户设置或来自数据库
Packing Void Fraction	填料的孔隙率，用户设置或来自数据库
Stichlmair Constants	Stichlmair 模型中使用的填料常数，用于估算持液量。用户设置或来自数据库
Column Diameter	最大塔直径
Maximum Fractional Capacity	(1) 对 Norton IMTP 和 intalox 规整填料，对应于与最大有效能力的趋近程度。有效能力是指一个操作点，在此点填料的带液恶化，即发生液泛。有效能力取该液泛点以下 10%～20% (2) 对 Sulzer 填料(BX、CY、Keraoak 及 Mellapak)，对应于与最大能力的趋近程度。最大能力定义为压降为 12mbar/m 的操作点。在此操作点精馏塔可以稳定运行，但是该点的气相负荷会高于最大分离效率。气相负荷对应于比液泛时的最大负荷低 5%～10%的负荷。Sulzer 建议 Maximum Fractional Capacity 取值范围为 0.5～0.8 (3) 对所有其他类型的填料塔，对应于与液泛点的趋近程度 (4) 由于定义不一致，不同供应商对 Maximum Fractional Capacity 的要求也不一致。因此，不建议采用 Maximum Fractional Capacity 对不同供应商的塔填料进行性能比较
Maximum Capacity Factor	能力因子(CF)定义为 $$CF = V_S \sqrt{\dfrac{\rho_V}{\rho_L - \rho_V}} \qquad (3\text{-}10)$$ 式中，V_S 为气相表观流速；ρ_V 为气相密度；ρ_L 为液相密度
Pressure for the Section	从单位填料高度压降、理论板数、HETP 计算出的塔段压力降
Average Pressure Drop/Height	从此塔段压降及填料高度计算的平均值
Maximum Liquid Holdup/Stage	使用 Stichlmair 模型计算的最大持液量

3.3.3　水力学核算

设计好精馏塔后，可以对其进行水力学核算，确定其负荷性能。

第1步，水力学计算的设置。

勾选 Analysis 页面中的 Include column targeting hydraulic analysis，重新运行模拟，参见图 3-29。

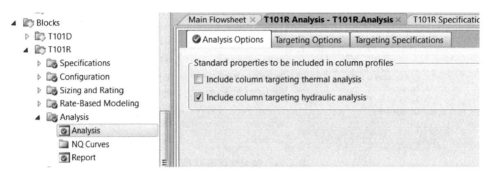

图 3-29　精馏塔水力学核算设置

第2步，查看结果。

点击工具按钮右侧绘图按钮集合中的下拉按钮(图 3-30)，出现如图 3-31 所示画面，再点击最下方的水力学图形按钮 Hydraulics，出现 Hydraulic analysis 画面，即为水力学分析画面。可以设置气相、液相、摩尔基准、质量基准的水力学分析，如图 3-32 所示。

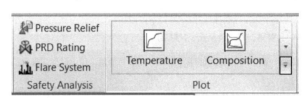

图 3-30　绘图工具按钮

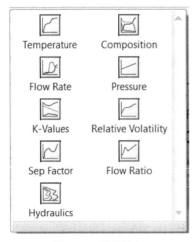

图 3-31　绘图按钮

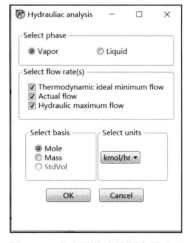

图 3-32　水力学曲线绘制参数选项

按默认值设置，点击 OK 按钮，可得该精馏塔的负荷性能曲线，其中■线为实际流率曲线，●和◆线分别为理想情况下的最小、最大流率曲线，实际线介于两条理想线之间，表示精馏塔可以正常操作，参见图 3-33。

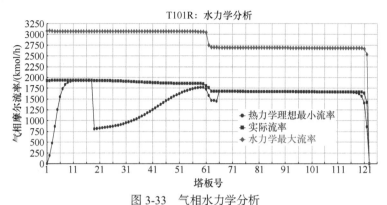

图 3-33　气相水力学分析

水力学核算还可以得到大量有用的数据，如图 3-34 所示。

Stage	Temperature liquid from	Temperature vapor to	Mass flow liquid from	Mass flow vapor to	Volume flow liquid from	Volume flow vapor to
	C	C	kg/hr	kg/hr	l/min	l/min
1	49.3046	51.0129	109754	109754	3554.99	99104.2
2	51.0129	51.8474	100281	110921	3252.06	99506.9
3	51.8474	52.2476	100861	111501	3272.9	99714.4
4	52.2476	52.44	101138	111778	3282.86	99814.1
5	52.44	52.535	101266	111906	3287.46	99859.5
6	52.535	52.5852	101322	111962	3289.48	99878.6
7	52.5852	52.6154	101344	111984	3290.26	99885
8	52.6154	52.6375	101350	111990	3290.44	99885.2
9	52.6375	52.6569	101347	111986	3290.31	99882.2

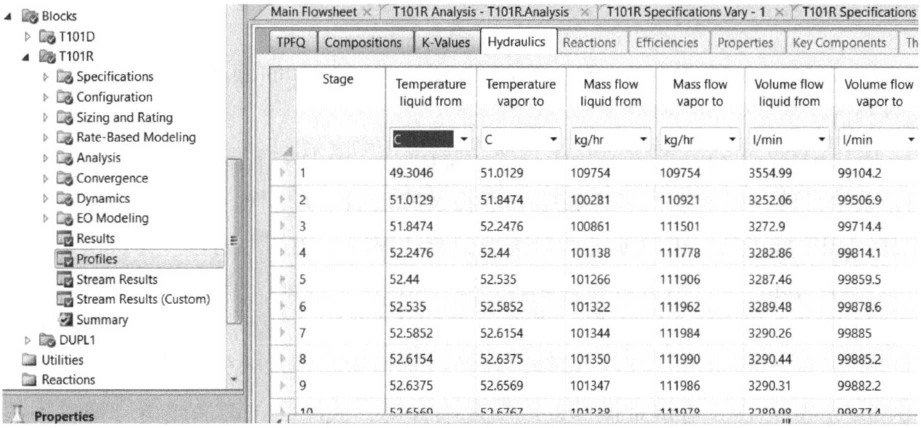

图 3-34　水力学分析数据表

水力学分析数据表中有 Foaming index、Flow parameter、Reduced vapor 和 Reduced F factor，其含义解释如下。

Foaming index：发泡因子，表示液体因为发泡而发生体积膨胀的可能性或倾向性。关于发泡因子的取值范围有不同的观点，一般认为取值应低于 0.7。对天然气脱硫、脱水、脱碳类的塔设备，依据天然气的洁净程度取不同的值，比较干净的气体取 0.8～0.85，含油较多的气体取 0.7～0.75。也有文献给出发泡因子不应高于 0.6，还有建议对严重发泡体系，如甲乙酮，取 0.35。总之，发泡因子的取值经验性很强，与物系的物性特点密切相关。

Flow parameter：流动因子，定义式为

$$\mathrm{FP}=\frac{L}{V}\sqrt{\frac{\rho_{\mathrm{V}}}{\rho_{\mathrm{L}}}} \tag{3-11}$$

Reduced vapor：对比体积，定义式为

$$C_G = (v_S A)\sqrt{\dfrac{\rho_V}{\rho_L - \rho_V}} \tag{3-12}$$

Reduced F factor：对比 F 因子。

上述变量均与液泛有关，如不同填料液泛时的流动因子与对比体积有一定关联，可用图形表示，这时的对比体积对应于最大气体流量。因此，有时也将对比体积称为最大气体负荷因子。

3.4 负荷性能图的应用

精馏塔负荷性能图是掌握精馏塔能否正常工作的关键，不仅可以在精馏塔设计时使用，也可以用于精馏塔的故障诊断、扩产脱瓶颈及操作参数的优化。

3.4.1 精馏塔的故障诊断

精馏塔的故障有多种原因，有文献做过占比统计，结果如下，其中(1)和(2)合计占比73%。

(1) 仪表和控制问题(18%)、开停车困难(16%)及内构件问题(17%)是精馏塔故障的主要因素(51%)。

(2) 操作困难(13%)、再沸器及冷凝器故障(9%)，约占余下问题的一半。

(3) 原始设计、发泡、安装、放空、塔板及降液管布局问题，约占 27%。

上述问题中许多情况可以通过计算机模拟查找原因。例如，通过计算机模拟发现精馏塔的塔板效率很低，可在塔板方面找原因；操作困难，可通过计算机模拟查看其负荷性能图是否比较狭窄；回流比无法提高，可通过模拟查看是否冷凝器或再沸器的换热面积不够等。这里给出两个示例加以说明，精馏塔的故障要具体问题具体分析。

【例 3-3】 某 HCl 塔很难操作，或质量不合格，或液泛。产品质量合格且不液泛的操作点很难找到。

解 对该精馏塔建立计算机模拟，得到物料平衡、能量平衡数据及负荷性能曲线。模拟流程图如图 3-35 所示。

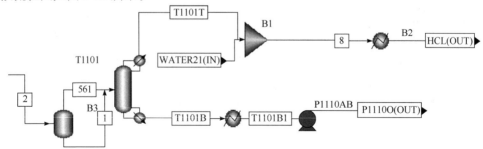

图 3-35 HCl 塔模拟流程图

模拟得到的物料平衡数据如表 3-5 所示。

表 3-5　HCl 塔物料平衡数据表

参数		流股号				
		2	1	561	T1101T	T1101B
温度/℃		40	40	40	−33.1	93.1
压力/MPaG		0.85	0.85	0.85	0.84	0.85
气相分率		0.148	1	0	1	0
流率/(kmol/h)		666.804	98.616	568.188	150.18	516.625
摩尔分数	A	0.055	0.097	0.047	0.006	0.069
	B	痕量				
	C	0.004	0.002	0.004		0.005
	D	0.168	0.026	0.193		0.217
	E	678ppm	222ppm	758ppm		876ppm
	F	痕量				
	G	痕量				
	H	0.548	0.106	0.625		0.708
	HCl	0.224	0.768	0.129	0.994	62ppb

　　对精馏塔进行水力学核算，结果如图 3-36 所示。发现精馏塔在提馏段气-液两相的负荷性能曲线非常狭窄，可能是该精馏塔不易操作的原因所在。

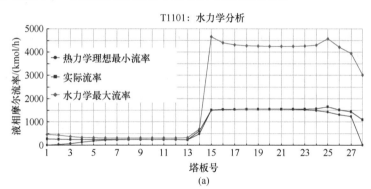

(a)

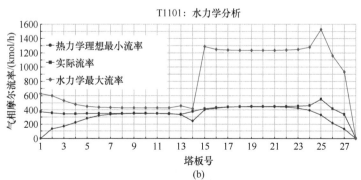

(b)

图 3-36　HCl 塔气-液相负荷性能曲线

　　选择另一种填料时，负荷性能曲线得到改善，参见图 3-37。

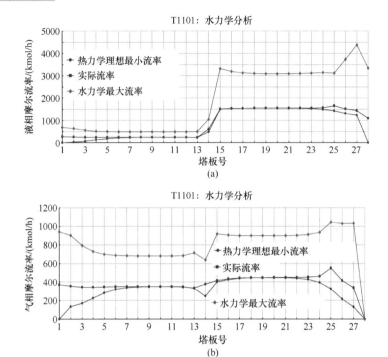

图 3-37　HCl 塔更换填料后的气-液相负荷性能曲线

3.4.2　脱瓶颈与扩产

　　连续性生产装置中有许多设备是串联运行的，某设备出现问题会对其他设备产生影响。同时，工艺过程中往往存在瓶颈，找到并脱除瓶颈，能以很小的代价获得丰厚的回报。工厂扩产时也可能遇到瓶颈。

　　【例 3-4】　某工艺过程含有二级萃取精馏，分别称为一级萃取闪蒸过程(简称一萃)和二级萃取闪蒸过程(简称二萃)，参见图 3-38 和图 3-39。两个萃取闪蒸过程串联，一萃

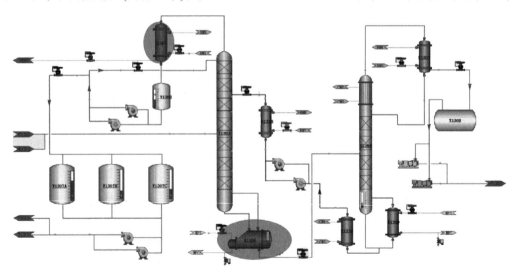

图 3-38　某工艺一级萃取闪蒸过程流程图

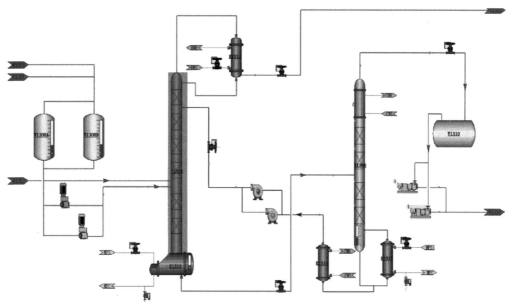

图 3-39　某工艺二级萃取闪蒸过程流程图

给二萃提供原料。生产过程中发现，二萃塔经常液泛，构成整个生产过程的瓶颈。工厂希望脱除瓶颈，扩大产能。

解　分析方法同【例 3-3】。

研究发现，如果通过提高一萃塔的处理能力以降低二萃塔的负担，那么二萃塔的瓶颈问题就能得到缓解。

对过程中的各设备进行核算，发现一萃塔回流比无法提高，使得一萃塔的分离效果受到限制，而回流比无法提高的原因是冷凝器的换热面积偏小。这样一座二萃塔的全单元改造问题变成了一萃塔塔顶冷凝器的改造问题。

进一步研究发现，可以通过调整进料位置降低分离过程对回流比的要求，而原系统设计中预留了三个进料位置，可以通过阀门切换解决此问题。这样该问题又转化为阀门切换问题。

最终，该问题通过阀门切换提高产量约 25%。

3.4.3　操作参数优化

工厂有时通过改变操作参数以获取更高的经济效益。例如，炼油过程中，当某一油品(如柴油)的价格升高时，希望通过调整多采出该油品。另外，轻烃多采也是工厂追求的目标。

【例 3-5】　参见图 1-2 所示的常减压过程，工厂希望通过调整操作参数提高轻烃的收率。

解　对常减压过程进行计算机模拟，改变操作参数，提高轻烃收率。精馏塔在改变参数后是否还能正常操作，由负荷性能图确定。

　　闪蒸塔及常压塔的模拟模型如图 3-40 所示。减压塔的模拟模型如图 3-41 所示。优化前后常压塔气-液相负荷变化如图 3-42 所示。优化结果汇总于表 3-6。优化后轻烃收率提高 1.3%。

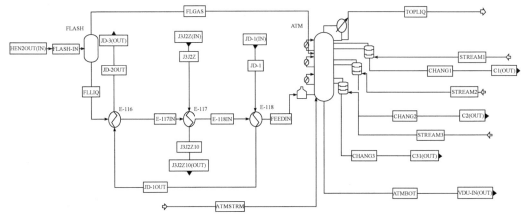

图 3-40　闪蒸塔及常压塔的模拟模型

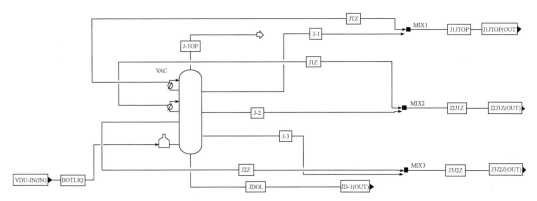

图 3-41　减压塔的模拟模型

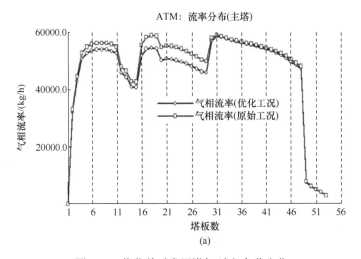

图 3-42　优化前后常压塔气-液相负荷变化

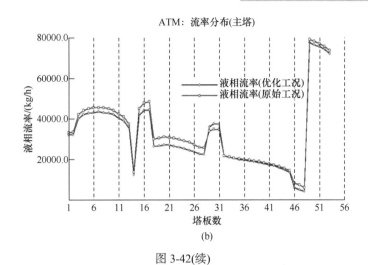

图 3-42(续)

表 3-6 常减压装置模拟计算结果汇总

	基础工况		优化工况	
常一中热负荷	1.284	Gcal/h	1.076	Gcal/h
常二中热负荷	0.912	Gcal/h	1.270	Gcal/h
减顶中热负荷	1.59	Gcal/h	1.27	Gcal/h
减一中热负荷	1.1	Gcal/h	1.08	Gcal/h
减二中热负荷	0.65	Gcal/h	0.94	Gcal/h
	产量/(t/h)	95%温度	产量/(t/h)	95%温度
常一线	18	300	17.5	299.2
常二线	12	374	12.8	374.4
常三线	4.5	438.8	5.7	443.5
减一线	7	448	7	461
减二线	10	461	10	473
减三线	10	487	10	497
减底渣油	46.5	407～570	45	407～570
轻烃收率	60.60%		61.90%	

3.5 可逆精馏与温焓分析

3.5.1 二元可逆精馏塔概述

图 3-43 给出了二元物系几种情况下回流比对传质推动力的影响。

图 3-43(a)为实际回流比情况，回流比超过最小回流比，在有限的理论级数下，传质推动力最大。图 3-43(b)为最小回流比的情况，在进料位置出现恒浓度区，即夹点区，此

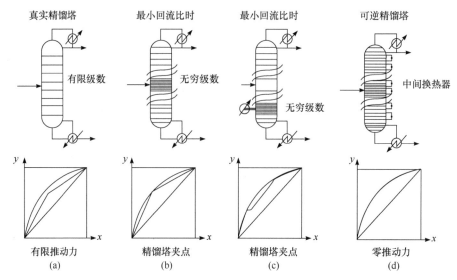

图 3-43   二元物系回流比对传质推动力的影响

区域传质推动力为零。图 3-43(c)为增加一个中间再沸器的情况，最小回流比时，在进料和中间再沸器处各出现一个恒浓度区。图 3-43(d)为具有无穷多理论级数、最小回流比、每块理论板上都有一个侧线换热器(进料板以下为中间再沸器,进料板以上为中间冷凝器)的情况，这种情况下任何一块塔板上的传质推动力都为零，这样的精馏塔称为可逆精馏塔。每张图下面的 y-x 相图反映了几种情况下的操作线及气-液平衡组成。

精馏塔所需能量包括再沸器所需加热的能量和冷凝器所需冷凝的能量，可以采用温焓图即 T-H 图表示。如图 3-44 所示，温焓图中的纵坐标表示温度，横坐标表示焓变，一条水平直线表示纯物质气化或冷凝过程的温度及焓变，即精馏塔塔釜再沸器气化和塔顶冷凝器冷凝过程的能量变化。塔釜温度高，塔顶温度低，所以在温焓图中若用两条水平线表示塔釜及塔顶的能量变化时，塔釜气化线在上部，塔顶冷凝线在下部。

图 3-44(a)为简单精馏塔情况，这种情况在实际中最常见，只有一台再沸器和一台冷凝器。图 3-44(b)为具有一台中间再沸器的情况，中间再沸器的温位低，它的存在降低了塔釜再沸器的热负荷。图 3-44(c)为具有两台中间再沸器、三台中间冷凝器的情况。如果理论级数无穷多，每块理论板上都有一台中间再沸器(提馏段)或中间冷凝器(精馏段)，就形成了图 3-44(d)的情况，即可逆精馏塔的 T-H 图。

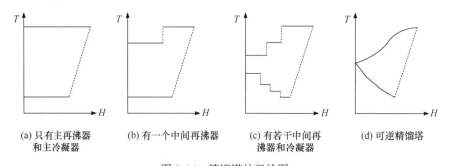

图 3-44   精馏塔的温焓图

3.5.2　二元可逆精馏塔的物料平衡与能量平衡

按图 3-45 对可逆精馏塔的第 j 块理论板建立物料平衡与能量平衡方程。

无推动力时

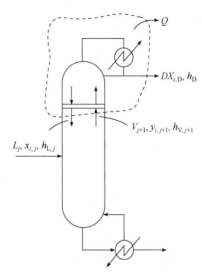

$$V_{j+1} = V_j \tag{3-13}$$

$$y_{i,j+1} = y_{i,j} \tag{3-14}$$

又

$$y_{i,j} = K_i x_{i,j} \tag{3-15}$$

故可计算泡点温度。

定义 $\alpha_{\mathrm{L}} = \dfrac{K_{\mathrm{L}}}{K_{\mathrm{H}}}$ ，可得

$$y_{\mathrm{L},j} = \frac{\alpha_{\mathrm{L}} x_{\mathrm{L},j}}{1 + x_{\mathrm{L},j}(\alpha_{\mathrm{L}} - 1)} \tag{3-16}$$

能量平衡

$$V_{j+1} h_{\mathrm{V},j+1} - L_j h_{\mathrm{L},j} - D h_{\mathrm{D}} - Q = 0 \tag{3-17}$$

可选择适当的数学方法求解上述方程组。

图 3-45　可逆精馏塔的物料平衡

3.5.3　二元可逆精馏塔的 *T-H* 图

求解上述物料平衡与能量平衡方程组，可得第 j 块理论板的温度 T_j 和热负荷 Q_j，在 *T-H* 图中可绘出 T_j 对 Q_j 的曲线，如图 3-46 所示。

扩展到整座精馏塔，有如图 3-47 所示曲线。该曲线给出了理想情况下精馏塔对热、冷的最小需求，所对应的精馏塔为可逆精馏塔，具有无穷多块理论板，在最小回流比下操作。对于实际精馏塔，其具有有限的理论级数，在高于最小回流比下操作，能耗高于可逆精馏塔，与可逆精馏塔能耗的对比可看出节能潜力。

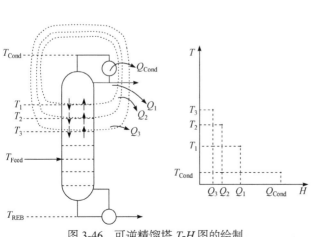

图 3-46　可逆精馏塔 *T-H* 图的绘制

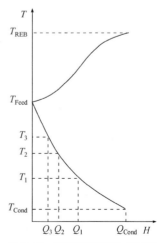

图 3-47　可逆精馏塔的 *T-H* 图

3.5.4　多元可逆精馏塔的 *T-H* 图

对于二元可逆精馏塔，进料组成和温度可以与进料板准确一致，两组分的分离也可按任意比例分离。多元的情况不同，首先是进料组成不能完全与进料板的组成一致；其次，仅最大和最小挥发度的组成可以按任意比例分离，相对挥发度处于二者之间的非关键组分将在塔顶馏出物及塔釜采出中分配，其他组分有时不能按指定的分离要求分离；

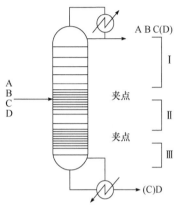

图 3-48　四元物系可逆精馏分析

最后，最大和最小挥发度的组成在精馏塔内的分布会单调上升或下降。

多元精馏在最小回流比时的恒浓度区情况已在 2.5.4 节讨论。对于四元物系(含 A、B、C、D 四个组分，相对挥发度依次降低)、关键组分为 C 和 D 的分离过程，其恒浓度区的分布如图 3-48 所示，恒浓度区将精馏塔分为 Ⅰ、Ⅱ、Ⅲ 三个区域。在区域 Ⅰ，夹点以上部分可以通过增加理论板及中间冷凝器形成可逆精馏；类似地，在区域 Ⅲ，夹点以下部分可以通过增加理论板及中间再沸器形成可逆精馏；在区域 Ⅱ，两夹点之间不能通过增加中间再沸器或中间冷凝器形成可逆精馏，表现在进料组成及分离结果均不确定。

多元精馏塔可逆精馏的计算步骤如下：

第 1 步，选择 $x_{H,j}$(理论板 j 上最重的组分)。

第 2 步，估算流股中各组分的组成 $x_{i,j}^{(k)}$。

第 3 步，计算平衡气相组成及泡点温度。

第 4 步，依据最轻及最重组分，计算理论板 j 上的液相及气相组成。

第 5 步，计算理论板 j 上新的 $x_{i,j}^{(k+1)}$。

第 6 步，比较 $x_{i,j}^{(k+1)}$ 和 $x_{i,j}^{(k)}$ 的相对偏差，如果相对偏差的绝对值小于收敛精度，则进入第 7 步，否则将新的 $x_{i,j}^{(k+1)}$ 赋予 $x_{i,j}^{(k)}$，回到第 3 步迭代。

第 7 步，计算 $h_{V,j+1}$、$h_{L,j}$ 及 Q。

第 8 步，对每块理论板重复计算。

通过计算机模拟可以得到可逆精馏时的 *T-H* 图，如图 3-49 所示。实际计算时无法使

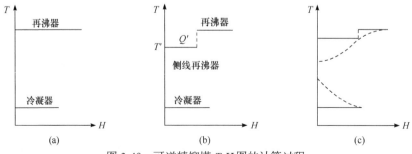

图 3-49　可逆精馏塔 *T-H* 图的计算过程

用无穷理论级数，故采用"很多"理论级数做近似，如取 200 块理论板。图 3-49(a)为最小回流比时塔顶冷凝器和塔釜再沸器的 *T-H* 图，图 3-49(b)为在某一理论板上增加一个中间再沸器时的 *T-H* 图，图 3-49(c)为在所有理论板上增加中间再沸器或中间冷凝器的 *T-H* 图。图 3-49(c)为多元可逆精馏的 *T-H* 曲线(近似曲线)。

3.6 简单精馏塔的优化

精馏塔优化的目标是在满足分离要求的前提下，尽可能降低精馏过程中的能耗。本节采用 *T-H* 图进行优化，这种方法的英文名称为 Column Targeting。

3.6.1 *T-H* 图的绘制

下面通过示例讲述 *T-H* 图的绘制方法。

【例 3-6】 精馏塔 *T-H* 图的绘制：以【例 3-2】为例，绘制脱异丁烯精馏塔的 *T-H* 图。

解 打开模拟文件。

第 1 步，在精馏塔 T101R 的树状菜单中找到 Analysis，勾选右侧页面中的 Include column targeting thermal analysis，运行程序，如图 3-50 所示。

第 2 步，绘制 *T-H* 图。点击工具按钮右侧绘图区域的下拉菜单，如图 3-51 所示。出现如图 3-52 所示画面，其中 CGCC(T-H)即为 *T-H* 图绘图按钮。

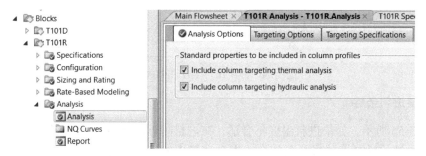

图 3-50　勾选 Include column targeting thermal analysis 示意图

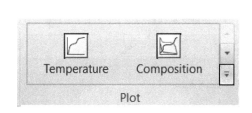

图 3-51　绘图按钮

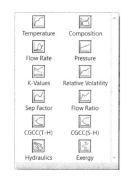

图 3-52　*T-H* 绘图按钮

点击 CGCC(T-H)按钮，出现如图 3-53 所示画面，此图即精馏塔的 *T-H* 曲线。

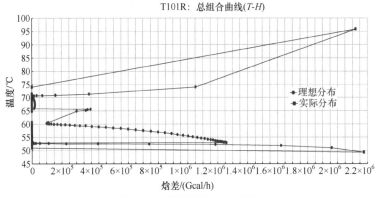

图 3-53   精馏塔的 *T-H* 曲线

3.6.2   降低回流比

图 3-54 给出了回流比与 *T-H* 图的关系。如果 *T-H* 图中最小焓值点大于零，即该点与纵坐标(*T* 线)有一定距离，则表明精馏塔的实际回流比远离最小回流比，精馏塔可通过降低回流比降低能耗。

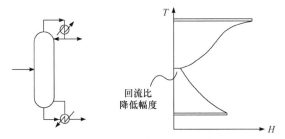

图 3-54   回流比与 *T-H* 图的关系

3.6.3   调整进料条件

如图 3-55 所示，如果进料温度不合适，在进料附近的 *T-H* 图会出现剧烈的变化，通过对进料加热或冷却调整进料条件，能提升精馏塔的能效。如果进料位置不合适，也会出现进料附近 *T-H* 图剧烈变化的情况。改变进料条件包括了改变进料位置。

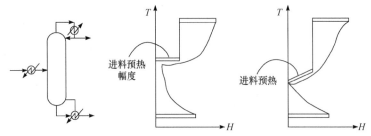

图 3-55   进料条件与 *T-H* 图的关系

3.6.4   使用中间再沸器或中间冷凝器

在 *T-H* 图中可以很方便地找到中间再沸器与中间冷凝器适合使用的位置及其热负荷，如图 3-56、图 3-57 所示。使用中间再沸器与中间冷凝器时有可能会产生夹点(最小换热温差点），为保证精馏塔的热负荷可以有效变化，应避免出现夹点，方法是取最大热负荷的 70%～80%作为中间再沸器与中间冷凝器的热负荷。

使用中间再沸器后，如果精馏塔的理论板数不变，精馏塔的再沸器及冷凝器的热负荷都会上升。使用中间再沸器与中间冷凝器的好处是可以使用低品位热源，如图 3-58 所示。

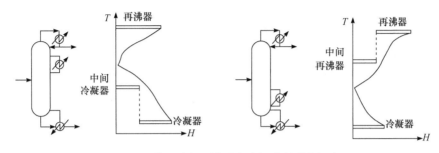

图 3-56 使用中间再沸器与中间冷凝器的机会

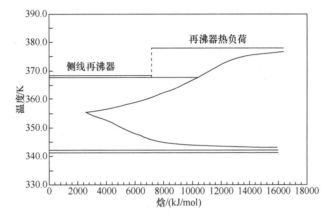

图 3-57 中间再沸器与中间冷凝器的热负荷取值

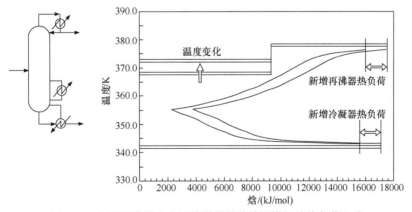

图 3-58 中间再沸器或中间冷凝器导致精馏塔的总热负荷上升

下面以具体案例讲述采用 Column Targeting 方法优化简单精馏塔的过程。

【例 3-7】 精馏塔初始条件如图 3-59 所示。采用 Column Targeting 确定改变进料位置、降低回流比、改变进料条件或者使用侧线加热(中间再沸器)的效果。

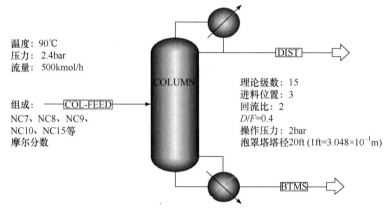

温度：90℃
压力：2.4bar
流量：500kmol/h

组成：——COL-FEED
NC7、NC8、NC9、
NC10、NC15等
摩尔分数

理论级数：15
进料位置：3
回流比：2
D/F=0.4
操作压力：2bar
泡罩塔塔径20ft (1ft=3.048×10⁻¹m)

图 3-59　精馏塔初始条件

解　采用 Aspen Plus 对精馏塔进行分析。

第 1 步，输入组分。输入精馏过程涉及的 5 个组分，如图 3-60 所示。

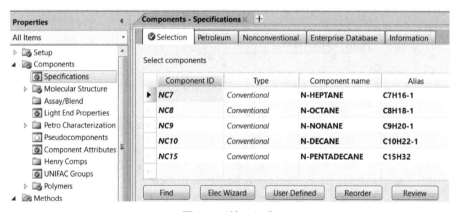

图 3-60　输入组分

第 2 步，采用 Peng-Robin 热力学模型，设置热力学参数，参见图 3-61。

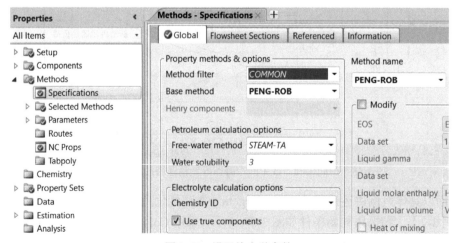

图 3-61　设置热力学参数

第 3 步，建立精馏塔的模拟流程图，参见图 3-62。

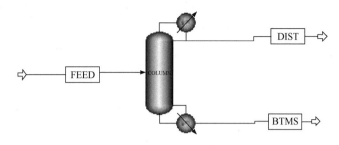

图 3-62　模拟流程图

第 4 步，输入进料条件，参见图 3-63。

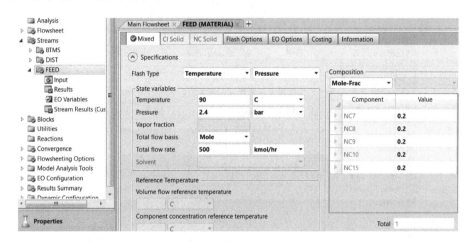

图 3-63　进料条件

第 5 步，输入精馏塔条件，参见图 3-64。

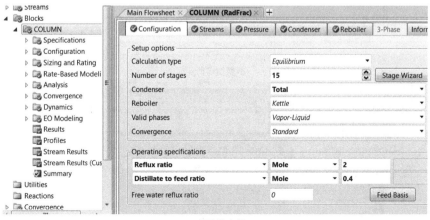

(a) 精馏塔参数

图 3-64　精馏塔条件

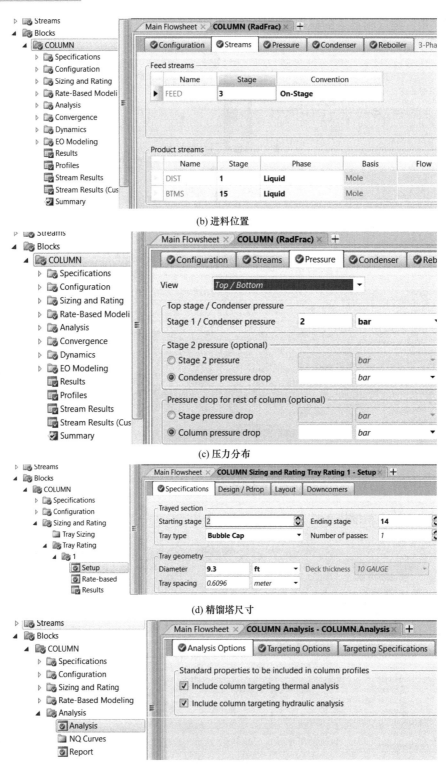

(b) 进料位置

(c) 压力分布

(d) 精馏塔尺寸

(e) 勾选水力学计算及热分析计算

图 3-64(续)

第 6 步，运行模拟，查看结果。

(1) 流股数据，参见图 3-65。

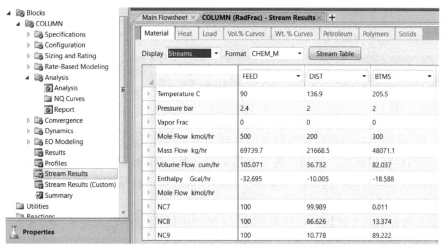

图 3-65　流股数据

(2) 热分析 *T-H* 图，参见图 3-66。

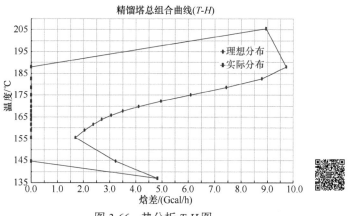

图 3-66　热分析 *T-H* 图

(3) 水力学分析，气相及液相负荷性能曲线参见图 3-67。从负荷性能曲线可以看出，第 7～14 块板气液相流率超过液泛线。

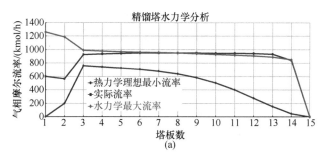

图 3-67　气相及液相负荷性能曲线

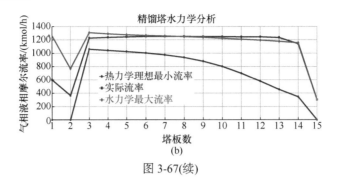

图 3-67(续)

第 7 步 采用 *T-H* 图及负荷性能曲线对精馏塔进行优化。

(1) 进料位置的优化。进料位置不合适的特征是提馏段或精馏段的 *T-H* 图在横坐标方向有比较剧烈的变化。初始工况是第 3 块理论板进料，在精馏段 *T-H* 图有比较剧烈的变化，说明精馏段的理论级数偏小，如图 3-68 所示。

将进料位置由第 3 块理论板调整到第 12 块理论板，如图 3-69 所示，得到如下结果：在提馏段又出现 *T-H* 图的剧烈变化，即提馏段理论级数偏小。

最终将进料位置调整为第 7 块理论板进料，如图 3-70 所示。

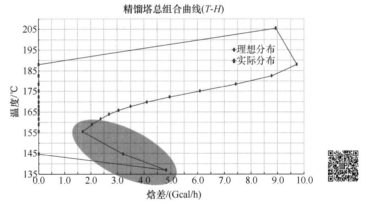

图 3-68 第 3 块理论板进料情况

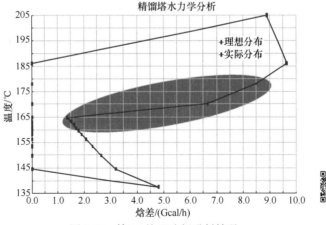

图 3-69 第 12 块理论板进料情况

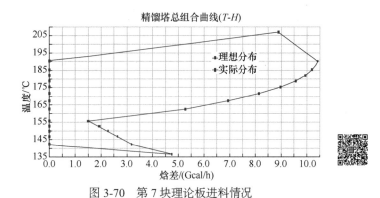

图 3-70　第 7 块理论板进料情况

调取负荷性能曲线，发现第 9～14 板液泛，如图 3-71 所示。这种情况会在后续的优化过程中得到改善。

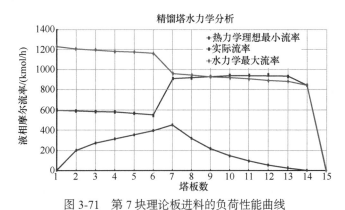

图 3-71　第 7 块理论板进料的负荷性能曲线

(2) 回流比的优化。精馏塔的初始 *T-H* 曲线中，最小熔值点与纵坐标之间存在较大间隙，表明精馏塔的实际回流比偏离最小回流比很多，回流比应该向下调整，如图 3-72 所示。

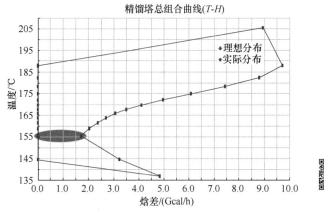

图 3-72　最小熔值点与纵坐标之间存在较大间隙

图 3-73 和图 3-74 分别为第 7 块理论板进料、回流比为 2 和 1.5 时的 *T-H* 曲线。可知，当回流比为 1.5 时比较合适。

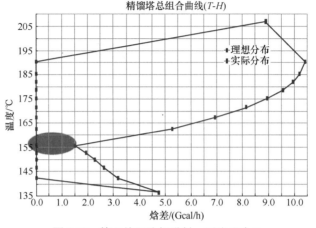

图 3-73　第 7 块理论板进料，回流比为 2

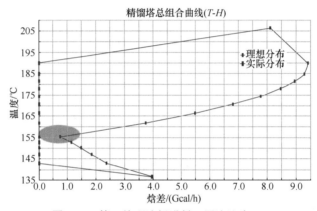

图 3-74　第 7 块理论板进料，回流比为 1.5

检查第 7 块理论板进料、回流比为 1.5 时的负荷性能曲线，发现液泛现象已经消除(图 3-75)。

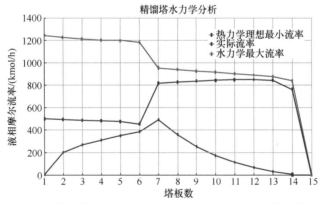

图 3-75　第 7 块理论板进料、回流比为 1.5 时的负荷性能曲线

(3) 进料条件的优化。进料条件决定了精馏塔塔顶冷凝器及塔釜再沸器热负荷的分布，优良的进料条件应该是塔顶冷凝器及塔釜再沸器热负荷近似相等。

如图 3-76 所示，初始条件为 90℃进料，塔釜再沸器的热负荷明显高于塔顶冷凝器热负荷，所以该进料偏冷。

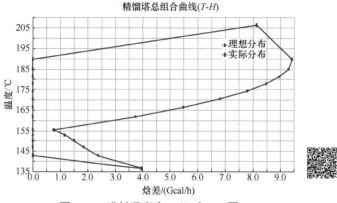

图 3-76　进料温度为 90℃时 *T-H* 图

将进料温度调整为 190℃时，又出现塔顶冷凝器热负荷明显高于塔釜再沸器热负荷现象，故 190℃进料偏热，如图 3-77 所示。

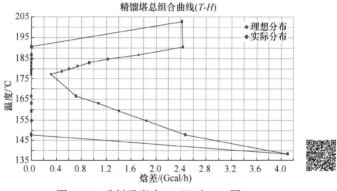

图 3-77　进料温度为 190℃时 *T-H* 图

再调整进料温度，最终当进料温度为 180℃时，塔顶冷凝器热负荷与塔釜再沸器热负荷近似相等，故取 180℃进料，如图 3-78 所示。

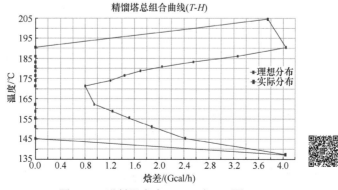

图 3-78　进料温度为 180℃时 *T-H* 图

调取第 7 块理论板进料、回流比为 1.5、进料温度为 180℃时的负荷性能曲线，得到如图 3-79 所示结果。

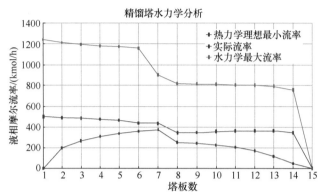

图 3-79   第 7 块理论板进料、回流比为 1.5、进料温度为 180℃时的负荷性能曲线

(4) 中间再沸器或冷凝器的使用。中间再沸器或冷凝器有无使用空间的关键在于 *T-H* 图中实际线与理想线的垂直距离，如果距离偏大，可考虑使用中间再沸器或冷凝器。图 3-80 显示的结果是有使用中间再沸器的可能性。

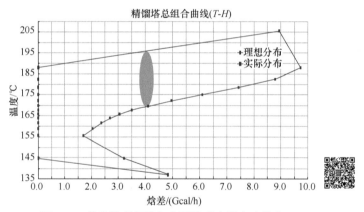

图 3-80   提馏段理想线与实际线垂直距离比较大

考虑在第 11 块理论板加入一个 3Gcal/h 的中间再沸器，得到如图 3-81 所示新的 *T-H* 图。中间再沸器可以使用低温热，能大幅度降低再沸器的热负荷。

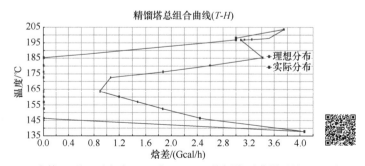

图 3-81   在第 11 块理论板加入一个 3Gcal/h 的侧线再沸器后的 *T-H* 图

使用中间再沸器后的负荷性能曲线如图 3-82 所示，可见此精馏塔可以正常操作。

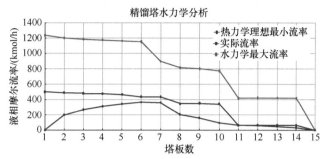

图 3-82　在第 11 块理论板加入一个 3Gcal/h 的侧线再沸器后的水力学图

(5) 有效能分析。精馏塔的改进效果也可通过有效能分析查看。有效能分析曲线的调入方法如图 3-83 所示，点击 Exergy 按钮即可。

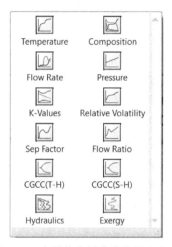

图 3-83　有效能分析曲线的调入方法

有效能分析提供了类似的改进方法，如检查初始设计及最终设计的有效能分布曲线。图 3-84 和图 3-85 分别为塔板-有效能损失曲线和温度-有效能损失曲线，可分别查看不同

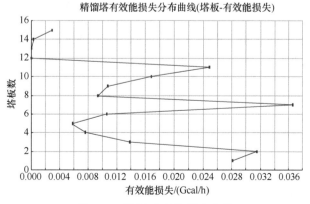

图 3-84　塔板-有效能损失曲线

塔板或温位的有效能损失情况。

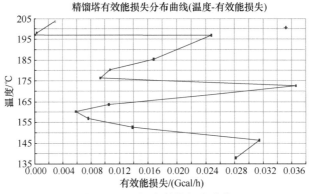

图 3-85　温度-有效能损失曲线

思考与练习题

1. 什么是可逆精馏？如何绘制精馏塔 *T-H* 图？

2. 已知含乙苯(EB)、苯乙烯(STYRENE)、重组分的混合物，乙苯、苯乙烯和重组分的质量分数分别为
   0.5843、0.4150、0.0007，其中焦油(Tar)可以使用正十七烷(*n*-heptadecane)来代替。采用简单精馏塔对
   其进行分离，理论板数为(53+冷凝器+再沸器)，进料塔板位置为 25，回流比为 6，塔顶采出率为
   16700lb/h(1lb = 0.453592kg)，冷凝器压力为 45torr(1torr = 1.33322×10²Pa)，第 1 块塔板的压力为 50torr，
   塔釜压力为 105torr，过冷回流温度为 45℉。模拟中的热力学方法采用 NRTL 方法。其他条件参见
   图 3-86。通过计算机模拟确定：①塔顶、塔釜产品组成；②冷凝器及再沸器的热负荷；③塔顶、塔
   釜的温度；④精馏塔每块塔板的温度、组成分布曲线；⑤设计一填料塔和一板式塔，并比较设计结
   果；⑥绘制负荷性能曲线；⑦通过 Column-Targeting 方法对精馏塔进行分析与优化。

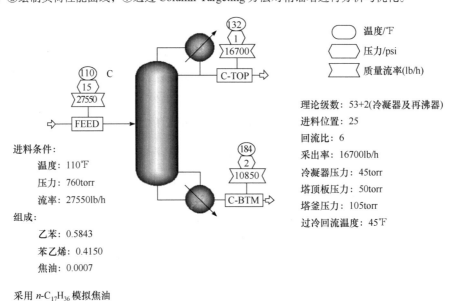

图 3-86　乙苯-苯乙烯精馏

第4章

共沸物的精馏分离

4.1 共沸现象及相图特征

4.1.1 二元物系

有些物系含有共沸组分，共沸时这些组分的气相组成和液相组成相同。这种物系无法采用常规精馏方法进行分离。常见的易形成共沸物的组分有醇类、酮类、酯类、酸类、氟类、水。

图 4-1 给出了非共沸(常规)和共沸物系的二组分热力学相图，图中 45°线表示横坐标 x 与纵坐标 y 组成相同的点。常规物系的 y-x 相图如图 4-1(a)所示，气-液平衡曲线与 45°线没有交点，轻组分 A 从组成为 0 到 100%在气相中的组成始终高于其在液相中的组成。对于共沸物系，如图 4-1(b)所示，气-液平衡曲线在某一点与 45°线相交，意味着在该点气相组成与液相组成相同，该点称为共沸点。在共沸点的两侧，轻、重组分的位置发生互换。

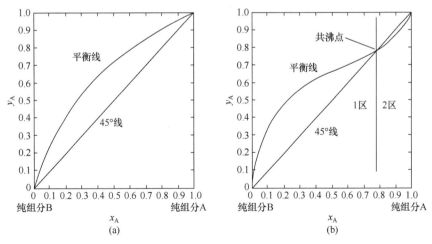

图 4-1 非共沸和共沸二元物系的热力学相图示意图

共沸组成的沸点高于任何一个纯组分的沸点，这种物系称为最高共沸物系，如图 4-2(a)所示丙酮-氯仿二元相图。共沸组成的沸点低于任何一个纯组分的沸点，这种物系称为最低共沸物系，如图 4-2(b)所示异丙醚-异丙醇二元相图。

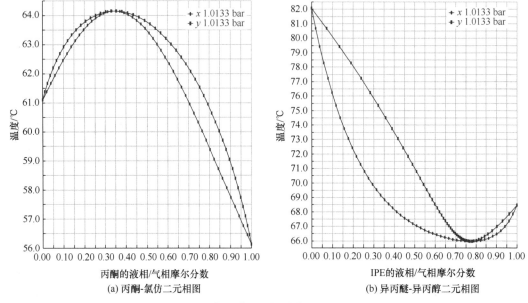

(a) 丙酮-氯仿二元相图   (b) 异丙醚-异丙醇二元相图

图 4-2   最高共沸和最低共沸物系二元相图

有些共沸物系共沸时液相是均匀的，即只有一个液相，这种情况称为均相共沸，如图 4-3(a)所示。有些共沸物系共沸时液相是不均匀的，即出现两个液相，这种情况称为非均相共沸，如图 4-3(b)所示。

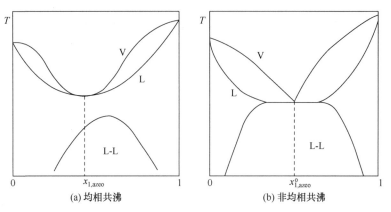

(a) 均相共沸   (b) 非均相共沸

图 4-3   均相共沸与非均相共沸的相图特征

【例 4-1】 采用 Aspen Plus 软件查询丙酮-氯仿物系常压下的共沸点，绘制二元相图。

解   第 1 步，打开 Aspen Plus 软件，选择 Chemicals with Metric Units 模板，点击左下角 Create 按钮，新建 Aspen Plus 文件，参见图 4-4。

第 2 步，输入组分，参见图 4-5。

第 3 步，设置热力学模型为 NRTL，参见图 4-6。

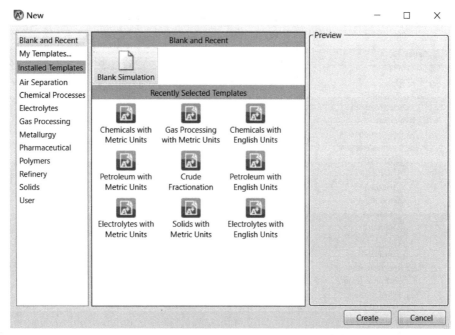

图 4-4　选择模板，创建 Aspen Plus 模拟文件

图 4-5　输入组分

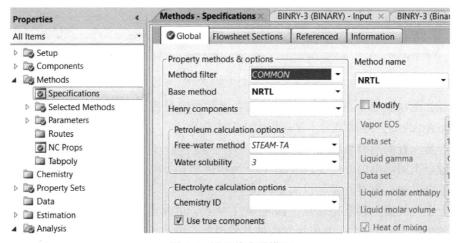

图 4-6　设置热力学模型

第 4 步，检查二元交互作用参数，参见图 4-7。

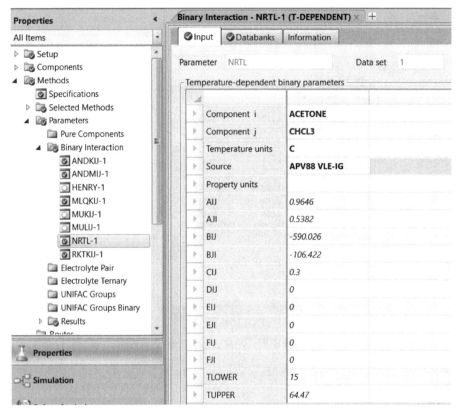

图 4-7   检查二元交互作用参数

第 5 步，绘制二元相图。

单击工具按钮中的 Binary 按钮，参见图 4-8。

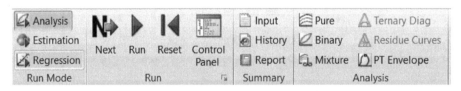

图 4-8   Binary 按钮

出现如图 4-9 所示画面后，仔细检查各参数设置是否正确，确认后，单击下方绿色按钮 Run Analysis，得到如图 4-2(a)所示的二元相图。

第 6 步，查询共沸组成。

右键点击图形空白处，出现如图 4-10 所示弹出式菜单，勾选 Show Tracker，则图中出现十字交叉线，交点处显示点的坐标值。

将十字线的交点移至共沸点，如图 4-11 所示，可读出共沸点的组成：x 值为丙酮的液相摩尔组成，约为 0.35，y 值为对应的共沸温度，约为 64.1℃。可知，该物系在常压下的共沸温度为 64.1℃，共沸摩尔组成为丙酮 0.35、氯仿 0.65。

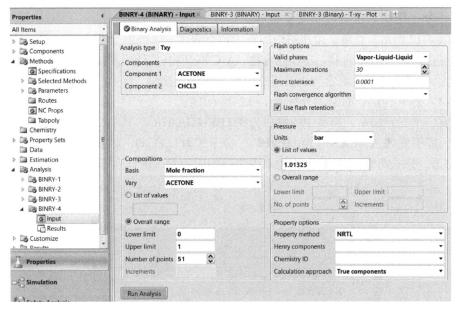

图 4-9　二元相图绘制的参数设置

图 4-10　弹出式菜单

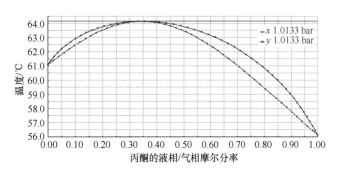

图 4-11　读出共沸点信息

4.1.2　三元物系与三角相图

三元物系的共沸问题比较复杂。在三元物系中，可能出现两两组分之间的共沸，也可能出现三组分的共沸。平衡组成不再只是温度和压力的函数，无法绘制类似于二元物系的等压平衡曲线，原因是 Gibbs 相率中增加了一个自由度。对于三元物系，如果温度、压力已经确定，需要再确定其中一个组分的组成，另外两个组分的组成才能确定。

三角相图常用于表示三元物系蒸馏过程液相平衡组成的分析，可以画成直角三角形，也可以画成等边三角形。三角相图中仅表示了液相组成，没有气相组成。三个顶点分别表示三个纯组分，每条曲线表示蒸馏过程中液相平衡组成的变化规律。三角相图中还包括纯物质的沸点信息，二元或三元共沸组成的共沸点温度及组成。三角相图中的组成可以是摩尔组成，也可以是质量组成。

如图 4-12 所示，直角三角相图中的三个顶点表示三个纯组分即 A、B、C，三条边表示二元混合物即 A-B 混合物、B-C 混合物、A-C 混合物，三角形内的点表示三元混合物，如点①为 A、B、C 三元混合物，其组成可在直角边上读出，即 A、B 的摩尔分数分别为 0.2 和 0.4，另一组分 C 的摩尔分数为 1−0.2−0.4=0.4。

考察一个三元物系，物系中的物质为 DTBP-TBA-H_2O。其中，DTBP 为二叔丁基过氧化物，即引发剂 A，CAS 号为 110-05-4，分子式为 $C_8H_{18}O_2$；TBA 为叔丁醇，CAS 号为 75-65-0，分子式为 $C_4H_{10}O$。该物系中各纯物质的常压沸点列于表 4-1。

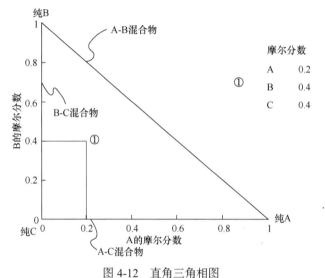

图 4-12   直角三角相图

表 4-1   DTBP-TBA-H_2O 物系中各物质的常压沸点

代码	中文名称	英文名称	沸点/℃
DTBP	二叔丁基过氧化物	di-tert-butyl peroxide	110.89
TBA	叔丁醇	tert-butyl alcohol	82.47
H_2O	水	water	100.02

物系中含有 3 个共沸点，即 2 个二元共沸点和 1 个三元共沸点，见表 4-2。

表 4-2   DTBP-TBA-H_2O 物系中的共沸点

温度/℃	共沸点类型	相态类型	共沸组分数	摩尔分率		
				DTBP	TBA	H_2O
80.68	不稳定	均相	2	0.1844	0.8156	0
80.73	鞍形	均相	3	0.1425	0.7947	0.0628
79.97	不稳定	均相	2	0	0.621	0.379

绘制该物系的三角相图如图 4-13 和图 4-14 所示。

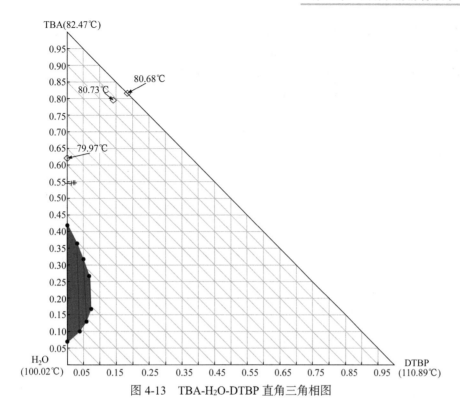

图 4-13　TBA-H_2O-DTBP 直角三角相图

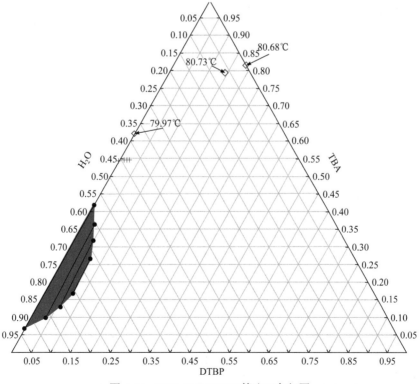

图 4-14　TBA-H_2O-DTBP 等边三角相图

【例4-2】 用 Aspen Plus 软件查询 TBA-H₂O-DTBP 物系常压下的三元共沸信息，绘制如图 4-13、图 4-14 所示的三角相图。

解 采用 Chemicals with Metric Units 模板，新建 Aspen Plus 文件。

第1步，输入组分，参见图 4-15。

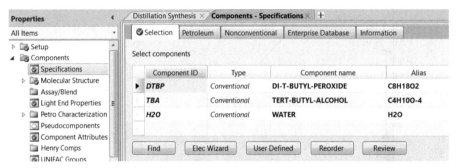

图 4-15 输入组分

第2步，选用 NRTL 热力学方法，查看二元交互作用参数，参见图 4-16。

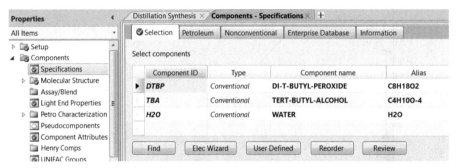

图 4-16 二元交互作用参数

第3步，单击工具按钮中的 Ternary Diag 按钮，参见图 4-17。

图 4-17　Ternary Diag 按钮

出现如图 4-18 所示画面，单击 Find Azeotropes 按钮。

出现如图 4-19 所示画面，勾选所有组分，单击左下角 Report 按钮。

出现如图 4-20 所示共沸组分查询结果：查询到 3 个共沸组成。

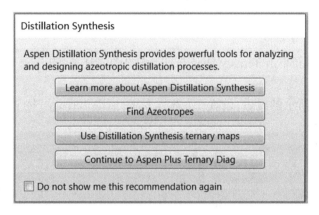

图 4-18　Find Azeotrops 按钮

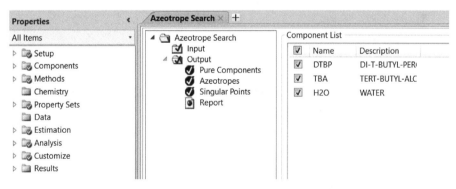

图 4-19　搜索共沸点的设置

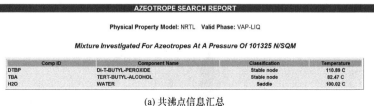

(a) 共沸点信息汇总

图 4-20　共沸点搜索结果

3 Azeotropes found

01	Number Of Components: 2 Homogeneous		Temperature 80.68 C Classification: Unstable node	
			MOLE BASIS	MASS BASIS
		DTBP	0.1844	0.3084
		TBA	0.8156	0.6916

02	Number Of Components: 3 Homogeneous		Temperature 80.73 C Classification: Saddle	
			MOLE BASIS	MASS BASIS
		DTBP	0.1425	0.2577
		TBA	0.7947	0.7283
		H2O	0.0628	0.0140

03	Number Of Components: 2 Homogeneous		Temperature 79.97 C Classification: Unstable node	
			MOLE BASIS	MASS BASIS
		TBA	0.6210	0.8708
		H2O	0.3790	0.1292

(b) 3个共沸点详细信息

图 4-20(续)

第 4 步，绘制三角相图。

参见第 3 步，重新单击 Ternary Diag 按钮。参见图 4-18，点击 Use Distillation Synthesis ternary maps 按钮。

出现如图 4-21 所示画面后，设置三元相图要求，点击 Ternary Plot 按钮，得到如图 4-22 所示直角三角相图。

图 4-21　三元相图绘制设置

图 4-22 所示的直角三角相图可以加上网格，如图 4-23 所示，也可去掉精馏边界 (distillation boundary)，如图 4-24 所示。

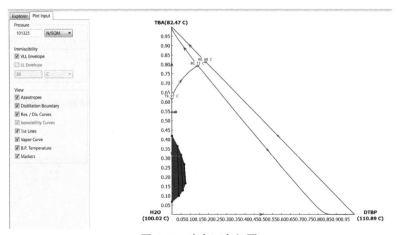

图 4-22　直角三角相图

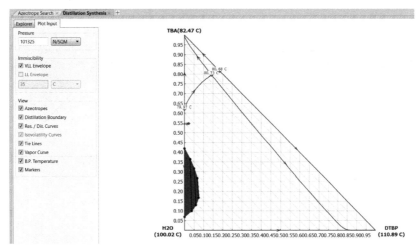

图 4-23　加网格的直角三角相图

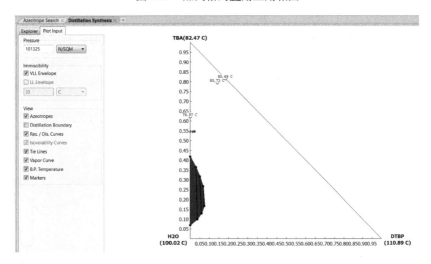

图 4-24　去掉精馏边界的直角三角相图

如果绘制等边三角相图,可右键点击上述直角三角相图,出现如图 4-25 所示的弹出式菜单,点击 Switch To Equilateral,则可得到如图 4-14 所示的等边三角相图。

4.1.3　杠杆规则

使用三角相图表示混合物的混合过程如图 4-26 所示,混合物 1 和 2 混合后,得到新的混合物 3。可以证明,三个点①、②、③落在同一条直线上,三个点之间的距离符合杠杆规则。

$$\frac{F_1}{F_2} = \frac{Y}{X} \tag{4-1}$$

图 4-25　弹出式菜单

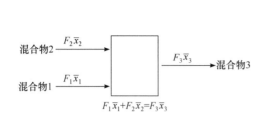 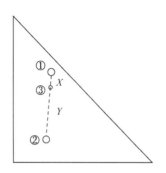

图 4-26   杠杆规则

$$\frac{F_1}{F_1 + F_2} = \frac{Y}{X + Y} \tag{4-2}$$

物料平衡方程：

$$F_1 + F_2 = F_3 \tag{4-3}$$
$$F_1 \overline{x_1} + F_2 \overline{x_2} = F_3 \overline{x_3} \tag{4-4}$$

精馏过程是混合过程的逆过程，塔顶、塔釜采出与进料之间的关系也符合杠杆规则，见图 4-27。

$$\frac{D}{F} = \frac{Y}{X + Y} \tag{4-5}$$

杠杆规则可以清楚地用于精馏塔序列及有物料循环的精馏塔序列分析，如图 4-28 和图 4-29 所示。

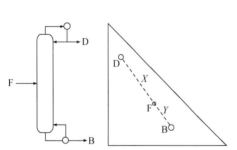

图 4-27   精馏过程塔顶、塔釜采出与进料之间的关系

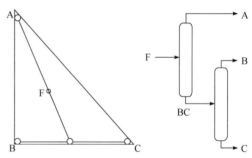

图 4-28   精馏塔序列杠杆分析
$K_A > K_B > K_C$

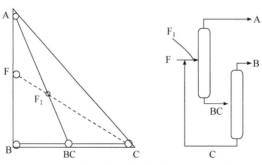

图 4-29   有物料循环的精馏塔序列杠杆分析
$K_A > K_B > K_C$

杠杆规则仅适用于同一精馏塔的进料与采出分析，如图 4-30 所示，以后两个精馏塔为研究对象，点 3、7 和 9 分别为研究对象的进料和出料，但是点 3、7 和 9 并不在同一直线上，原因是它们不是同一精馏塔的进料与出料。

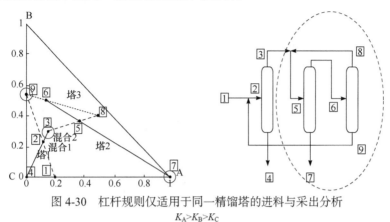

图 4-30　杠杆规则仅适用于同一精馏塔的进料与采出分析
$K_A > K_B > K_C$

4.2　残　留　曲　线

4.2.1　残留曲线的定义

图 4-31 所示蒸馏装置只有一个蒸馏瓶，没有塔板，没有填料，也没有回流。假设待蒸馏混合物为三元混合物，最重的组分的初始组成为 x_0，随着蒸馏的进行，t 时刻其组成变为 x_t，则由 x_0 变化到 x_t 的轨迹称为残留曲线或蒸馏曲线，如图 4-32 所示。残留曲线记录了简单蒸馏过程中残留在液相中的物料的组成变化规律。

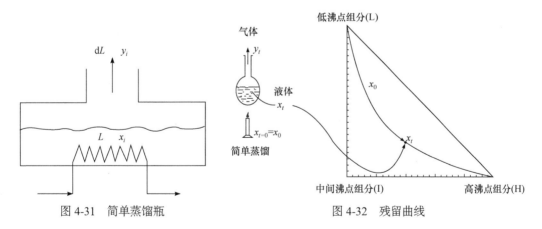

图 4-31　简单蒸馏瓶　　　　　　图 4-32　残留曲线

残留曲线具有如下特性：

(1) 压力一定时，残留曲线仅依赖于气-液平衡。

(2) 对于一个给定的起点，残留曲线是唯一的。

(3) 残留曲线之间不相交。

(4) 残留曲线起始于或终止于纯物质或共沸点。

残留曲线中的液相组成还恒等于全回流情况下的液相组成，推导过程如下。

参见图4-33，组分在第n-1块板上的物料平衡方程为

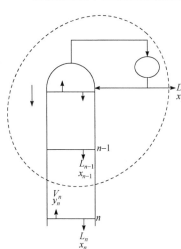

$$L_{n-1}x_{n-1} + Dx_D = V_n y_n \tag{4-6}$$

液相近似

$$\frac{dx_n}{dn} \approx x_n - x_{n-1} \tag{4-7}$$

将x_{n-1}由式(4-6)求出，代入式(4-7)，得

$$\frac{dx_n}{dn} \approx x_n - \frac{V_n}{L_{n-1}}y_n + \frac{D}{L_{n-1}}x_D \tag{4-8}$$

全回流时，$D=0$，$V_n = L_{n-1}$，故

$$\frac{dx_n}{dn} \approx x_n - y_n \tag{4-9}$$

即残留曲线等于全回流下液相组成。

图4-33　精馏塔精馏段的物料平衡

4.2.2　几种典型的残留曲线

非沸物系的残留曲线示意于图 4-34。有 1 个共沸点的物系的残留曲线示意于图4-35。有2个共沸点的物系的残留曲线示意于图4-36。有4个共沸点的物系的残留曲线示意于图4-37。

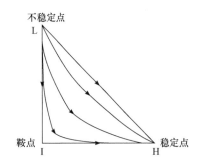

图4-34　非共沸物系的残留曲线

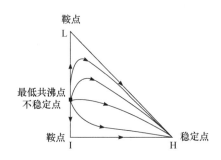

图4-35　有1个共沸点的物系的残留曲线

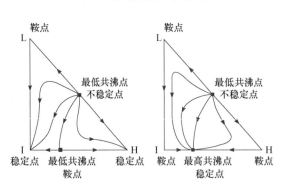

图4-36　有2个共沸点的物系的残留曲线

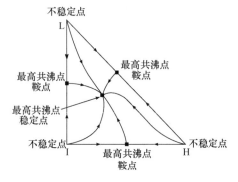

图4-37　有4个共沸点的物系的残留曲线

4.2.3　残留曲线的计算

通过对蒸馏过程进行物料平衡计算，可以从理论上计算残留曲线，并深刻理解其本质。

假设液相充分混合、一直处于其泡点状态，对任一组分 i 进行物料衡算，有

$$Lx_i = \Delta L y_i + (L - \Delta L)(x_i + \Delta x_i) \qquad i = 1, 2, \cdots, C - 1 \tag{4-10}$$

由于 $\Delta L \to 0$，可用 $\mathrm{d}l$ 代替 ΔL，有

$$Lx_i = y_i \mathrm{d}l + Lx_i + L\mathrm{d}x_i - x_i \mathrm{d}l - \mathrm{d}l\mathrm{d}x_i \tag{4-11}$$

去掉高阶最小量 $\mathrm{d}l\mathrm{d}x_i$，整理后得

$$\frac{\mathrm{d}x_i}{\mathrm{d}l / L} = x_i - y_i \tag{4-12}$$

即

$$\frac{\mathrm{d}x_i}{\mathrm{d}\hat{t}} = x_i - y_i \tag{4-13}$$

式中，$\mathrm{d}\hat{t} = \dfrac{\mathrm{d}l}{L}$，为量纲为一的时间。

对三元混合物有

$$\frac{\mathrm{d}x_i}{\mathrm{d}\hat{t}} = x_i - y_i \qquad i = 1, 2 \tag{4-14}$$

$$\sum_{i=1}^{3} x_i = 1 \tag{4-15}$$

$$\sum_{i=1}^{3} y_i = 1 \tag{4-16}$$

$$y_i = K_i x_i \tag{4-17}$$

求解上述方程组，用三角图形表示液相组成之间的关系，可得三元物系蒸馏时每一时刻残留在蒸馏瓶中的液相组成曲线，即残留曲线。

【例 4-3】　用 Aspen Plus 软件绘制图 TBA-H$_2$O-DTBP 物系常压下的残留曲线。

解　绘制方法与【例 4-2】类似，不同的是这里使用 Residue Curves 按钮，如图 4-38 所示。

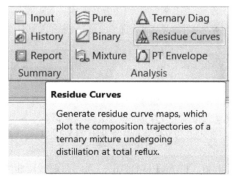

图 4-38　残留曲线绘制按钮

单击 Residue Curves 按钮后出现如图 4-18 所示画面。点击 Continue to Aspen Plus Ternary Diag 按钮，出现如图 4-39 所示画面。

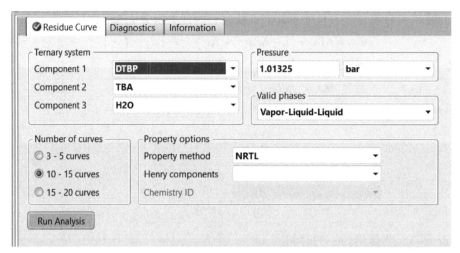

图 4-39　残留曲线绘图设置

点击 Run Analysis 按钮，得到残留曲线，如图 4-40 所示。

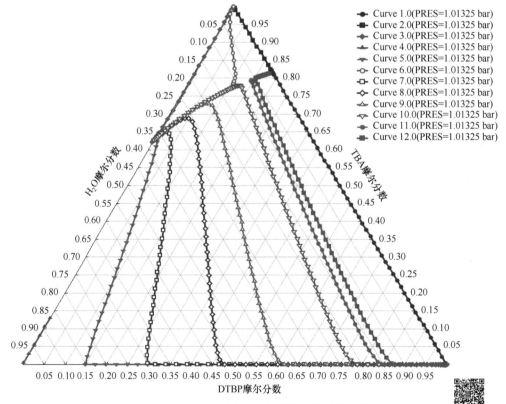

图 4-40　TBA-H_2O-DTBP 三元物系的残留曲线

4.2.4　采用残留曲线分析蒸馏过程

对于无共沸点物系，参见图 4-41，H、L、I 分别代表高、低、中沸点物质，F 为进料点，穿过 F 点的连接直线的两端分别对应塔顶组成和塔釜组成。

图 4-42 给出了有共沸点物系的精馏过程，这种物系存在精馏边界，精馏边界将精馏过程分成不同的区域，在不同区域得到不同产品。

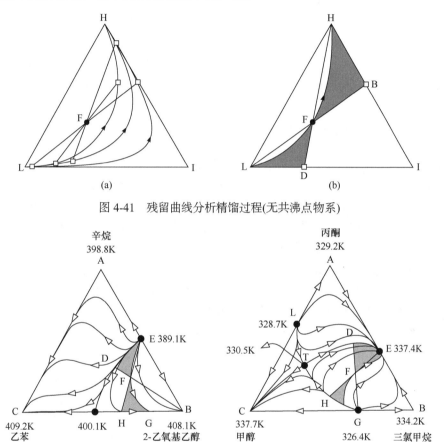

图 4-41　残留曲线分析精馏过程(无共沸点物系)

图 4-42　残留曲线分析精馏过程(有共沸点物系)

【例 4-4】　无共沸点物系的精馏过程分析。

图 4-43 为甲醇(methanol)、乙醇(ethanol)和 1-丙醇(1-propanol)三元物系蒸馏时的残留曲线。可以看出，该混合物没有共沸点，在蒸馏过程中可以得到沸点最低的纯组分甲醇，或者得到沸点最高的纯组分 1-丙醇，但是得不到沸点居中的纯组分乙醇。

【例 4-5】　有共沸点物系的精馏过程分析(无精馏边界)。

图 4-44 为丙酮(acetone)、乙醇(ethanol)、甲醇三组分物系蒸馏时的残留曲线。可以看出，该混合物有一个共沸点，即丙酮与甲醇之间的共沸点，共沸温度为 55.7℃，该温度低于丙酮及甲醇的沸点，为最低共沸点。该蒸馏过程没有精馏边界，在蒸馏过程中可以得到丙酮与甲醇的共沸物(塔顶)，以及甲醇与乙醇的混合物(塔釜)；或者塔釜得到比较纯的乙醇，塔顶得到丙酮与甲醇的混合物。

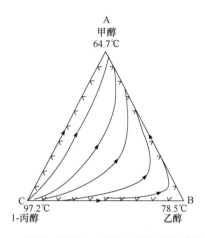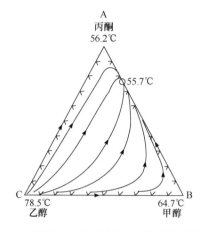

图 4-43 甲醇、乙醇和 1-丙醇三元物系的残留曲线   图 4-44 丙酮、乙醇、甲醇三元物系的残留曲线

【例 4-6】   有共沸点物系的精馏过程分析(有精馏边界)。

图 4-45 为辛烷(octane)、乙苯(ethyl benzene)和 2-乙氧基乙醇(2-ethoxy-ethanol)三元物系的残留曲线。可以看出,该三元混合物存在 2 个共沸点:辛烷和 2-乙氧基乙醇之间存在一个共沸点,共沸温度为 116.1℃;乙苯和 2-乙氧基乙醇之间存在一个共沸点,共沸温度为 127.1℃。

【例 4-7】   精馏边界对目标产品的影响(二元物系)。

以异丙醇(isopropanol, IPA)和水的分离为例,如图 4-46 所示,共沸组成为(0.67, 0.33),形成精馏边界,当进料组成为(0.8, 0.2)时,可以得到纯 IPA 和共沸物,当进料组成为(0.5, 0.5)时,只能得到纯水和共沸物,得不到纯 IPA。

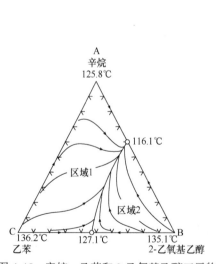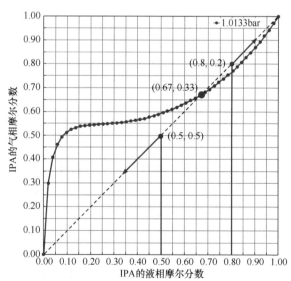

图 4-45 辛烷、乙苯和 2-乙氧基乙醇三元物   图 4-46 异丙醇和水的二元相图
系的残留曲线

【例 4-8】   精馏边界对目标产品的影响(三元物系)。

异丙醇、丙酮、水三元混合物的蒸馏曲线如图 4-47 所示,该物系存在精馏边界。如果进料组成为 Feed1，即 IPA=0.3，丙酮=0.3，水=0.4，即物料处于精馏边界的左侧，若安排两个精馏塔，则第一个精馏塔可得到丙酮及另外两个组分的混合物，第二个精馏塔得到水及 IPA 和水的共沸物。如果进料组成为 Feed2，即 IPA=0.5，丙酮=0.4，水=0.1，则第一个精馏塔可得到丙酮及另外两个组分的混合物,第二个精馏塔得到 IPA 及 IPA 和水的共沸物。

　　是否有可能第一个精馏塔得到水，第二个精馏塔得到丙酮及异丙醇？答案是否定的，因为第一个精馏塔塔顶撞到了精馏边界，得到三元混合物，参见图 4-48 的分析。

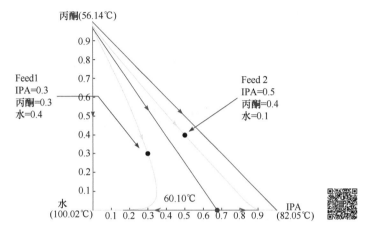

图 4-47　异丙醇、丙酮、水三元混合物的蒸馏曲线

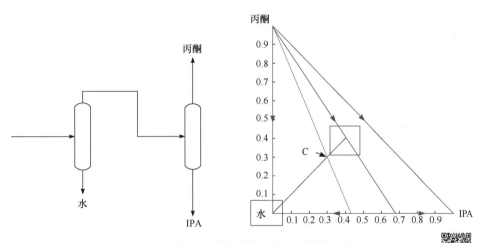

图 4-48　第 1 个精馏塔塔顶撞到了精馏边界

　　有时进料组成落在精馏边界附近，如图 4-49 所示。如果 Feed1 落在精馏边界的左侧，在此区域无论如何也得不到纯 IPA，而 Feed2 落在精馏边界的右侧，在此区域无论如何也得不到纯水。为了改变预期的产品组成，可以向混合物中添加一些纯物质，如向 Feed1 中添加一些 IPA，则可使其组成跨过精馏边界，得到纯 IPA 产品。

　　有些情况精馏边界很复杂，如图 4-50 所示【例 4-3】三元物系 TBA-H$_2$O-DTBP 的三角相图，图中添加了精馏边界，精馏边界将该物系的精馏过程分成 4 个区域，每个区域得到的产品是不同的。图中带箭头↑的细线为残留曲线，给出了单个精馏塔精馏过程的物料走向。

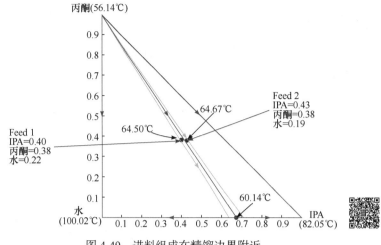

图 4-49　进料组成在精馏边界附近

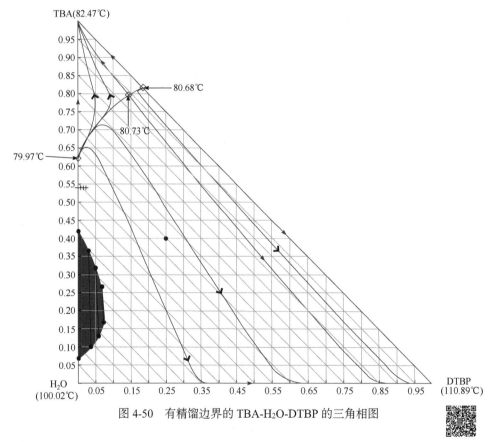

图 4-50　有精馏边界的 TBA-H₂O-DTBP 的三角相图

4.3　精馏过程概念设计的含义

4.3.1　精馏过程的概念设计

精馏塔概念设计的含义主要体现在三个方面：设计分离流程，优化分离流程，研究分离流程的可操作性。

现有待分离物系含有丙酮、异丙醇和水三个组分，若想得到三个纯组分，需要什么样的分离方案？可否采用图 4-51 所示的分离流程？若可以采用，精馏塔的理论级数、回流比、进料位置、操作压力、采出量等参数分别是多少？这就是概念设计问题。

查询三个组分的沸点可知，丙酮、异丙醇和水的常规沸点分别是 56.14℃、82.05℃和100.02℃。图 4-51(a)是逆序分离流程，即先分离重组分水，再分离两个轻组分，第一个精馏塔塔顶得到丙酮和异丙醇的混合物，第二个精馏塔塔顶得到丙酮，塔釜得到异丙醇。图 4-51(b)是顺序分离流程，即先分离轻组分，再分离重组分，第一个精馏塔的塔顶得到丙酮，塔釜得到异丙醇和水的混合物，第二个精馏塔的塔顶得到异丙醇，塔釜得到水。这两个流程只是根据沸点分析得到的分离流程，能否实现还需做相平衡分析，可借助 Aspen Plus 讨论该问题。

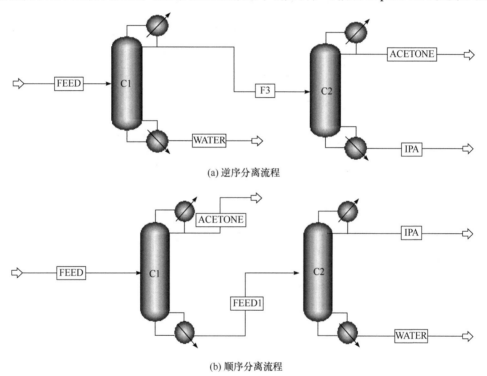

(a) 逆序分离流程

(b) 顺序分离流程

图 4-51　两种可供选择的分离流程

首先进行物性分析。丙酮、异丙醇和水组成的混合物具有强极性，宜采用 NRTL 热力学模型。输入组分，如图 4-52 所示。

热力学方法选择 NRTL，参见图 4-53。NRTL 模型参数参见图 4-54。

查询该物系中的共沸物可知，该物系中含有一个共沸物，即异丙醇和水之间的共沸物，共沸点为 80.18℃，低于异丙醇和水的沸点，属于最低共沸物。异丙醇和水共沸摩尔分数分别为 0.6728 和 0.3272，共沸质量分数分别为 0.8727 和 0.1273，如图 4-55 所示。

丙酮、水、异丙醇之间的二元 T-x-y 和 y-x 相图如图 4-56～图 4-58 所示。三元物系蒸馏残留曲线如图 4-59 所示。

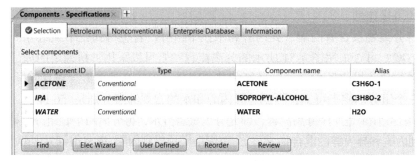

图 4-52　输入组分

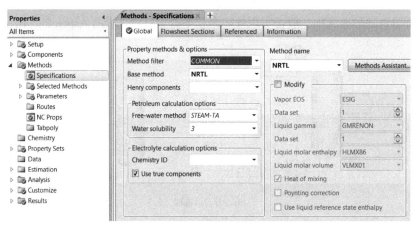

图 4-53　选择 NRTL 热力学模型

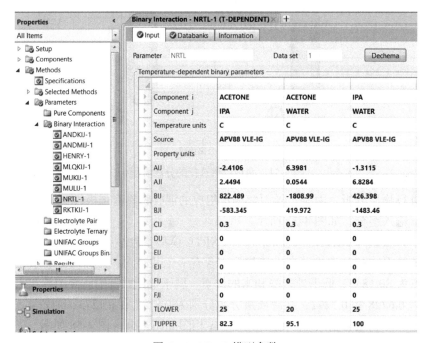

图 4-54　NRTL 模型参数

AZEOTROPE SEARCH REPORT

Physical Property Model: NRTL　**Valid Phase:** VAP-LIQ-LIQ

Mixture Investigated For Azeotropes At A Pressure Of 101325 N/SQM

Comp ID	Component Name	Classification	Temperature
ACETONE	ACETONE	Unstable node	56.14 C
IPA	ISOPROPYL-ALCOHOL	Stable node	82.05 C
WATER	WATER	Stable node	100.02 C

The Azeotrope

01	Number Of Components: 2 Homogeneous		Temperature 80.18 C Classification: Saddle	
			MOLE BASIS	MASS BASIS
		IPA	0.6728	0.8727
		WATER	0.3272	0.1273

图 4-55　共沸物查询

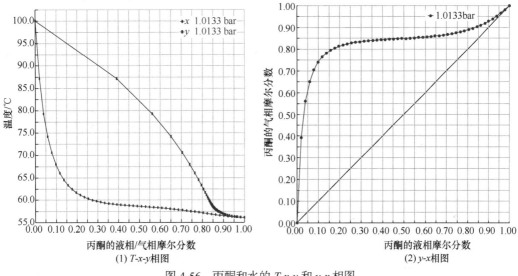

(1) *T-x-y* 相图　　　　　　(2) *y-x* 相图

图 4-56　丙酮和水的 *T-x-y* 和 *y-x* 相图

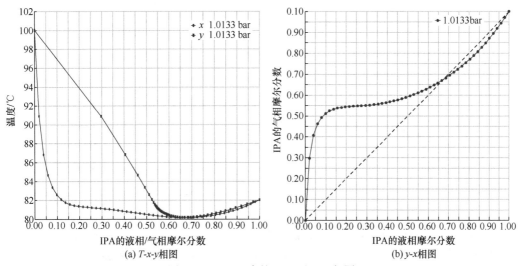

(a) *T-x-y* 相图　　　　　　(b) *y-x* 相图

图 4-57　IPA 和水的 *T-x-y* 和 *y-x* 相图

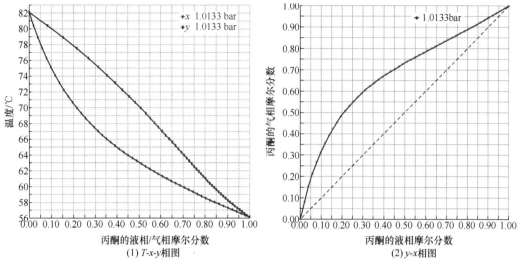

(1) T-x-y相图   (2) y-x相图

图 4-58   丙酮和 IPA 的 T-x-y 和 y-x 相图

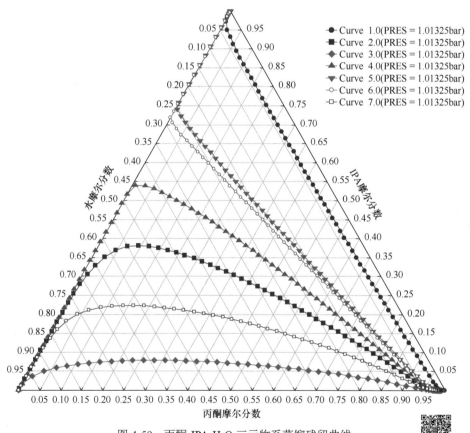

图 4-59   丙酮-IPA-H₂O 三元物系蒸馏残留曲线

由残留曲线可知，该物系存在精馏边界，即存在不同的精馏分区，进料组成落在不同分区时，精馏塔得到的产品是不一样的。由于共沸物的存在，该物系不可能通过简单精馏同时得到三个纯组分。因此，图 4-51 给出的两个分离流程都有问题，顺序分离和逆序分离均不能同时得到三个预期的纯产品。为确定如何安排第一个精馏塔，还需考虑进料组成落在哪个分离分区内。

　　以二元物系来说明。如图 4-57 所示为 IPA-水二元相图，该二元物系有一个共沸点，共沸点的摩尔组成为 IPA 0.67、水 0.33。该共沸点就是二元物系的分离边界，它将分离过程分成两个区，如果以 IPA 组成表示，则 0.67～1 为一个区，0～0.67 为另一个区，在这两个区内精馏，可分别得到"共沸组成+纯 IPA"及"共沸组成+纯水"两组不同的产品。任何一点进料不可能同时得到 IPA 和水两个纯物质。例如，如果进料组成(IPA，水)为(0.8，0.2)，则可得到"共沸组成+纯 IPA"产品，若进料组成为(0.5，0.5)，则可得到"共沸组成+纯水"两个产品。

　　如上说明了图 4-51 给出的两个分离流程都有问题，不可能同时得到 3 个纯物质。可行的分离方案只能是图 4-60 中的其中一个。

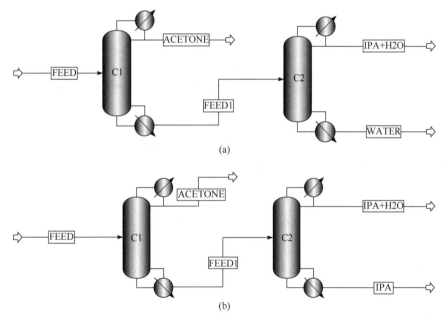

图 4-60　可行的分离方案

　　下面以实例说明 Aspen Plus 中精馏塔的概念设计过程。

【例 4-9】　精馏塔的概念设计。

　　已知一个三元混合物，含乙酸乙酯(ethyl acetate，ETAC)、甲醇(methanol，MEOH)、乙基叔丁基醚(ethyl tert-butyl ether，ETBE)三种物质，摩尔分数分别为 0.52、0.4、0.08，试确定分离乙酸乙酯的方案。

　　解　(1) 物性分析。输入组分，选择 NRTL 热力学模型，如图 4-61、图 4-62 所示。该物系中含有三个共沸组成：

　　乙酸乙酯和甲醇的共沸物：温度为 62.25℃，乙酸乙酯及甲醇的摩尔分数分别为 0.2965 和 0.7035，质量分数分别为 0.5368 和 0.4632。

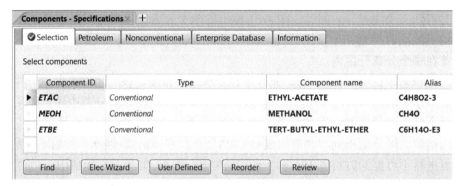

图 4-61   输入组分

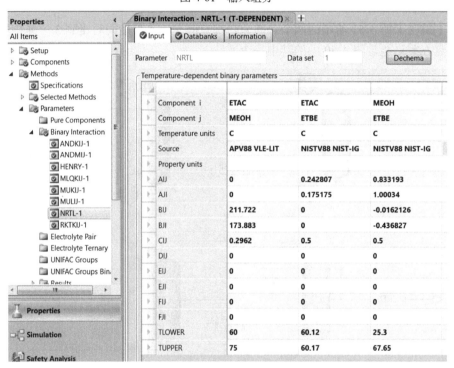

图 4-62   NRTL 模型中的二元交互作用参数

乙酸乙酯和乙基叔丁基醚的共沸物:温度为 71.36℃,乙酸乙酯和乙基叔丁基醚的摩尔分数分别为 0.2956 和 0.7044,质量分数分别为 0.2657 和 0.7343。

甲醇和乙基叔丁基醚的共沸物:温度为 58.27℃,甲醇和乙基叔丁基醚的摩尔分数分别为 0.5728 和 0.4272,质量分数分别为 0.2960 和 0.7040。

Aspen Plus 的共沸物查询结果如图 4-63 所示。

三元混合物的蒸馏残留曲线如图 4-64 所示。该混合的精馏过程存在 3 条精馏边界,将精馏过程分为 3 个区:A 区(靠近甲醇的区域)、B 区(靠近 ETBE 的区域)和 C 区(靠近 ETAC的区域)。进料组成如果落在 A 区,则可得到纯甲醇以及甲醇和乙基叔丁基醚的共沸物;进料组成如果落在 B 区,则可得到纯乙基叔丁基醚以及甲醇和乙基叔丁基醚的共沸物;进料组成如果落在 C 区,则可得到纯乙酸乙酯以及甲醇和乙基叔丁基醚的共沸物。该例

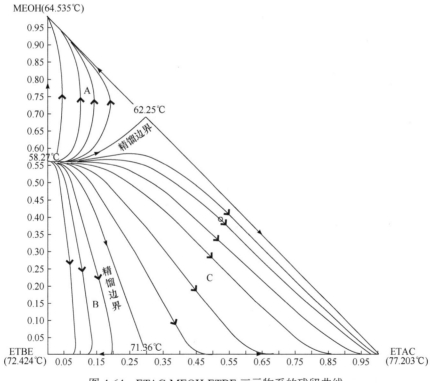

AZEOTROPE SEARCH REPORT

Physical Property Model: NRTL　　**Valid Phase:** VAP-LIQ-LIQ

Mixture Investigated For Azeotropes At A Pressure Of 101325 N/SQM

Comp ID	Component Name	Classification	Temperature
ETAC	ETHYL-ACETATE	Stable node	77.20 C
MEOH	METHANOL	Stable node	64.53 C
ETBE	TERT-BUTYL-ETHYL-ETHER	Stable node	72.42 C

3 Azeotropes found

01	Number Of Components: 2 Homogeneous		Temperature 62.25 C Classification: Saddle	
		MOLE BASIS	**MASS BASIS**	
	ETAC	0.2965	0.5368	
	MEOH	0.7035	0.4632	

02	Number Of Components: 2 Homogeneous		Temperature 71.36 C Classification: Saddle	
		MOLE BASIS	**MASS BASIS**	
	ETAC	0.2956	0.2657	
	ETBE	0.7044	0.7343	

图 4-63　共沸物查询

图 4-64　ETAC-MEOH-ETBE 三元物系的残留曲线

中进料组成落在 C 区，故可得到纯乙酸乙酯以及甲醇和乙基叔丁基醚的共沸物。

(2) 精馏塔的概念设计。概念设计模块在 Columns 模型库中，名称为 ConSep，如图 4-65 所示。

图 4-65   概念设计的模块

选中该模块，将其放在模拟流程区，连接进料与出料流股，得到如图 4-66 所示模拟流程图。

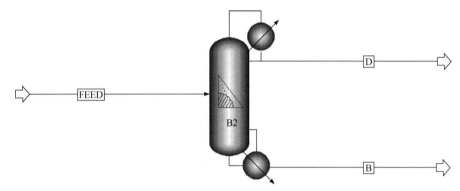

图 4-66   概念设计模拟流程图

进料条件参照图 4-67 设置。

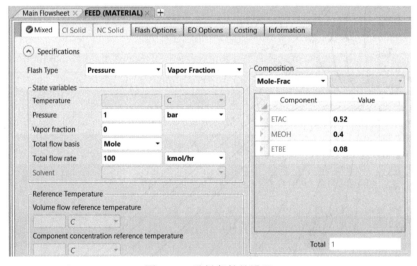

图 4-67   进料条件的设置

精馏塔参数参照图 4-68 设定。

由前面的分析可知，精馏塔应该在塔釜得到乙酸乙酯产品，塔顶得到三元混合物，故设定塔釜产品组成为 0.997。精馏塔操作时，进料组成、塔顶采出组成、塔釜采出组成应该落在一条直线上，连接进料点及乙酸乙酯顶点，反向延长该线至接近精馏边界的点即为塔顶产品的近似组成，从图 4-69 上可以近似读出乙酸乙酯的摩尔分数应该在 0.24 左右。再设轻关键组分乙基叔丁基醚的塔顶回收率为 0.998，则可进行计算。

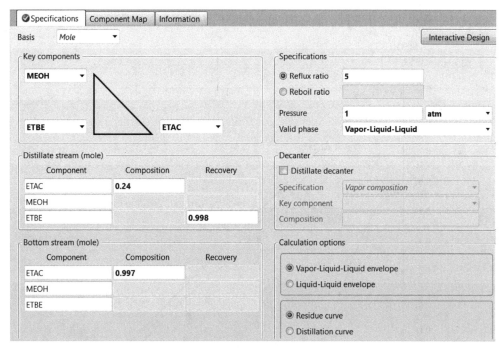

图 4-68　精馏塔参数的设定

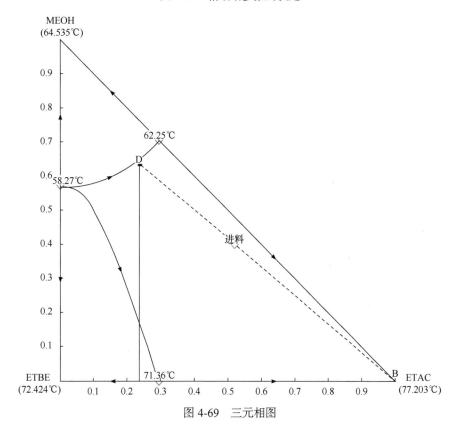

图 4-69　三元相图

该设计过程也可交互进行。最终模拟结果示于图 4-70～图 4-76。

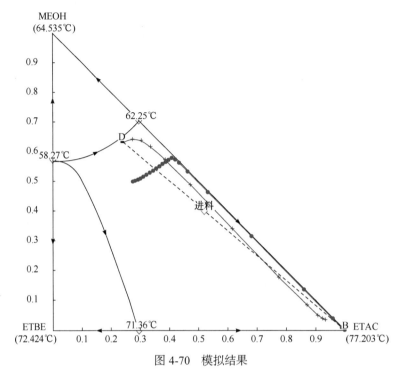

图 4-70   模拟结果

	FEED	D	B
Temperature C	61.9	60.3	77
Pressure bar	1	1.013	1.013
Vapor Frac	0	0	0
Mole Flow kmol/hr	100	63.012	36.988
Mass Flow kg/hr	6680.63	3425.79	3254.84
Volume Flow cum/hr	8.127	4.167	3.959
Enthalpy Gcal/hr	-8.755	-4.589	-4.151
Mole Flow kmol/hr			
ETAC	52	15.123	36.877
MEOH	40	39.92	0.08
ETBE	8	7.969	0.031
Mole Frac			
ETAC	0.52	0.24	0.997
MEOH	0.4	0.634	0.002
ETBE	0.08	0.126	837 PPM

图 4-71   流股数据模拟结果

精馏塔的物料平衡、设计数据、温度分布、组成分布分别参见图 4-72～图 4-76。

(1) 物料平衡数据。

Main Flowsheet | B2 (ConSep) - Results

Material Balance | Decanter | Design | Liquid Profile (Mole) | Vapor Profile (Mole) | Status

		FEED	D	B
Composition (Mole fraction)				
ETAC		0.52	0.24	0.997
ETBE		0.08	0.126469	0.000837143
MEOH		0.4	0.633531	0.00216286
Recovery				
ETAC			0.290824	0.709176
ETBE			0.996129	0.00387054
MEOH			0.998	0.002
Quality		1.0017	1	1
Pressure	bar	1.01325	1.01325	1.01325
Temperature	C	61.943	60.3094	76.955
Flowrate	kmol/hr	100	63.0119	36.9881

图 4-72　物料平衡数据

(2) 设计数据及温度分布、组成分布曲线。

Main Flowsheet | B2 (ConSep) - Results

Material Balance | Decanter | Design | Liquid Profile (Mole) | Vapor Profile (Mole) | Statu

Column stage		16.6239
Feed stage		5.08675
Rectifying		4.08675
Stripping		12.5372
Condenser		
Reflux ratio		5
Temperature	C	60.3094
Duty	Gcal/hr	-3.06958
Reboiler		
Reboiler ratio		10.226
Temperature	C	76.955
Duty	Gcal/hr	2.91859
Liquid flow rate		
Rectifying	kmol/hr	315.059
Stripping	kmol/hr	415.229
Vapor flow rate		

图 4-73　设计数据

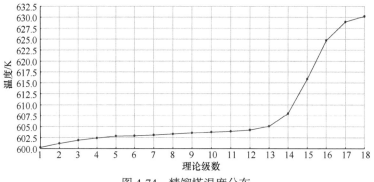

图 4-74   精馏塔温度分布

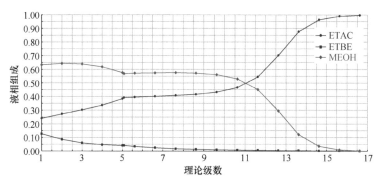

图 4-75   精馏塔液相组成分布

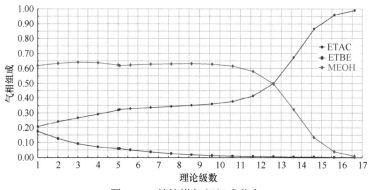

图 4-76   精馏塔气相组成分布

4.3.2   从概念设计到精确设计

利用概念设计模块(ConSep)可以设计精馏塔的分离方案，给出回流比、理论级数、进料位置等信息，但是不能对精馏塔进行详细设计，如采用板式塔时，塔板式样、塔径、水力学性能等数据都不能给出。要想得到精馏塔的详细设计，还需采用 RadFrac 模块来完成。

【例 4-10】   接【例 4-9】，说明如何从概念设计过渡到精确设计。

第 1 步，按如图 4-77 所示方式引入 RadFRac 模块。

第 2 步，根据概念设计的结果，输入 RadFrac 模块的参数，参见图 4-78～图 4-80。

第 3 步，精馏塔的设计可以在前述模拟的基础上进行，包括板式塔、填料塔的设计，核算及水力学分析，方法与 2.6 节类似，此处不再赘述。

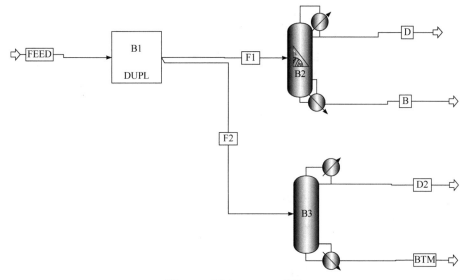

图 4-77　引入 RadFrac 模块

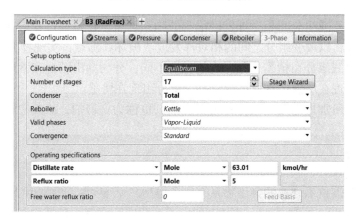

图 4-78　输入精馏塔参数

图 4-79　输入精馏塔进料位置

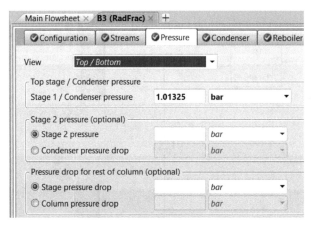

图 4-80   输入精馏塔压力数据

4.4   共沸点的破坏

针对共沸物系或组分间相对挥发度很小的物系，可以在精馏过程中在精馏塔适当位置加入第三组分，以改变组分之间的相对挥发度或破坏共沸点，实现物系的有效分离。

按加入的第三组分在精馏过程出现的位置不同，分为共沸精馏和萃取精馏。共沸精馏时第三组分出现在塔顶，萃取精馏时第三组分出现在塔釜。

共沸精馏时所加入的第三组分称为共沸剂，也称为夹带剂，故共沸精馏也称为夹带精馏。

4.4.1   共沸精馏

采用共沸精馏技术分离的典型物系有：乙醇/水、乙酸/水、丙酮/甲醇、甲醇/乙酸甲酯、乙醇/乙酸乙酯、丙酮/乙醚。表 4-1 列出了一些实际案例，包括物系及其所使用的共沸剂。

表 4-1   几种共沸精馏案例

序号	待分离物系	共沸剂
1	乙醇/水	苯, 甲苯, 己烷, 环己烷, 甲醇, 乙醚, 甲乙酮(MEK)
2	异丙醇/水	同上
3	叔丁醇/水	同上
4	丙酮/正庚烷	甲苯
5	乙酸/水	乙酸正丁酯
6	异丙醇/甲苯	丙酮

共沸精馏一般由两个塔完成：第 1 个塔为共沸精馏塔，用于破坏共沸组成，得到原料中的一个组分；第 2 个塔用于分离共沸剂，以循环使用，同时得到原料中的另一个组

分。流程设置按均相共沸还是非均相共沸略有不同，非均相共沸在共沸精馏塔顶冷凝器后面有一个分相器，参见图 4-81 和图 4-82。

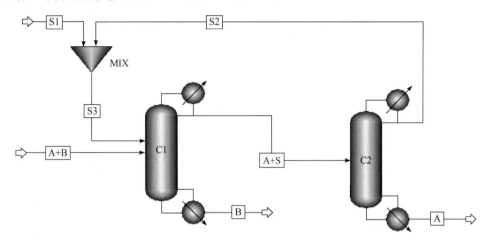

图 4-81　均相共沸精馏的二塔流程

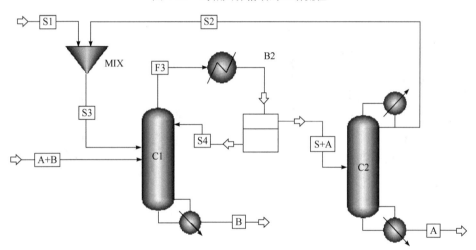

图 4-82　非均相共沸精馏的二塔流程

由于第三组分的加入及循环使用而使共沸精馏的能耗很高，为了降低过程的能耗，通常把共沸精馏放在最后一步考虑，如图 4-83 所示，第 1 个塔的作用是清除物料中的大部分水，不能清除的才采用共沸精馏分离。

与图 4-83 相比，图 4-84 中在塔 3 后面又增加了一个塔，这种配置降低了图 4-83 中塔 3 的操作难度，并可有效保障共沸剂回收和废水排放同时满足要求。

许多情况下共沸精馏是利用第三组分与原料中共沸的两个组分中的某一个组分形成新的共沸物而实现分离的，所得到的新共沸物还需考虑进一步破坏其共沸性。如图 4-85 所示为环己烷与苯的分离流程。

环己烷与苯可以形成共沸物，共沸组成为环己烷摩尔分数 0.45、苯摩尔分数 0.55，共沸温度为 77.5℃，如图 4-86 所示。而环己烷与丙酮可以形成更低共沸点的共沸物，共沸组成为环己烷摩尔分数 0.23、丙酮摩尔分数 0.77，共沸温度为 53.5℃，如图 4-87 所示。

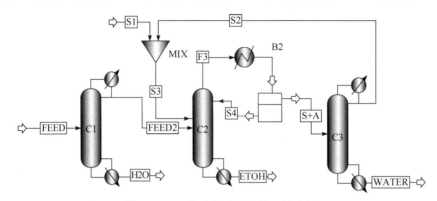

图 4-83　乙醇-水共沸精馏的三塔流程

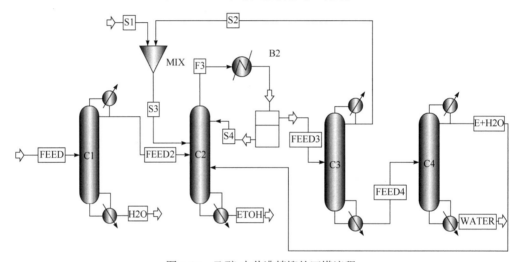

图 4-84　乙醇-水共沸精馏的四塔流程

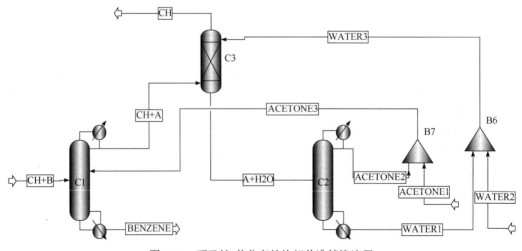

图 4-85　环己烷-苯分离的均相共沸精馏流程

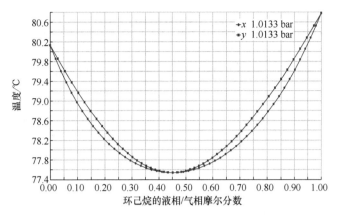

图 4-86 环己烷与苯的二元相图(共沸温度 77.5℃)

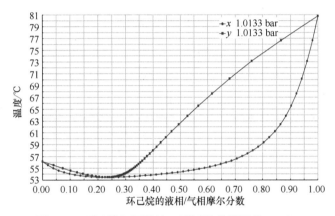

图 4-87 环己烷与丙酮的二元相图(共沸温度 53.5℃)

采用如图 4-85 所示流程进行分离时,丙酮为共沸剂,丙酮与环己烷的共沸物从塔 C1 塔顶采出,采出后再利用丙酮与环己烷在水中的溶解度不同,采用萃取塔 C3 对其分离,得到纯的环己烷产品,水和丙酮的混合物进入塔 C2 进行分离,得到丙酮作为共沸剂循环使用,水作为萃取剂也循环使用。

4.4.2 萃取精馏

与共沸精馏类似,萃取精馏时也需向物系中加入第三组分,所不同的是加入的第三组分是萃取剂,不是共沸剂,萃取剂在精馏后从塔釜采出。

萃取精馏时,塔顶得到所需要的产品,萃取剂及所萃取的组分进入塔釜。萃取剂可不气化。共沸精馏时第三组分共沸剂全部气化,能耗高,故萃取精馏比共沸精馏应用广泛。

萃取精馏有时也向萃取剂中添加一些盐分,以盐效应强化萃取精馏效果,这时的萃取精馏也称为加盐萃取精馏,单纯加盐、不加萃取剂时称为加盐精馏。盐分的存在有时会显著改变气-液平衡曲线的形状,提高相对挥发度,这就是盐效应。这部分内容将在下节深入讨论。

萃取剂的选择性越高,所需萃取剂的量越小,精馏过程的成本也越低。表 4-2 给出了一些工业上成功使用萃取精馏技术进行分离的物系及其所用的萃取剂。

表 4-2 萃取精馏典型案例

序号	待分离物系	萃取剂	序号	待分离物系	萃取剂
1	丙酮/甲醇	苯胺, 乙二醇, 水	12	异丁烷/1-丁烯	糠醛
2	苯/环己烷	苯胺	13	异戊二烯/戊烷	乙腈, 糠醛
3	丁二烯/丁烷	丙酮	14	异戊二烯/戊烯	丙酮
4	丁二烯/1-丁烯	糠醛	15	甲醇/二溴甲烷	溴化乙烯
5	丁烷/丁烯	丙酮	16	硝酸/水	硫酸
6	丁烯/异戊二烯	二甲基甲酰胺	17	正丁烷/2-丁烯	糠醛
7	异丙苯/苯酚	磷酸盐	18	丙烷/丙烯	丙烯腈
8	环己烷/庚烷	苯胺, 苯酚	19	吡啶/水	双酚
9	环己烷/苯酚	己二酸二酯	20	四氢呋喃/水	二甲基甲酰胺, 丙二醇
10	乙醇/水	甘油, 乙二醇	21	甲苯/庚烷	苯胺, 苯酚
11	盐酸/水	硫酸			

萃取精馏过程一般也按二塔流程设计, 如图 4-88 所示, 塔 1 为萃取精馏塔, 塔 2 为溶剂回收塔。有时也设计成四塔流程, 如图 4-89 所示, 塔 1 为第一萃取精馏塔, 塔 2 为第一回收塔, 塔 3 为第二萃取精馏塔, 塔 4 为第二回收塔。

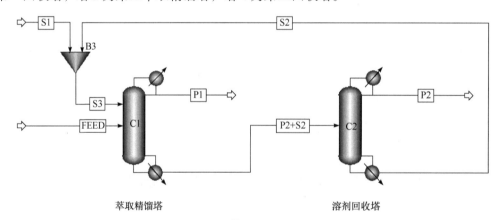

图 4-88 萃取精馏二塔流程

萃取精馏过程也可与其他过程进行组合。图 4-90 为萃取精馏与共沸精馏组合分离 IPA 与水的混合物的过程。塔 1 为萃取精馏塔, 萃取剂为 S1, 塔顶得到粗 IPA, 塔釜为萃取剂与水的混合物; 塔 2 为萃取剂回收塔, 塔顶得到水, 塔釜得到萃取剂 S1 循环使用; 粗 IPA 进入塔 3 进行精制, 塔釜得到纯 IPA, 塔顶得到共沸剂 S2 与水的混合物(非均相共沸物), 经相分离后水相进入塔 4, 分离共沸剂 S2 及水, 塔 4 的塔釜得到水, 塔顶得到共沸剂 S2。

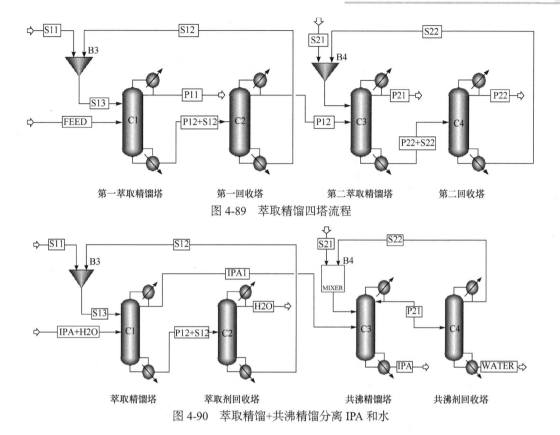

图 4-89　萃取精馏四塔流程

图 4-90　萃取精馏+共沸精馏分离 IPA 和水

4.4.3　加盐精馏

在一些情况下，盐会对气-液平衡产生比较强烈的影响，可以使气-液平衡曲线变宽，如图 4-91(a)所示，称正效应；也可使气-液平衡曲线变窄，如图 4-91(b)所示，称负效应。正效应会提高组分之间的相对挥发度，对分离有利。盐的浓度不同，盐效应也不同，如图 4-91(c)所示。利用盐效应可以设计加盐精馏或加盐萃取精馏。

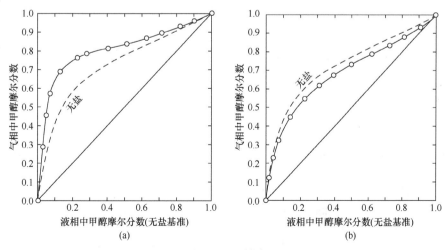

图 4-91　盐效应

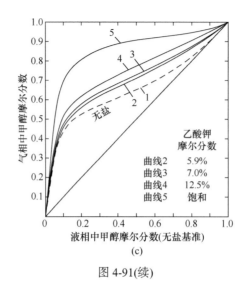

(c)

图 4-91(续)

4.5 变压精馏

共沸精馏、萃取精馏、加盐精馏都是通过向物系中加入第三组分以破坏共沸点，实现共沸物系的分离。研究发现，一些物系的共沸点随压力变化比较明显。例如，丙酮和甲醇物系，当压力为 1atm 时，共沸组成(摩尔分数)为(甲醇，丙酮)=(0.224, 0.776)，当压力为 10atm 时，共沸组成为(0.625, 0.375)，如图 4-92 所示。利用这一特点，可采用变压精馏方法对其进行分离。变压精馏的原理可用图 4-93 说明。

现有由 A 和 B 两个组分构成的混合物，A 和 B 可以形成共沸物，共沸点受压力影响比较大。设置两个精馏塔，操作压力分别为 P_1 和 P_2，对应的气-液平衡相图分别如图 4-93(a)和(b)所示。

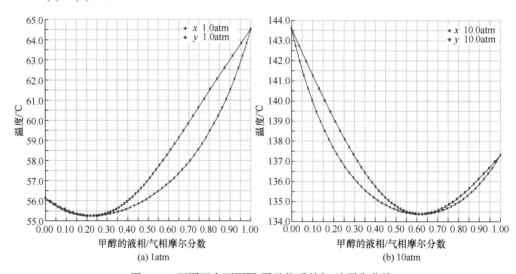

(a) 1atm   (b) 10atm

图 4-92 不同压力下丙酮-甲醇物系的气-液平衡曲线

　　假定塔 1 的进料组成为 0.55，如图 4-93(a)，在此进料下精馏，可以得到一个纯组分 A 和一个共沸组分，其组成约为 0.65。将此共沸组成作为塔 2 的进料，此压力下气-液平衡曲线变为图 4-93(b)所示形状，经精馏后可得到纯组分 B 和一个新的共沸组分，组成约为 0.45。将该新共沸组分返回塔 1 进料，再得到纯组分 A 和一个共沸组分。如此循环往复，将原来的共沸进料分离为 A 和 B 两个纯组分。

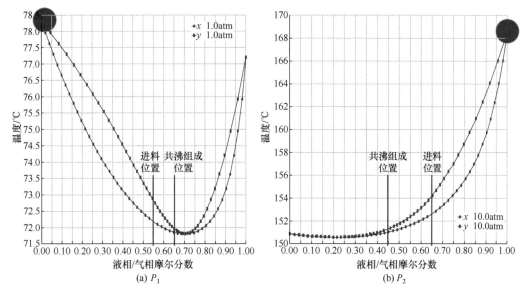

图 4-93　变压精馏原理示意图

　　该分离工艺的流程图示于图 4-94。

　　该案例为真实案例，受保密因素限制，这里将两个组分分别用 A 和 B 代替。将该物系不同压力条件下的气-液平衡相图画在一张图上，可以明显看出压力对共沸点的影响，如图 4-95 所示。

　　图 4-94 可以看成所有具有最低共沸点的变压精馏过程的通用流程图，对于具有最高共沸点的物系，变压精馏的通用流程图如图 4-96 所示，此流程中 C102 塔的压力高于 C101 塔。

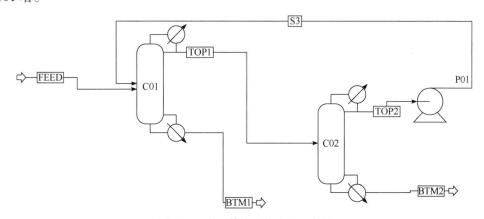

图 4-94　变压精馏工艺流程示意图

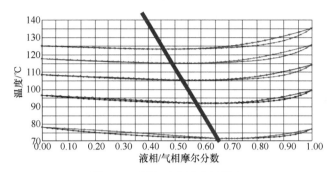

图 4-95　压力对共沸点的影响

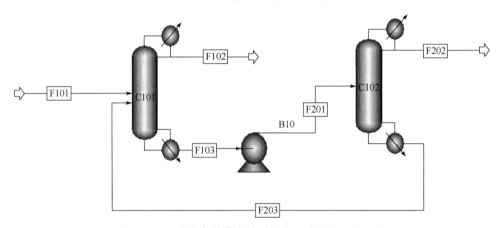

图 4-96　具有最高共沸点物系的变压精馏通用流程图

思考与练习题

1. 共沸物系的特征是什么？
2. 比较共沸精馏与萃取精馏的异同。
3. 变压精馏的优点是什么？
4. 加盐精馏或加盐萃取精馏应该注意哪些问题？
5. 什么是残留曲线？什么是精馏边界？
6. 什么是概念设计？概念设计能否设计出可用的精馏塔？
7. 查询乙醇-水、正丁醇-水、异丙醚-异丙醇物系的共沸组成，并绘制相图。
8. 现有含甲醇、乙醇、丙酮、1-丙醇的四元物系，在 1atm 下该物系中有无共沸组分？若有，给出共沸组成、共沸温度等信息。

第5章

精馏过程能量系统的优化

5.1 精馏过程的能量系统

5.1.1 再沸器的加热

再沸器的加热介质主要有蒸汽、导热油、烟气、热水、工艺物料和电。各介质的特点及适用范围如下。

(1) 蒸汽：有高压蒸汽、超高压蒸汽、中压蒸汽、低压蒸汽、低低压蒸汽等不同品质，温度范围从130℃到500℃不等，用于精馏塔再沸器加热的蒸汽压力一般不超过4MPa，对应的饱和冷凝温度为250℃。也就是说，蒸汽用于再沸器加热的温度范围一般为130～250℃。

(2) 导热油：导热油的使用温度一般不超过360℃。

(3) 加热炉烟气：加热炉烟气的温度一般可达700～900℃，主要用于炼油和煤焦油精馏等过程，被加热物料的温度通常可达400℃左右。

(4) 热水：再沸器物料气化温度为几十摄氏度时，一般可考虑热水加热。

(5) 工艺物料：被冷却或冷凝的工艺物料，如果温度合适，也可考虑作为再沸器的加热热源。

(6) 电：一般不考虑电加热。

采用蒸汽加热时，最小换热温差一般取20～40℃；采用烟气加热时，最小换热温差一般取50℃以上；采用导热油加热时，最小换热温差一般取30℃以上。最小换热温差的取值与能源价格及设备投资有关，需要权衡考虑。

5.1.2 冷凝器的冷却

冷凝器的冷却介质主要有循环水、空气、冷水、冷冻盐水、制冷剂及需要加热的工艺流股。各介质的使用温度范围如下。

(1) 循环水，30～40℃。

(2) 空气，35～45℃。

(3) 冷水，7～10℃。

(4) 冷冻盐水，–15～–10℃。

(5) 制冷剂，有多种，如氟或氟代制冷剂、丙烯、液氨等，其中丙烯和液氨的使用温度一般为−20℃、−40℃。

(6) 工艺流股中需要加热的流股。

5.1.3 公用工程的选用原则

公用工程的选用原则：对于热公用工程，优先选用温位低的，即能用低压蒸汽时，就不用中压蒸汽；对于冷公用工程，优先选用温位高的，即能用−20℃的制冷剂，就不用−40℃的制冷剂。

5.2 夹点技术概要

夹点分析是过程装置能量系统优化的一种系统工程方法，可以确定装置的用能目标值、节能潜力，并给出合理的换热网络设计，优化配置公用工程系统。

精馏塔过程的能量集成同样需要夹点技术，因此本节简单介绍夹点技术。

5.2.1 组合曲线

在夹点分析中，将热流股定义为需要冷却的流股，冷流股定义为需要加热的流股。如图 5-1 所示，分别表示有相变和无相变的热流股和冷流股。根据定义，在夹点分析中，并不是温度高的流股就是热流股，温度低的流股就是冷流股，而关键是看流股换热的方向。

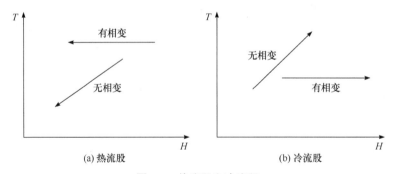

(a) 热流股   (b) 冷流股

图 5-1 热流股和冷流股

装置中的热流股和冷流股不止一条，为了分析多条冷、热流股的换热情况，在夹点分析中将所有热流股汇总为一条热流股的组合曲线(composite curve)，同样，将所有冷流股汇总为一条冷流股的组合曲线。具体做法通过示例说明。

热流股组合曲线参见图 5-2。在图 5-2(a)中有两条热流股，CP (斜率，即热容流率，为比热与流率的乘积)分别为 15 和 25，分别称为流股 1 和流股 2，起始温度分别为 250℃和 200℃，终止温度分别为 40℃和 80℃。在纵坐标上分别找到两条直线端点对应的 4 个点，即 250℃、200℃、80℃和 40℃ 4 个点，沿 4 个点绘制水平线，用虚线表示。虚线将整个温度区间(40，250)分割成 3 个子区间，即(40，80)、(80，200)和(200，250)，在(40，80)子区间内只有流股 1，在(80，200)子区间内有流股 1 和流股 2，在(200，250)子区间

内只有流股 1。子区间(80，200)内流股的总焓变为

$$\Delta H = CP_1 \Delta T + CP_2 \Delta T = (15 + 25) \Delta T = 40 \Delta T \tag{5-1}$$

这样，在(80，200)子区间内流股 1 和流股 2 可用一条 CP 为 40 的直线表示，而在子区间(40，80)和(200，250)内仍为流股 1，CP 为 15。将三段直线顺序连接即得到一条新的折线，如图 5-2(b)所示，该折线表示的 $T\text{-}H$ 关系与图 5-2(a)一样，只是简化成一条 $T\text{-}H$ 线。以此类推，当有 3 条甚至更多条热流股时，均可用一条 $T\text{-}H$ 线表示所有热流股，这条曲线称为热流股的组合曲线。

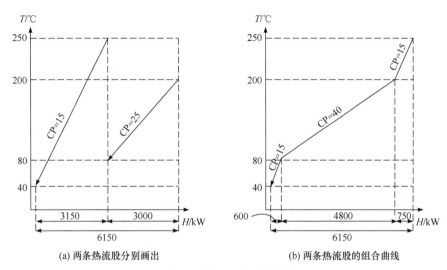

图 5-2　热流股的组合曲线

同样，可以画出所有冷流股的组合曲线，如图 5-3 所示。

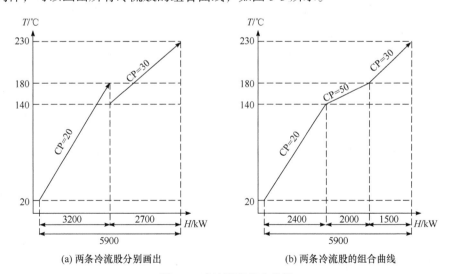

图 5-3　冷流股的组合曲线

组合曲线使得换热过程的分析简单化，并由此可以建立夹点概念。

5.2.2 夹点分析

将热流股的组合曲线和冷流股的组合曲线画在同一张 *T-H* 图上，如图 5-4 所示。可以发现，在纵坐标方向，热流股和冷流股有一段重叠区域(*A* 区域)，该区域中冷、热流股可以互相换热。右侧 *B* 区域中，纵坐标方向只有冷流股，其加热所需要的能量需要热公用工程提供。左侧 *C* 区域中，纵坐标方向只有热流股，其冷却所需要的能量需要冷公用工程提供。

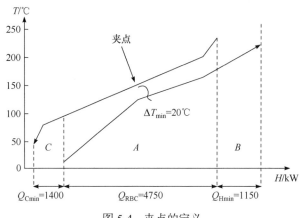

图 5-4   夹点的定义

显然，冷、热流股重叠的 *A* 区域越大，装置对冷、热公用工程的需求越小。如果固定热流股组合曲线，向右平移冷流股组合曲线，直到 *A* 区域消失，则冷流股的加热完全由热公用工程完成，热流股的冷却完全由冷公用工程完成，此时冷、热公用工程的消耗达到最大。反之，向左平移冷流股组合曲线，*A* 区域逐渐变大，冷、热公用工程的消耗逐渐降低。但是，这种平移是有限度的。从图中可以看出，在垂直方向，冷、热流股之间有一个距离最近的点，这个点就是冷、热流股之间温差最小的点，如果存在一个最小换热温差，则当冷流股向左平移到其与热流股的温差达到最小换热温差时，就不能再平移了。这个点就是夹点。

夹点实质上确定了 3 个目标值：能量回收最大值(*A* 区域)、热公用工程消耗的最小值(*B* 区域)和冷公用工程消耗的最小值(*C* 区域)。夹点温差越大，冷、热公用工程的消耗也就越大。

以夹点位置为起点，固定热流股组合曲线，向右平移冷流股组合曲线，平移的距离使得 *A* 区域的焓值扩大 1 个单位，则 *B* 区域的焓值也扩大 1 个单位，*C* 区域焓值也扩大 1 个单位。也就是说，能量回收少 1 个单位，冷、热公用工程会同时扩大 1 个单位。因此，过程工业的节能应优先考虑冷、热流股之间的换热。

【例 5-1】   如图 5-5 所示，某过程含有两台反应器，即反应器 1(REACTOR1)和反应器 2(REACTOR2)，反应器 1 出料分成两股，一股作为反应器 2 的进料进入反应器 2，另一股经冷却后闪蒸，得到产品 1(Product1)及弛放气(OFF GAS)。反应器 2 得到产品 2(Product2)，经冷却后进入产品 2 储罐。两台反应器的进料及其他参数见图 5-5。

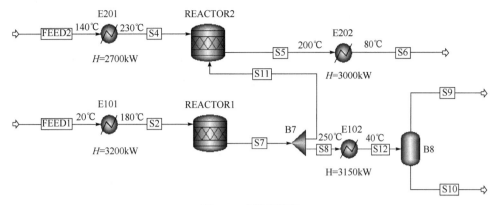

图 5-5 多流股情况

该流程中含有 2 条热流股和 2 条冷流股,2 条热流股是反应器 1 出口去闪蒸的物料(命名为 r1p)和反应器 2 出口去储罐的物料(命名为 r2p),2 条冷流股是反应器 1 的进料(命名为 r1f)和反应器 2 的进料(命名为 r2f)。流股信息提取结果如表 5-1 所示。

表 5-1 流股数据提取表

流股名称	起始温度/℃	终止温度/℃	焓变/kW	CP/(kW/℃)
r1f	20	180	3200	20
r1p	250	40	3150	15
r2f	140	230	2700	30
r2p	200	80	3000	25

对该流程进行夹点分析,当最小换热温差为 10℃时,能量回收最大值为 5150kW,冷、热公用工程最小值分别为 1000kW 和 750kW,如图 5-6 所示。

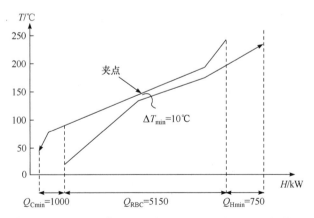

图 5-6 【例 5-1】最小换热温差为 10℃的三个目标值

当最小换热温差为 20℃时,能量回收最大值为 4750kW,冷、热公用工程最小值分别为 1400kW 和 1150kW,如图 5-7 所示。

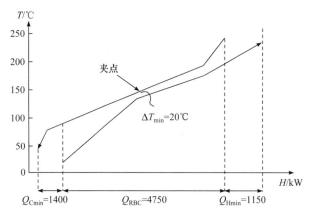

图 5-7 【例 5-1】最小换热温差为 20℃的三个目标值

综上可见：

(1) 采用组合曲线，多流股情况的夹点分析与两流股的情况类似，只是需要增加作组合曲线的过程。

(2) 夹点分析确定了 3 个目标值。

(3) 优先考虑冷、热流股之间的能量回收，能量回收与公用工程消耗是 1：2 的关系。

5.2.3 夹点规则

夹点的存在限制了能量回收，即便夹点处冷、热流股的换热温差达到极限值 0℃，能量回收的最大值也是有限的。事实上，换热温差不可能为 0℃，如图 5-8 所示。

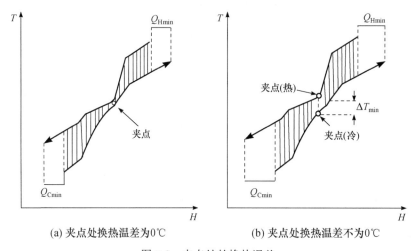

(a) 夹点处换热温差为0℃   (b) 夹点处换热温差不为0℃

图 5-8 夹点处的换热温差

夹点将整个换热网络划分为夹点以上、夹点以下两个部分，如图 5-9 所示。夹点以上净吸热，称为热阱(heat sink)；夹点以下净放热，称为热源(heat source)。热阱对应的外部能量输入为 Q_{Hmin}，热源对应的外部能量输出为 Q_{Cmin}，穿过夹点的换热量为 0。

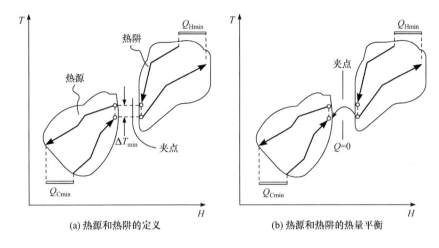

(a) 热源和热阱的定义　　　　　　(b) 热源和热阱的热量平衡

图 5-9　热阱和热源

如果发生了跨越夹点的换热,情况会怎样?如图 5-10(a)所示,夹点以上热流股与夹点以下与之换热的冷流股的温差高于最小换热温差,这种换热可以发生,即是可行的。如图 5-10(b)所示,夹点以下热流股与夹点以上与之换热的冷流股之间的换热温差低于最小换热温差,这种换热不可行。

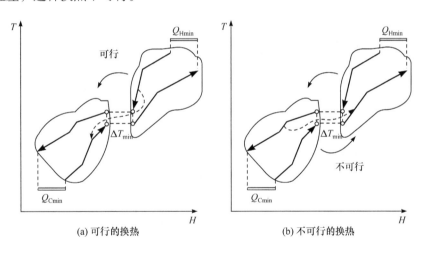

(a) 可行的换热　　　　　　　　　(b) 不可行的换热

图 5-10　流股间跨越夹点换热的可行性

针对可行的换热进行分析,如图 5-11 所示,假定跨越夹点的换热量为 XP,则对夹点以上及以下分别做能量衡算,可知夹点以上外部公用工程消耗变为 Q_{Hmin} + XP,夹点以下外部公用工程消耗变为 Q_{Cmin} + XP,即冷、热公用工程消耗均增加了。

再考察公用工程跨越夹点换热情况,一种是热公用工程给夹点以下冷流股加热,如图 5-12(a)所示,另一种是冷公用工程给夹点以上热流股冷却,如图 5-12(b)所示。这两种情况尽管不违背最小换热温差,但是能量平衡的结果是均导致公用工程消耗的增加。

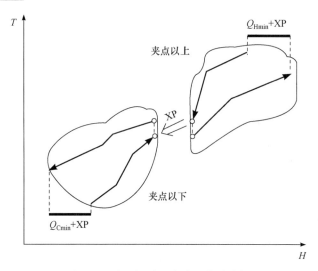

图 5-11   流股间跨越夹点的换热分析

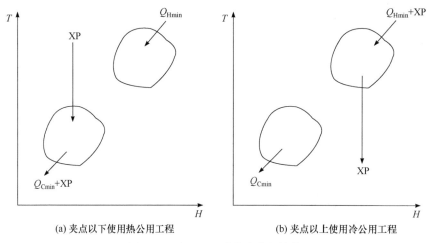

(a) 夹点以下使用热公用工程   (b) 夹点以上使用冷公用工程

图 5-12   公用工程跨越夹点的换热

由此可见，无论是工艺流股之间，还是公用工程，均不能出现跨越夹点的换热。这就是夹点规则。

5.2.4   夹点的计算

前述夹点分析都是通过图形，如果有一套算法可以计算出夹点，就可采用计算机编制软件进行夹点分析。

夹点的计算方法称为问题表格法(problem table method)，下面通过表 5-1 的数据说明问题表格法的计算过程。

第 1 步，计算位移温度。

为了确保计算过程中热流股与冷流股的温差不低于最小换热温差，将冷流股的温度上调 $\dfrac{\Delta T_{\min}}{2}$，热流股的温度下调 $\dfrac{\Delta T_{\min}}{2}$，即

冷流股
$$T^* = T + \frac{\Delta T_{\min}}{2} \tag{5-2}$$

热流股
$$T^* = T - \frac{\Delta T_{\min}}{2} \tag{5-3}$$

新的温度称为位移温度(shift temperature)。后续计算均以此温度进行。对本例，最小换热温差取 $\Delta T_{\min}=10\ ℃$，故位移温度计算结果如表 5-2 所示。

表 5-2　位移温度计算表

流股号	流股类型	T_{S} /℃	T_{T} /℃	T_{S}^{*} /℃	T_{T}^{*} /℃
1	冷流股	20	180	25	185
2	热流股	250	40	245	35
3	冷流股	140	230	145	235
4	热流股	200	80	195	75

第 2 步，绘制温度间隔图(图 5-13)。

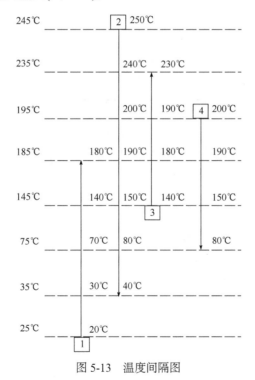

图 5-13　温度间隔图

第 3 步，计算每个温度间隔内冷、热流股的焓差。

按下述公式计算每个温度间隔内冷、热流股的焓差：

$$\Delta H_i = \left(\sum \mathrm{CP_C} - \sum \mathrm{CP_H}\right)_i \Delta T_i \tag{5-4}$$

式中，$\sum \mathrm{CP_C}$ 为所有冷流股 CP 之和；$\sum \mathrm{CP_H}$ 为所有热流股 CP 之和；ΔH_i 为 i 区间内冷、热流股的焓差，负值表示能量过剩，正值表示能量不足；ΔT_i 为 i 区间温度差。

计算结果列于表 5-3。

表 5-3   区间能量计算结果

区间温度	流股	$\Delta T_I/℃$	$\sum CP_C - \sum CP_H /$ (kW/℃)	$\Delta H_I/kW$	过剩/不足
245℃	2				
		10	−15	−150	过剩
235℃					
	4	40	15	600	不足
195℃					
	CP=25	10	−10	−100	过剩
185℃	CP=15 CP=30				
		40	10	400	不足
145℃	3				
		70	−20	−1400	过剩
75℃					
	CP=20	40	5	200	不足
35℃					
		10	20	200	不足
25℃	1				

第 4 步，计算夹点温度及冷、热公用工程目标值。

将每个温度间隔内的冷、热流股焓差在每个温度间隔内列出，如图 5-14(a)所示。最上部为热公用工程，最下部为冷公用工程。

由于热公用工程的消耗未知，故先假定其值为 0。其对应的温度线为 245℃，在该线的右侧标出此值：0kW。

从最上面的温度线(245℃线)开始，计算每条温度线对应的热负荷。计算方法是用上条温度线对应的负荷值减去此温度间隔内的冷、热流股焓差。参见图 5-14(b)，以 235℃线为例，其对应的热负荷为上条温度线即 245℃线的热负荷(0kW)减去 245℃线与 235℃线之间的冷、热流股焓差(−150kW)，即 0kW − (−150kW) = 150kW。再以 195℃线为例，上条温度线为 235℃线，对应的热负荷为 150kW，195℃线与 235℃线之间的冷、热流股焓差为 600kW，150kW−600kW = −450kW 即为 195℃对应的热负荷，该热负荷为负值，表明缺少 450kW 的能量。235℃线对应的热负荷为正值，表明富余 150kW 的能量。富余的 150kW 的能量可以传给 195℃至 235℃区间，但该区间实际需要 600kW 的能量，故出现−450kW 的能量缺口。

依此类推，直至计算到 25℃线。在各线中找到绝对值最大的负的热负荷，即−750kW，其对应于 145℃线。

为了不使各温度线对应的热负荷出现负值，需要采用热公用工程补充。将 750kW 的热公用工程补充到系统，即设 245℃线对应的热负荷为 750kW，参见图 5-15(a)。重新按照图 5-14(b)的方法计算，得到图 5-15(b)。

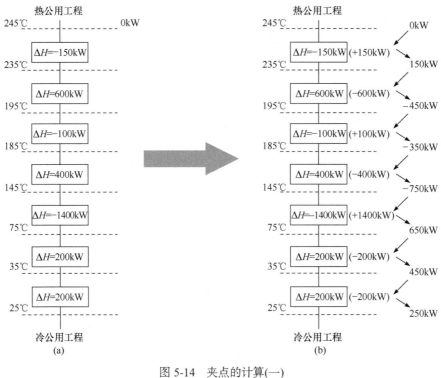

图 5-14 夹点的计算(一)

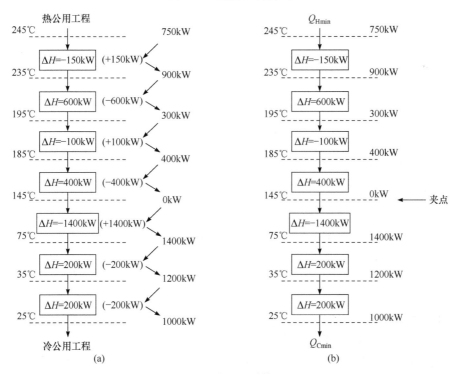

图 5-15 夹点的计算(二)

可见，在 145℃线处对应的热负荷为 0kW，25℃线对应的热负荷为 1000kW。145℃

线就是夹点，热公用工程目标值就是 750kW，冷公用工程目标值就是 1000kW。热流股夹点温度为 150℃，冷流股夹点温度为 140℃，位移温度对应的夹点温度为 145℃，如图 5-15(b)所示。

5.2.5 总组合曲线

由问题表格法可以计算出夹点温度，最小冷、热公用工程消耗，同时可以计算出每个温度节点的热负荷。在 T-H 图中，如果以温度对每个温度节点的热负荷作图，所得到的图形称为总组合曲线(grand composite curve)，如图 5-16 所示。

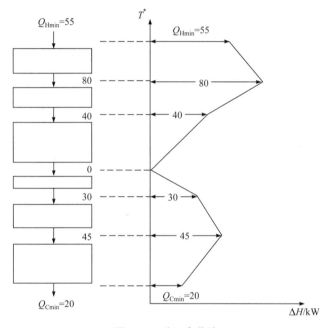

图 5-16 总组合曲线

在总组合曲线中，最上面端点对应的 ΔH 即为最小热公用工程消耗，最下面端点对应的 ΔH 即为最小冷公用工程消耗，夹点对应的 $\Delta H = 0$ ，即夹点落在纵坐标上。

总组合曲线与组合曲线实质上是流股 T-H 关系的两种不同表达方式，如图 5-17 所示，当在右侧的组合曲线中使用位移温度后，即热流股向下平移 $\dfrac{\Delta T_{\min}}{2}$、冷流股向上平移 $\dfrac{\Delta T_{\min}}{2}$ 后，可在每个温度节点表示出该节点对应的热负荷，与左侧的总组合曲线是一样的。

总组合曲线还可清楚地表示冷、热流股之间的换热，如图 5-18 所示，阴影部分即为冷、热流股之间的换热，也称为口袋能，即"自己口袋里的能量"。

总组合曲线中夹点以上部分为热阱，夹点以下部分为热源，如图 5-19 所示。总组合曲线清楚地表示了冷、热公用工程的温度和热负荷。

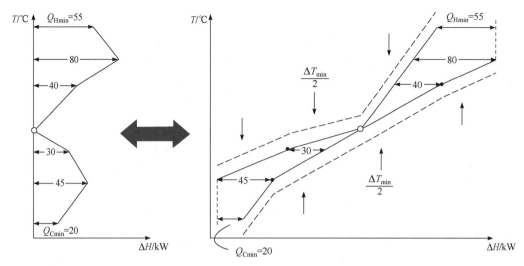

图 5-17 总组合曲线与组合曲线的关系

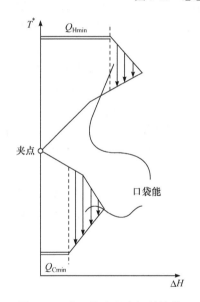

图 5-18 冷、热流股之间的换热

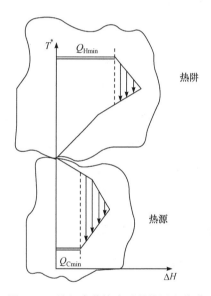

图 5-19 总组合曲线表示的热源和热阱

5.3 精馏过程的能量集成

5.3.1 精馏塔能量系统的 *T-H* 图

对于只有一股进料、两股出料的简单精馏塔，其能量系统只有再沸器和冷凝器两个地方，如图 5-20(a)所示。在 *T-H* 图中，可以很方便地表示再沸器和冷凝器的温度及热负荷，如图 5-20(b)所示。

由于再沸器的温度高于冷凝器的温度，故 *T-H* 图中再沸器在上方，冷凝器在下方。再沸器吸热，焓变方向从左向右；冷凝器放热，焓变方向从右向左。

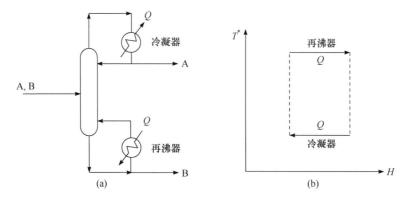

图 5-20　精馏塔流程示意图(a)及能量系统的 $T\text{-}H$ 图(b)

5.3.2　简单精馏塔的能量集成

通过夹点分析可以作出装置的总组合曲线，在此基础上可以考虑将精馏塔集成到装置的能量系统中。如图 5-21 所示，现考虑如何将精馏塔集成到装置的能量系统中。

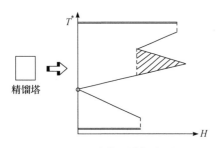

图 5-21　将精馏塔集成到
装置的能量系统中

图 5-22 给出了精馏塔能量集成的三种方式。方式(a)为跨越夹点集成，集成后对夹点以上和夹点以下分别做能量衡算，发现夹点以上和夹点以下公用工程消耗均增加了 Q，这种集成没有实现能量节约，集成没有意义。方式(b)为将精馏塔集成到夹点以上，方式(c)则为将精馏塔集成到夹点以下，这两种方式均未产生新的公用工程消耗，也就是精馏塔的集成没有增加公用工程消耗。这两种方式是有意义的。

实际中精馏塔的操作条件未必可以直接进行能量集成，如图 5-23 所示，实际的精馏塔跨越夹点，这时可通过调整精馏塔的操作压力，使其适合能量集成。

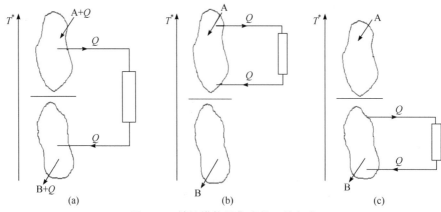

图 5-22　精馏塔能量集成的三种方式

能量集成后，精馏塔与其他设备存在相互依赖的关系，操作难度会有所增加，为了降低这种难度，通常考虑备用再沸器或冷凝器以作调节。同时，精馏塔能量集成时一般只集成再沸器或冷凝器，图 5-24 中将再沸器及冷凝器同时集成的做法是不可取的。

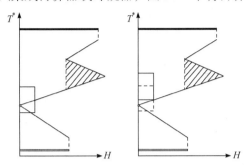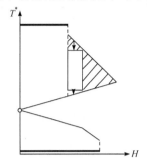

图 5-23　精馏塔调整操作参数后的集成方案　　　　　图 5-24　不可取的能量集成方案

在 2.5 节曾指出，一般情况下，精馏塔的实际回流比取最小回流比的 $1.1 \sim 1.5$ 倍，这是基于能耗及设备投资的综合考虑。精馏塔能量集成后，外部能量消耗为零，此时没有必要再按上述经验设计精馏塔，而是可以充分考虑设备投资因素，设计一台经济上更合理的精馏塔。

5.3.3　精馏塔序列的能量集成

精馏塔序列的能量集成是指在精馏塔序列中，用前一座塔的冷凝器与后一座塔的再沸器集成，或者反过来，用后一座塔的冷凝器与前一座塔的再沸器集成。集成时需要调整精馏塔的操作压力。

【例 5-2】　如图 5-25 所示的精馏塔系统，饱和液体进料，塔顶冷凝水上水温度为 25℃，回水温度为 30℃，塔釜再沸器蒸汽温度为 200℃。两座精馏塔在不同压力下的塔顶、塔釜温度以及冷凝器、再沸器的热负荷分别列于下表。试确定两座精馏塔能量集成方案。假定最小换热温差为 10℃。

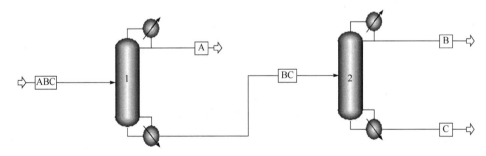

图 5-25　【例 5-2】中的精馏塔系统

精馏塔 1：

P /atm	T_C /℃	T_R /℃	Q_C /kW	Q_R /kW
1	90	120	3000	3000
2	130	160	3600	3600
3	140	170	4000	4000
4	160	190	4300	4300

精馏塔 2:

P /atm	T_C /℃	T_R /℃	Q_C /kW	Q_R /kW
1	110	130	5500	5500
2	130	150	6000	6000
3	150	170	6300	6300
4	160	190	6500	6500

解 从数据表可以看出，压力越高，精馏塔的能耗越高。当两座精馏塔均在比较低的压力下操作时，总能耗为

$$Q_{T0} = 3000 + 3000 + 5500 + 5500 = 17000(kW)$$

方案 1：精馏塔 1 的冷凝器与精馏塔 2 的再沸器集成。

精馏塔 2 塔压为 1atm 下再沸器温度为 130℃，要想采用精馏塔 1 塔顶冷凝器的能量，精馏塔 1 冷凝器的温度最少应为 140℃，查表可知，精馏塔 1 有塔压 3atm 和 4atm 两个选项。

当精馏塔 1 取塔压为 3atm、塔 2 塔压取 1atm 时，两个精馏塔的总能耗为

$$Q_{T10} = 4000 + 4000 + 5500 + 5500 = 19000(kW)$$

集成后的总能耗为

$$Q_{T11} = 4000 + 4000 + 1500 + 5500 = 15000(kW) < Q_{T0}$$

如果精馏塔 1 采用 4atm，则集成后的总能耗为

$$Q_{T12} = 4300 + 4300 + 1200 + 5500 = 15300(kW) > Q_{T11}$$

可知，精馏塔序列做能量集成时，尽可能不要提高精馏塔的压力。

结论：该方案最终结果为精馏塔 1 取塔压为 3atm、塔 2 塔压取 1atm，集成后能量节约量为

$$Q_{T0} - Q_{T11} = 17000 - 15000 = 2000(kW)$$

方案 2：精馏塔 2 的冷凝器与精馏塔 1 的再沸器集成。

精馏塔 1 塔压为 1atm 下再沸器温度为 120℃，要想采用精馏塔 2 塔顶冷凝器的能量，精馏塔 2 冷凝器的温度最少应为 130℃，查表可知，精馏塔 2 有塔压 2atm、3atm 和 4atm 三个选项。

当精馏塔 2 取塔压为 2atm、塔 1 塔压取 1atm 时，两个精馏塔的总能耗为

$$Q_{T20} = 3000 + 3000 + 6000 + 6000 = 18000(kW)$$

集成后的总能耗为

$$Q_{T21} = 3000 + 0 + 6000 + 6000 = 15000(kW)$$

如果精馏塔 2 采用 3atm，则集成后的总能耗为

$$Q_{T22} = 3000 + 3000 + 3300 + 6300 = 15600(kW) > Q_{T21}$$

结论：该方案最终结果为精馏塔 1 取塔压为 1atm、塔 2 塔压取 2atm，集成后能量节约量为

$$Q_{T0} - Q_{T22} = 17000 - 15000 = 2000(kW)$$

总结论：两个方案节能效果一样。方案 1 中塔 1 的压力偏高，塔 2 需要两个再沸器；方案 2 中塔压均比较偏低，不需要第 2 个再沸器。因此，方案 2 优于方案 1。

5.3.4 二甲醚装置的能量集成

二甲醚别名甲醚，英文名为 methyl ether、dimethyl ether，简称 DME。CAS 编号为 115-10-6，分子式为 C_2H_6O，结构式为 CH_3-O-CH_3，分子量为 46.07。

二甲醚是一种新兴的基本化工原料，具有易压缩、冷凝、气化等特性，在制药、燃料、农药等化学工业中有许多独特的用途。二甲醚还可作为可替代柴油的清洁燃料，在民用燃料市场和汽车燃料市场有应用前景。二甲醚具有燃料的主要性质，其热值约为 64.686MJ/m³，且其本身含氧量为 34.8%，能够充分燃烧，不析碳、无残液，是一种理想的清洁燃料。

二甲醚工业化生产方法主要有合成气一步法和甲醇法，甲醇法又分为甲醇气相法和甲醇液相法。甲醇气相法是当前生产二甲醚的主流技术。

甲醇气相法生产二甲醚的工艺原理是在催化剂作用下，发生如下化学反应：

主反应 $\qquad 2CH_3OH === H_3COCH_3 + H_2O$

副反应 $\qquad H_3COCH_3 === CH_4 + H_2 + CO$

$$CH_3OH === CO + 2H_2$$

$$CO + H_2O === CO_2 + H_2$$

$$2CH_3OH \longrightarrow C_2H_4 + 2H_2O$$

$$2CH_3OH \longrightarrow CH_4 + 2H_2O + C$$

该过程具有以下特征：①反应过程中有水生成；②有 CO、H_2、CO_2、CH_4 等不凝气体产生；③甲醇原料需要气化；④反应不能完全进行，产物中含有未反应完全的甲醇。基于此，甲醇气化反应制备二甲醚的原则流程(图 5-26)如下。

第 1 步，甲醇气化至一定温度进入反应器。

第 2 步，气相甲醇在催化剂作用下发生化学反应，生成二甲醚和水，以及副反应产物 CO、H_2、CO_2、CH_4 等不凝气体。

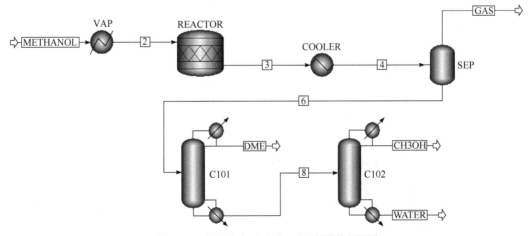

图 5-26 甲醇气相法生产二甲醚原则流程图

第3步，反应器出口气体冷却，分离不凝气体。

第4步，二甲醚分离，得到二甲醚产品。

第5步，甲醇-水分离，甲醇返回第1步，水进入废水系统。

甲醇气相反应的压力为 0.5～1.5MPa、温度为 230～400℃。甲醇蒸气需要升温到 190～200℃才能进入反应器，而甲醇原料来自储罐，温度为室温。反应器出口温度为 230～400℃，需要冷却到一定温度，才能进入气液分离器将不凝气分离出去。二甲醚的常压沸点为-24℃，在加压条件下会有所升高，尽管如此，闪蒸器出来的不凝气体中仍含有大量的二甲醚，需要考虑采用其他方法将其回收，工业上通常是增加一个吸收塔，用甲醇塔 (C102)塔釜采出的水经冷却后作为吸收剂吸收二甲醚，吸收后，不凝气体作为燃料气体出系统，吸收液返回二甲醚塔(C101)分离出二甲醚产品。甲醇塔(C102)塔顶产品为未反应的甲醇，为节约循环水，可采用新鲜甲醇作为回流液，塔顶甲醇蒸气直接与气化后的甲醇原料混合后进入反应器。甲醇气化过程可以考虑采用反应器出口物料进行加热，这样可节约一部分气化用的蒸汽。按此思路可设计出实用的二甲醚工艺流程，参见图 5-27。

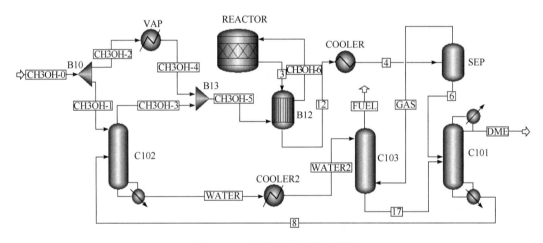

图 5-27　二甲醚工艺流程示意图

图 5-27 所示的二甲醚工艺流程为国内普遍采用的工艺流程，其能耗水平为每生产 1t 二甲醚消耗蒸汽 1.1～1.3t。该工艺可进一步优化：

(1) 优化甲醇回收塔 C102，包括回流比、进料条件、理论级数等。

(2) 优化二甲醚精馏塔 C101，包括回流比、进料条件、理论级数等，图 5-28 给出了该塔进料条件优化的效果，改变进料条件，可以节约塔釜蒸汽消耗约 50%。

(3) 优化二甲醚回收塔 C103 的吸收剂，采用冷甲醇为吸收剂，代替水。

(4) 采用夹点技术对整体换热流程进行优化。

(5) 对蒸汽系统进行优化。

经以上措施，可将二甲醚产品的能耗水平由原来的每生产 1t 二甲醚消耗蒸汽 1.1～1.3t 降为消耗蒸汽 0.4t 以下。

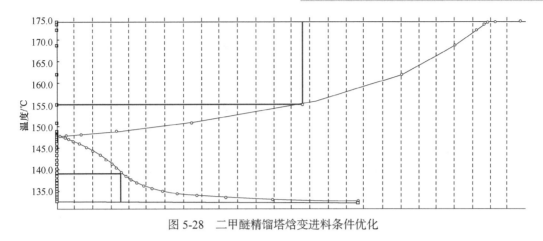

图 5-28　二甲醚精馏塔熵变进料条件优化

5.4　双效精馏及多效精馏

5.4.1　双效精馏原理

提起双效精馏很容易想到双效蒸发，其实双效精馏与双效蒸发有很多不同。蒸发过程一般是指水的蒸发，即物料中的水分通过蒸发方式予以脱除。双效蒸发是指将第 1 个蒸发器蒸发出来的水蒸气给第 2 个蒸发器作热源，依次类推，可以组成三效蒸发甚至四效、五效等多效蒸发。精馏所处理的物料种类很多，双效精馏是指用一个塔(塔 A)的塔顶蒸汽给另一个塔(塔 B)的塔釜再沸器作热源，要求塔 A 塔顶蒸汽的冷凝温度和塔 B 的气化温度保持一定的换热温差，一般要求至少保证有 10℃ 的换热温差。许多情况下需要经过调整精馏塔的操作参数，特别是精馏塔的操作压力和回流比，来满足双效精馏的这个条件。

5.4.2　甲醇双效精馏

甲醇双效精馏主要有三种模式，参见图 5-29。图 5-29(a)串联模式是我国目前甲醇双效精馏的主要模式，第 1 个精馏塔是加压塔，第 2 个精馏塔是常压塔，加压塔塔釜出料为常压塔的进料，加压塔塔顶蒸汽给常压塔塔釜再沸器作热源，这种模式相对于常规精馏可以节约蒸汽 20%～30%。

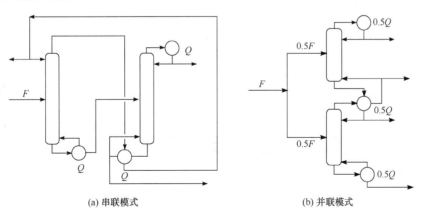

(a) 串联模式　　　　　　　　(b) 并联模式

图 5-29　甲醇双效精馏的三种模式

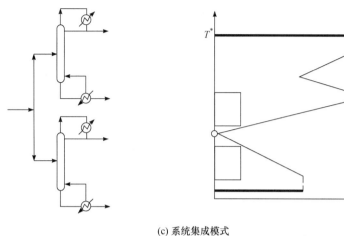

(c) 系统集成模式

图 5-29(续)

　　图 5-29(b)为并联模式，这种模式相对于串联模式在理论上可进一步节能 50%，但由于进料及操作条件的变化，实际节能效果会打一定的折扣。图 5-29(c)为系统集成模式，即将甲醇精馏塔通过夹点分析适当地集成到系统中，这种模式相当于甲醇精馏过程的能耗为 0。

　　图 5-30 为一种实际的串联型甲醇双效精馏工艺流程示意图，为【例 2-2】甲醇精馏系统设计的继续。

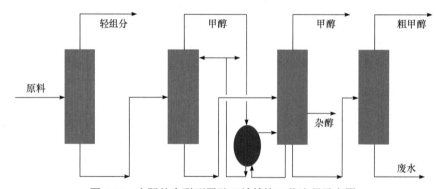

图 5-30　实际的串联型甲醇双效精馏工艺流程示意图

5.4.3　双效精馏过程的优化

　　尽管双效精馏可以带来比较显著的能量节约，但是其操作参数并不合理，可以通过优化进一步降低能耗。表 5-4 给出了一个 50 万吨/年甲醇双效精馏工艺的优化案例。优化中甲醇单价按 1600 元/吨计算，蒸汽单价按 80 元/吨计算。

表 5-4　50 万吨/年甲醇双效精馏过程的操作优化

项目		单位	设计值	实际值			优化值
甲醇产品	密度	kg/m³	791.40	791.40	791.40	791.40	791.40
	纯度	%	99.90	99.90	99.90	99.90	99.90
	高压塔	m³/h	—	—	—	—	—

续表

项目		单位	设计值	实际值			优化值
甲醇产品	常压塔	m³/h	—	—			—
	汽提塔	m³/h	—	—			—
		m³/h	63.18	74.75	87.79	86.49	93.78
	合计	kg/h	—	59157.15	69477.01	68448.19	74213.60
		万吨/年	50.00	47.33	55.58	54.76	59.37
蒸汽 S3	温度	℃	184	200	—	—	—
	压力	MPa	1	1.2			
	预精馏塔塔釜再沸器	kg/h	—	22364	22037	22877	23231
	高压塔塔釜再沸器	kg/h	—	61114	58433	57730	46246
	汽提塔塔釜再沸器	kg/h	—	5727	5579	3591	1054
	合计	t/h	—	89	86	84	71
	单位产品能耗	t/t	—	1.51	1.24	1.23	0.95
优化效果	蒸汽节约量	万吨/年		15	12	11	
		万元/年		1019	843	739	
	甲醇增产量	万吨/年		12	4	5	
		万元/年		19271	6061	7378	
	合计	万元/年		20290	6904	8117	

5.4.4　多效精馏

类似于三效或多效蒸发，双效精馏也可扩展为三效或多效精馏，参见图 5-31(该图由

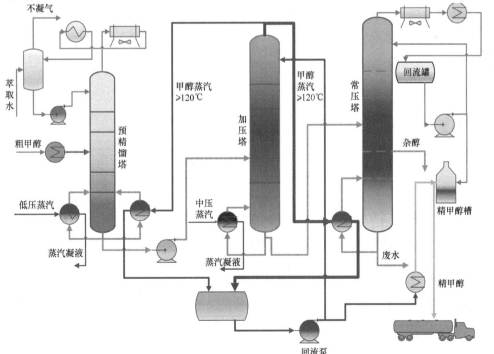

(a) 甲醇三塔三效精馏工艺流程图

图 5-31　甲醇多效精馏工艺流程示意图

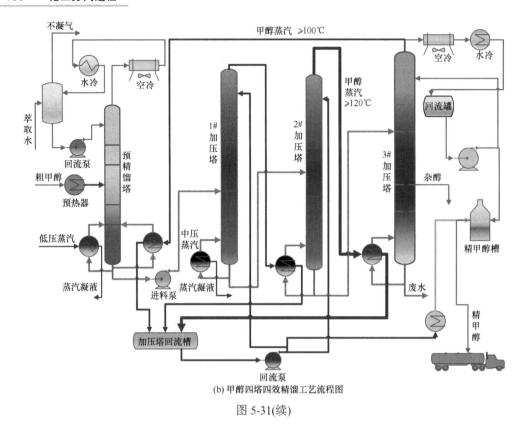

图 5-31(续)

天津奥展兴达化工技术有限公司提供并授权使用)。多效精馏的缺点是设备之间的耦合性强，操作上有一定的难度。

5.5 热 泵 精 馏

5.5.1 热泵精馏原理

常见的热泵精馏过程示意图如图 5-32 所示。在塔顶冷凝温度与塔釜再沸温度相差不

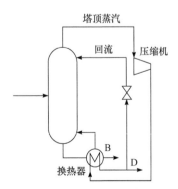

图 5-32 热泵精馏示意图

大的情况下(一般不超过 30℃)，如果精馏塔塔釜再沸器及塔顶冷凝器能耗很高，可以考虑这种模式的热泵精馏。即将塔顶蒸汽压缩，使其温度升高，当满足换热温差要求时，使用此蒸汽作为塔釜再沸器的热源。

热泵加热的位置可依据过程及物料特性而定，可用于中间再沸器加热，也可用于进料加热。

精馏塔的精馏段是放热的，提馏段是吸热的，如果能够利用精馏段的放热给提馏段加热，那么精馏过程的外部能量消耗就会大幅度降低。但精馏塔的精馏段比提馏段的温度低，无法满足换热要求。为此，可考虑使用热泵提高

精馏段的温度，这就产生了 HIDiC(heat-integrated distillation column)塔，如图 5-33 所示。HIDiC 塔的一种理想模式是将精馏塔做成套筒式，精馏段在里面，提馏段在外面，采用热泵提高精馏段的温度，通过塔壁将热量传递给提馏段。这种塔目前还在研究阶段。

　　Suphanit 给出了一种在塔顶和塔釜两个点进行能量集成的 HIDiC 塔，较套筒式简单，比较容易实现工业化，如图 5-34 所示。

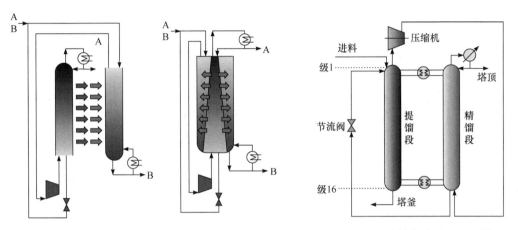

图 5-33　HIDiC 塔　　　　　　　　　图 5-34　两点热集成的 HIDiC 塔

　　精馏塔的热泵精馏并不是只考虑节约塔釜再沸器的能耗，有时塔釜温度较低，使用热水或低温余热作热源即可，但是塔顶冷凝温度很低，热泵的耗电量很大，此时可考虑能量集成，以节约热泵的功耗。

　　如图 5-35(a)所示热泵循环过程，设备 1、2、3、4 分别为蒸发器、压缩机、冷凝器和节流阀。蒸发器向工艺过程提供冷量，工质由液相蒸发为气相。蒸发后进入压缩机压缩，以提高其压力及温度。升温后的工质进入冷凝器冷凝，由气相变为液相，同时保持了较高压力。降温并冷凝后的工质经节流阀降压，温度进一步降低，变成低温的液相工质，再进入蒸发器蒸发。此循环周而复始，不断为精馏过程提供冷量。该热泵过程在 T-H 图中可表示其温度及能量变化，如图 5-35(b)所示。

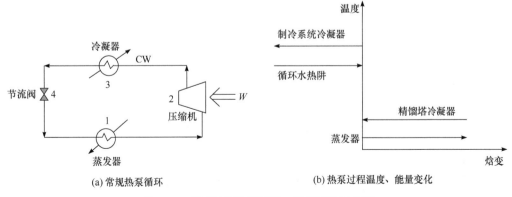

(a) 常规热泵循环　　　　　　　　　(b) 热泵过程温度、能量变化

图 5-35　热泵过程及其温度、能量变化示意图

热泵精馏可采用制冷系数(coefficient of performance，COP)表示其性能，公式如下

$$\text{COP} = \frac{Q_{\text{cool}}}{W} = \eta \cdot \frac{T_{\text{evap}}}{T_{\text{cond}} - T_{\text{evap}}} \qquad (5\text{-}5)$$

式中，COP 为制冷系数，一般情况取 $\text{COP} = 2.5 \sim 5$；Q_{cool} 为制冷量；W 为压缩机功耗；η 为效率，一般情况取 $\eta = 0.6$；T_{evap} 为蒸发温度；T_{cond} 为冷凝温度。

将此热泵循环用于精馏塔系统，理论上可采取图 5-36 所示的形式，即冷凝器的放热给精馏塔塔釜再沸器加热，蒸发器的吸热用于塔顶冷凝器的冷凝。

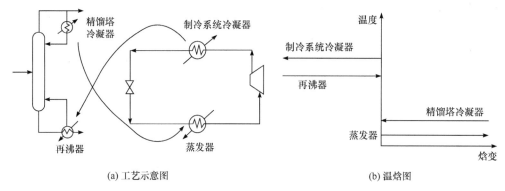

(a) 工艺示意图   (b) 温焓图

图 5-36   热泵循环用于精馏塔系统示意图

5.5.2   BDO 精馏系统的热泵精馏

BDO 为 1,4-丁二醇(1,4-butanediol)的简称，分子式为 $C_4H_{10}O_2$，分子量为 90.12。BDO 是一种重要的精细化工产品，可用来生产聚对苯二甲酸丁二醇酯(PBT)工程塑料和纤维、四氢呋喃(THF)、γ-丁内酯(GBL)、聚氨酯人造革、聚氨酯弹性体及聚氨酯鞋底胶等。

BDO 实现工业化的工艺技术方法主要有炔醛法(Reppe 法)、丁二烯法、环氧丙烷法和顺酐法等，其中炔醛法是目前我国生产 BDO 的主要方法。

炔醛法是采用乙炔和甲醛为主要原料，经炔化(乙炔和甲醛的加成反应)制得 1,4-丁炔二醇，后者再经两步加氢反应制得 1,4-丁二醇。所得到反应产物为混合物，主要含有 1,4-丁二醇、甲醇、水、正丁醇、1,4-丁炔二醇、甲基 BDO、未知低沸点组分(轻组分)、未知高沸点组分(重组分)、盐类等物质，再经精馏精制，得到合格的 1,4-丁二醇产品。

1) 炔化

在催化剂的作用下，乙炔和一分子甲醛加成，生成丙炔醇；丙炔醇再与一分子甲醛加成，生成 1,4-丁炔二醇。炔化反应式如下：

$$C_2H_2 + CH_2O \longrightarrow HO-CH_2-C \equiv C-CH_2-OH$$

2) 加氢

1,4-丁炔二醇两步催化加氢生成 1,4-丁二醇，加氢反应式如下：

$$HO-CH_2-C \equiv C-CH_2-OH + 2H_2 \longrightarrow HO-CH_2-CH_2-CH_2-CH_2-OH$$

3) 精制

该精制过程通常由 4 个塔串联而成：塔 1 用于浓缩，除去大量的水分和部分轻组分，称为提浓塔；塔 2 用于盐分脱除，称为脱盐塔；塔 3 用于轻组分脱除，称为低沸塔；塔 4 用于重组分脱除，得到 BDO 产品，称为高沸塔。

某公司 20 万吨/年 BDO 装置中含有 2 套提浓塔、2 套脱盐塔、1 套低沸塔和 1 套高沸塔。各塔的关键参数及能耗汇总列于表 5-5。

表 5-5 　6 座精馏塔的关键参数及能耗汇总

装置号	设备位号	设备名称	塔顶温度/℃	塔釜温度/℃	蒸汽/(t/h)	循环水/(t/h)
一套	V8301	提浓塔	111.9	162.9	21.043	1107
二套	V8301	提浓塔	112.3	163.2	19.969	1107
一套	V8401	脱盐塔	134.4	160.7	6.863	530
二套	V8401	脱盐塔	132.9	161.1	6.695	530
一套	V8402	低沸塔	145.0	163.4	8.470	308
一套	V8404	高沸塔	155.1	172.7	16.488	1132
合计					79.53	4714

注：蒸汽消耗是 DCS 显示数据，循环消耗是依据温升 8℃ 计算得到。循环水消耗的计算结果受温升影响很大，若温升取 16℃，计算出的循环水消耗量将减半。

经计算机模拟发现，上述精馏过程提浓塔的温度分布曲线如图 5-37 所示。也就是说，提浓塔各塔板温度仅在塔釜附近较高，离开塔釜后，温度迅速降低(达到 120℃ 以下)。利用这一特点，以及提浓塔塔顶温度约为 112℃ 的特点，可考虑采用热泵精馏改造原有工艺，改造方案是在提浓塔提馏段适当位置增加一个中间再沸器，或者增加一个塔段，采用降膜蒸发器(类似于列管换热器)为中间再沸器，如图 5-38 所示。

计算机模拟结果表明，提浓塔的蒸汽消耗由 21t/h 变为 0.4t/h，节约蒸汽 20.6t/h。同时，节约了提浓塔的循环水，节约量为 1107t/h。代价是需要热泵投资，同时耗电 840kW。

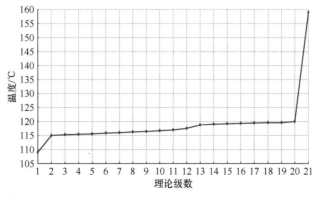

图 5-37 　提浓塔的温度分布

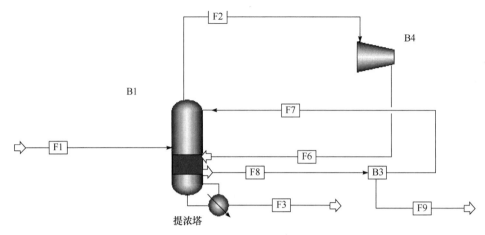

图 5-38   BDO 装置提浓塔热泵精馏示意图

该 BDO 装置有 2 座提浓塔,塔设计相同,工况类似,可采用类似模式改造。研究还发现,装置中的高沸塔能耗也很高,塔顶冷凝器的负荷也很大,且温位达到 155℃。这股物料可直接引入上述提浓塔的中间再沸器作热源,以节省热泵投资及新增的电耗。工艺流程示意图如图 5-39 所示。

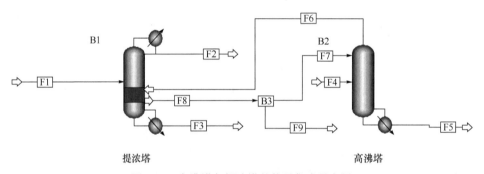

图 5-39   高沸塔与提浓塔的能量集成示意图

计算机模拟结果表明,集成后提浓塔的蒸汽消耗由 21t/h 变为 4.1t/h,节约蒸汽 16.9t/h。同时节约了高沸塔塔顶冷凝器的循环水,节约量为 1132–106=1026(t/h)。其主要投资仅为一段列管换热器。

5.5.3   节约制冷机组动力消耗的热泵精馏

热泵精馏不仅可以考虑节约精馏塔塔釜的蒸汽,有些低温过程也可考虑降低热泵循环图 5-35(a)中冷凝器 3 的冷凝温度,来降低热泵的功耗,其基本原理就是式(5-5)。根据式(5-5),当蒸发温度 T_{evap} 一定时,降低冷凝器的温度 T_{cond},可以使制冷系数 COP 提高,在冷量需求(Q_{cool})一定的情况下,所消耗的功(W)就会降低。

【例 5-3】   如图 5-40 所示的精馏过程(该例选自英国曼彻斯特大学化学与分析科学学院 Megon Jobson 博士在天津大学的授课资料),试通过夹点分析和热泵循环的优化,确定其节能方案及节能效果。

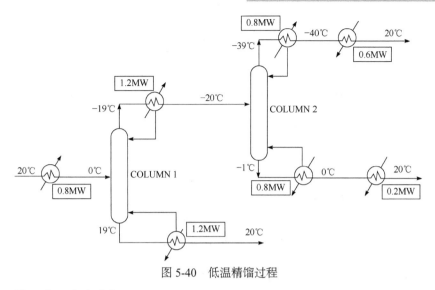

图 5-40　低温精馏过程

解　第 1 步，夹点分析。

(1) 提取流股数据并列表(表 5-6)。

表 5-6　低温精馏过程的数据提取

流股	类型	T_S /℃	T_T /℃	ΔH/MW	CP/(MW/K)
1 塔 1 进料	热	20	0	−0.8	0.04
2 塔 1 冷凝器	热	−19	−20	−1.2	1.2
3 塔 2 冷凝器	热	−39	−40	−0.8	0.8
4 塔 1 再沸器	冷	19	20	1.2	1.2
5 塔 2 再沸器	冷	−1	0	0.8	0.8
6 塔 2 塔釜采出	冷	0	20	0.2	0.01
7 塔 2 塔顶采出	冷	−40	20	0.6	0.01

(2) 设最小换热温差为 5℃，则通过夹点分析可获得过程的组合曲线及总组合曲线，分别见图 5-41 和图 5-42。

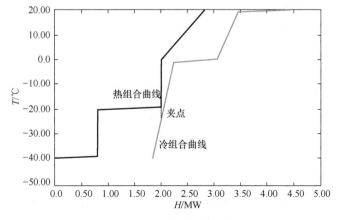

图 5-41　过程的组合曲线

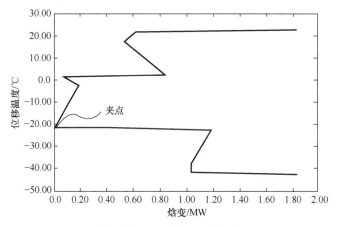

图 5-42   过程的总组合曲线

(3) 将过程所需要的二级冷量在总组合曲线上标出，得到图 5-43。

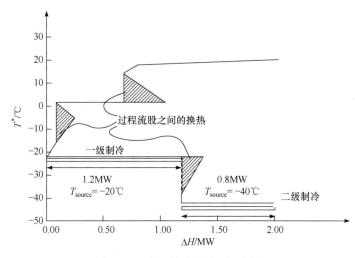

图 5-43   过程所需要的二级冷量

第 2 步，计算压缩机的功耗。

假设采用循环水移出热泵循环中冷凝器的放热，循环水的回水温度为 25℃，则制冷剂在冷凝器中的温度最低为 30℃(303K)。

对于精馏塔 2，塔顶冷凝器的热负荷为 0.8MW，即 $Q = 0.8\text{MW}$，塔顶温度为–40℃，制冷剂的温度需要–45℃(228K)，则由公式(5-5)得

$$W = \frac{1}{\eta} \cdot Q \cdot \frac{T_{cond} - T_{evap}}{T_{evap}} = \frac{1}{0.6} \times 0.8 \times \frac{303 - 228}{228} = 0.44(\text{MW}) \tag{5-6}$$

第 3 步，优化。

从总组合曲线上还可以看出，精馏塔 2 的塔釜再沸器温度为 0℃，热负荷为 0.54MW，也可考虑将热泵循环中冷凝器的放热用于精馏塔 2 的塔釜加热，这样使得 T_{cond} 的温度降低，进而降低压缩机的功耗，参见图 5-44。

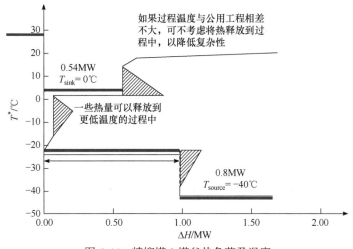

图 5-44　精馏塔 2 塔釜热负荷及温度

如果将热泵循环中冷凝器的热量释放到精馏塔 2 塔釜再沸器，则冷凝器中介质的冷凝温度变为 5℃(278K)，现计算其可释放出的热量。

由公式计算出压缩机的功耗为

$$W = \frac{1}{\eta} \cdot Q \cdot \frac{T_{cond} - T_{evap}}{T_{evap}} = \frac{1}{0.6} \times 0.8 \times \frac{278 - 228}{228} = 0.29(\text{MW}) \tag{5-7}$$

则热泵循环中冷凝器的热负荷为

$$Q_{cond} = W + Q_{evap} = 0.29 + 0.8 = 1.09(\text{MW}) \tag{5-8}$$

然而，精馏塔 2 塔釜再沸器的热负荷仅有 0.54MW，不能全部接收 1.09MW 的热量，故考虑如下方案：热泵循环中冷凝器热量中的 0.54MW 释放到精馏塔 2 再沸器，其余热量释放到循环水，如图 5-45 所示。这就出现了 2 个制冷循环：蒸发温度均为-45℃，循环 1 的冷凝温度为 5℃，热负荷为 0.54MW；循环 2 的冷凝温度为 30℃，热负荷为剩余的热负荷，参见图 5-45。

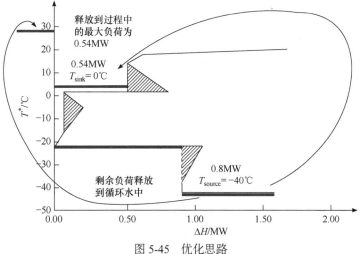

图 5-45　优化思路

现对 2 个制冷循环进行计算。

循环 1：

$$W_1 = \frac{1}{\eta} \cdot Q_{evap1} \cdot \frac{T_{cond1} - T_{evap}}{T_{evap}} = \frac{1}{\eta} \cdot (Q_{cond1} - W_1) \cdot \frac{T_{cond1} - T_{evap}}{T_{evap}} \tag{5-9}$$

$$W_1 = \frac{1}{0.6} \times (0.54 - W_1) \times \frac{278 - 228}{228} \tag{5-10}$$

$$W_1 = 0.145 \tag{5-11}$$

$$Q_{evap1} = Q_{cond1} - W_1 = 0.54 - 0.145 = 0.395(\text{MW}) \tag{5-12}$$

循环 2：

$$Q_{evap2} = 0.8 - Q_{evap1} = 0.405(\text{MW}) \tag{5-13}$$

$$W_2 = \frac{1}{\eta} \cdot Q_{evap2} \cdot \frac{T_{cond2} - T_{evap}}{T_{evap}} = \frac{1}{0.6} \times 0.405 \times \frac{303 - 228}{228} = 0.222(\text{MW}) \tag{5-14}$$

合计：

$$W_1 + W_2 = 0.145 + 0.222 \approx 0.37(\text{MW}) \tag{5-15}$$

节约轴功量为

$$\frac{0.44 - 0.37}{0.44} \times 100\% = 15.9\% \tag{5-16}$$

第 4 步，优化效果小结(表 5-7)。

表 5-7　低温精馏过程的优化结果

塔 2 冷凝器(-40℃)		制冷系统蒸发器		制冷冷却器		实际功/MW	制冷冷却/MW
热阱	MW	℃	K	℃	K		
塔 2 再沸器	0.395	-45	228	5	278	0.145	0.540
冷却水	0.405	-45	228	30	303	0.222	0.626

5.6　复杂精馏塔

5.6.1　具有侧线采出的精馏塔

复杂精馏塔具有侧线采出、中间冷凝器、中间再沸器、热耦精馏塔、侧线汽提塔、侧线精馏塔、隔板塔(dividing wall column, DWC)等。

图 5-46 为具有侧线采出的精馏塔，其特点是在精馏塔精馏段或提馏段增加气相或液

相采出，一座精馏塔同时得到三种产品。当 B 的流量在进料中超过 50%，C 的流量小于 5%，且 $\alpha_{BC} \gg \alpha_{AB}$ 时，使用图 5-46(a)配置；当 B 的流量在进料中超过 50%，A 的流量小于 5%，且 $\alpha_{AB} \gg \alpha_{BC}$ 时，使用图 5-46(b)配置。

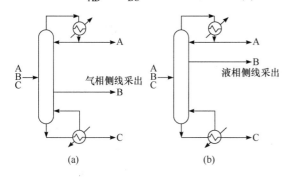

图 5-46　侧线采出精馏塔

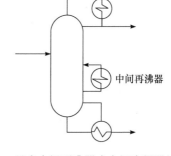

图 5-47　具有中间再沸器或中间冷凝器的精馏塔

5.6.2　具有中间换热器或冷凝器的精馏塔

图 5-47 是具有中间再沸器或中间冷凝器的精馏塔。中间再沸器可以使用比较低温度的加热介质，中间冷凝器则可将抽出流股的能量回收，或者采用风冷或水冷以降低塔顶制冷剂的消耗。

5.6.3　热耦精馏塔

图 5-48 是两种比较常见的热耦精馏塔，这两种精馏塔采用侧线汽提或侧线精馏方式，大塔与小塔之间的气相及液相直接传递，中间不需冷凝器或再沸器。当中间组分在进料中流量小于 30%时可以考虑侧线汽提或侧线精馏。如果 A 的流量高过 C，则使用侧线精馏；如果 C 的流量高过 A，则使用侧线汽提。

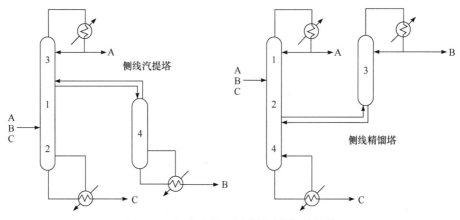

图 5-48　侧线汽提、侧线精馏热耦精馏塔

侧线汽提塔实质上是由逆序精馏演变而来，如图 5-49 所示，(a)为逆序精馏过程，将第 1 个精馏塔塔顶冷凝器去掉，与第 2 个精馏塔组成热耦精馏，得到图 5-49(b)，将

第 2 个精馏塔的精馏段移到第 1 个精馏塔上方,得到图 5-49(c),图 5-49(c)与图 5-49(b)的物料平衡与能量平衡关系是一样的,而图 5-49(c)为侧线汽提塔。因此,侧线汽提塔实质上是一种热耦精馏。

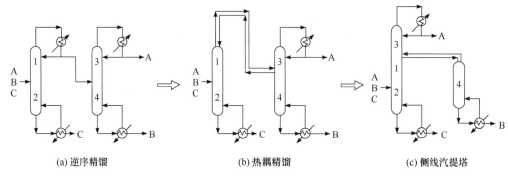

图 5-49 侧线汽提塔的演变

了解了侧线汽提塔的实质,可以采用成熟的计算机模拟软件对其建模求解,如图 5-50 所示。同理,可分析侧线精馏塔,如图 5-51 和图 5-52 所示。

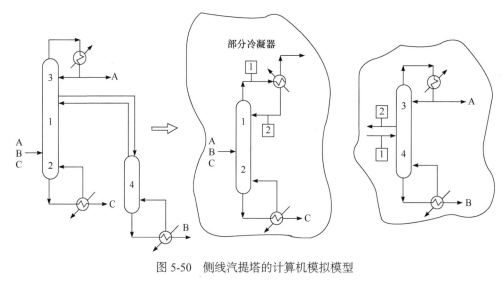

图 5-50 侧线汽提塔的计算机模拟模型

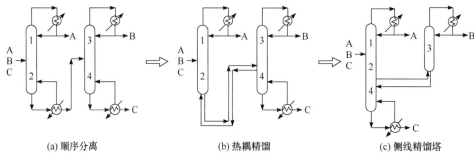

图 5-51 侧线精馏塔的演变

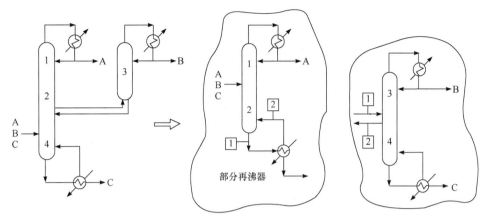

图 5-52　侧线精馏塔的计算机模拟模型

5.6.4　隔板塔

如图 5-53 所示，(a)为两个串联的精馏塔，前塔的塔顶及塔釜分别为后塔的两个进料。将前塔的塔顶冷凝器及塔釜再沸器拆除，并与后塔按图 5-53(b)所示模式连接，即前塔塔顶气相不经冷凝直接进入后一精馏塔，后塔同一理论板流出的液相，取一部分进入前塔形成回流；前塔塔釜部分在拆除再沸器后，前塔塔板流出的液相直接进入后塔，后塔同一理论板的气相取一部分进入前塔，得到图 5-53(b)所示的 Petlyuk 热耦精馏塔。将图 5-53(b)热耦精馏塔中前塔向后塔平推，直至两座精馏塔贴在一起，再推，将前塔推到后塔的里面，就形成了图 5-53(c)的配置，这种配置称为隔板塔。

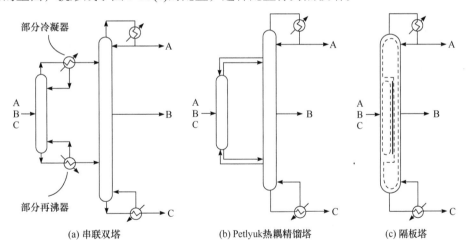

(a) 串联双塔　　　　　(b) Petlyuk 热耦精馏塔　　　　　(c) 隔板塔

图 5-53　Petlyuk 热耦精馏塔及隔板塔

隔板塔与常规的双塔串联配置相比具有如下优势：省去了 1 座精馏塔，省去了 2 台换热器(塔顶冷凝器和塔釜再沸器)，可以节能。文献表明，隔板塔相对于常规双塔配置可节约投资约 30%，节约能耗也约为 30%。但是，隔板塔增加了设计方面的自由度，在内部气液流量分配方面也有难度。因而，尽管有优势，但应用上尚未完全展开，工业上能见到的装置比较少，而且大部分隔板塔是近年建设起来的。

　　Petlyuk 热耦精馏塔或隔板塔之所以具有节能效果，可从下面定性分析中找到答案。

　　图 5-54 是常规精馏塔序列，两座精馏塔完成 A、B、C 三个组分的分离。组分 B 在塔 1 的塔釜处会出现返混现象，因而这种配置能耗较高。

　　图 5-55 的配置消除了返混，因而可以节能。从物料平衡及能量平衡上看，尽管 Petlyuk 热耦精馏塔或隔板塔采用热耦配置，但是物料平衡及能量平衡关系与图 5-55 的配置一样，因而可以节能。

　　隔板塔的建模可按图 5-56 所示方式分解。也可采用 Aspen Plus 中的模块进行模拟计算。

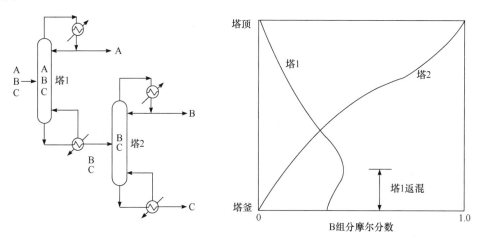

图 5-54　常规精馏塔序列

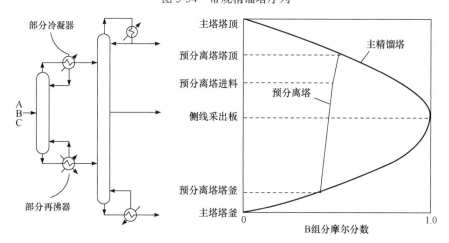

图 5-55　消除了返混的精馏塔配置

【例 5-4】　采用 Aspen plus 模拟隔板塔。

　　以多氯甲烷分离过程为例，展示隔板塔模拟的一种方法。

　　多氯甲烷为二氯甲烷、三氯甲烷和四氯化碳的混合物，是重要的大宗氯系产品，也是化工生产中不可缺少的原料。多氯甲烷分离单元普遍存在能耗高的问题，因此节能降耗成为企业降低投资、提高经济效益的重要手段。

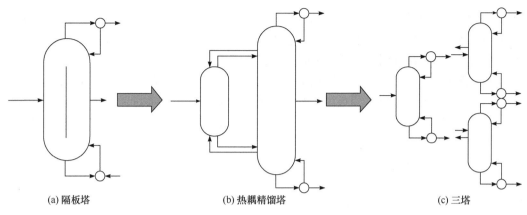

(a) 隔板塔　　　　　(b) 热耦精馏塔　　　　　(c) 三塔

图 5-56　隔板塔的演变及计算机模拟模型

以某 26 万吨/年甲烷氯化物装置为研究对象，多氯甲烷进料组成及分离要求列于表 5-8。

表 5-8　多氯甲烷进料组成及分离要求

组分	质量分数/%	分离要求/%
二氯甲烷	37.18	99.90
三氯甲烷	55.77	99.90
四氯化碳	7.01	99.70(含高沸物)
高沸物	0.04	

Aspen Plus 中提供了 Petlyuk 模块，参见图 5-57，隔板塔在物料平衡和能量平衡方面等价于 Petlyuk 热耦精馏塔，故可以使用 Petlyuk 模块模拟隔板塔。本例中模拟流程图如图 5-57 所示，左侧大塔为主塔，右侧小塔为预分馏塔。模拟过程中采用的热力学模型选用 NRTL 模型。

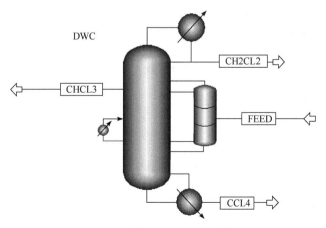

图 5-57　多氯甲烷 Petlyuk 塔模型

原料经预分馏塔初步分离为二氯甲烷与三氯甲烷、三氯甲烷与四氯化碳两组混合物，主塔上部分离二氯甲烷、三氯甲烷，主塔下部分离三氯甲烷、四氯化碳，最终在塔顶得到二氯甲烷，塔釜得到四氯化碳，中间组分三氯甲烷从侧线采出。

隔板塔的简捷设计以常规双塔精馏过程为基础，要求二者的进料条件和产品分离要求等条件相同，由此可建立隔板塔的基础模型。在此基础上，通过灵敏度分析，分析进料位置、侧线采出位置、回流比、主塔到预分馏塔的回流位置以及回流流量对产品质量分数的影响，得到最优的操作参数。

第1步，基础模型的建立。

(1) 输入组分，参见图 5-58。

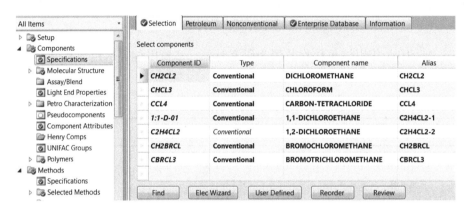

图 5-58　输入组分

(2) 选择热力学方法，参见图 5-59。

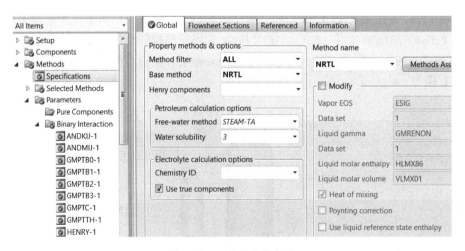

图 5-59　选择热力学方法

(3) 输入进料数据，参见图 5-60。

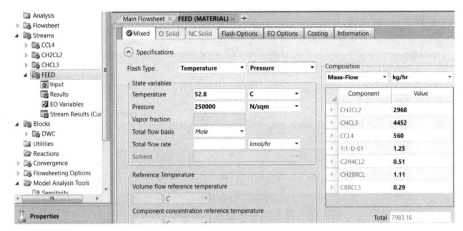

图 5-60　进料数据

(4) 精馏塔设置，参见图 5-61～图 5-71。

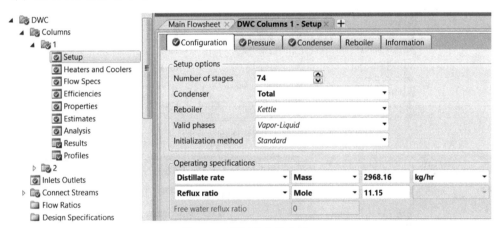

图 5-61　隔板塔主塔参数

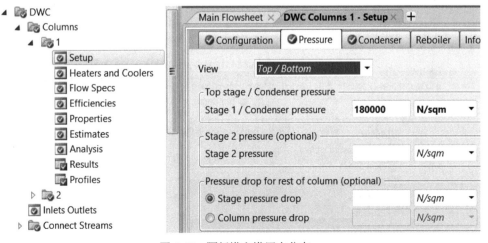

图 5-62　隔板塔主塔压力分布

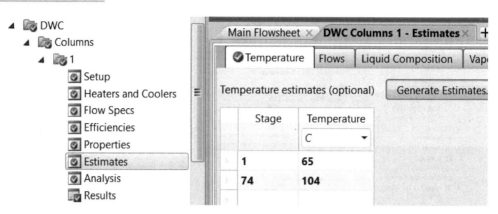

图 5-63   隔板塔主塔塔顶、塔釜温度初值

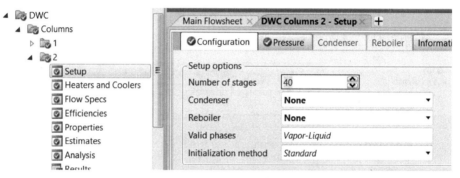

图 5-64   隔板塔副塔参数

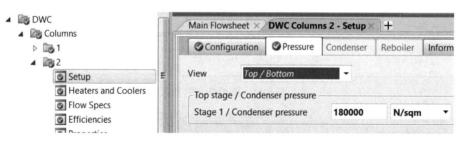

图 5-65   隔板塔副塔压力分布

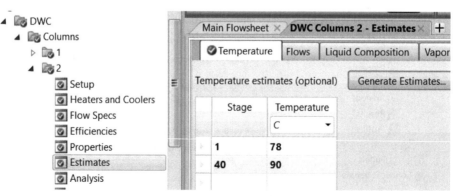

图 5-66   隔板塔副塔塔顶、塔釜温度初值

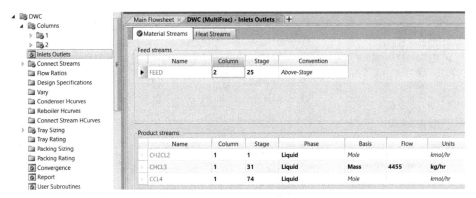

图 5-67　隔板塔主塔与副塔的进料及中间采出位置与流量

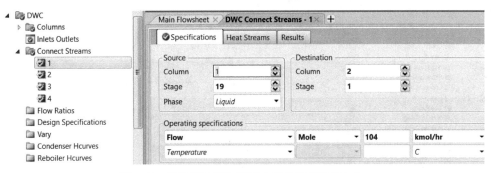

图 5-68　隔板塔主塔与副塔之间的物料连接(一)

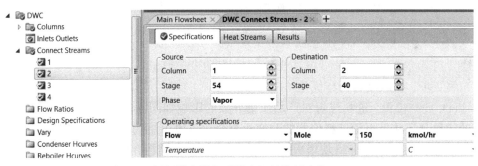

图 5-69　隔板塔主塔与副塔之间的物料连接(二)

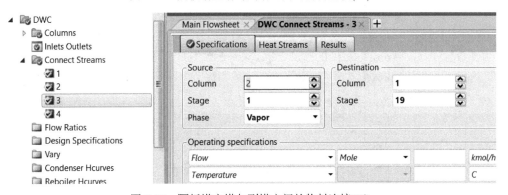

图 5-70　隔板塔主塔与副塔之间的物料连接(三)

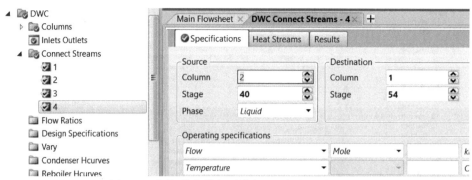

图 5-71　隔板塔主塔与副塔之间的物料连接(四)

(5) 模拟计算,结果参见图 5-72。

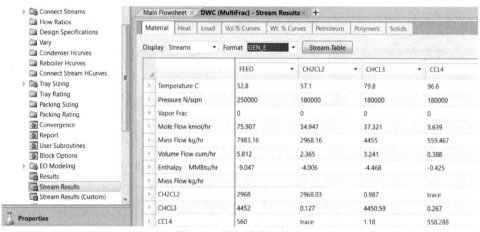

图 5-72　隔板塔模拟结果

第 2 步,灵敏度分析与优化。

(1) 进料位置。进料位置对产品质量分数的影响如图 5-73 所示,可以看出,二氯甲烷的质量分数几乎不随进料位置的改变而改变。三氯甲烷的质量分数随进料位置的增加而逐渐增大,在第 22~26 块塔板进料时,其质量分数维持在较高水平,当进料位置大于

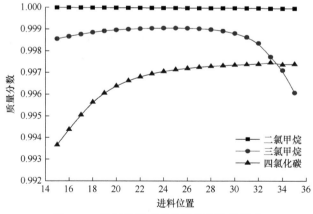

图 5-73　进料位置对产品质量分数的影响

28 块塔板时，三氯甲烷的质量分数显著降低。由此可见，当进料位置较大时容易发生返混现象，从而影响三氯甲烷的分离效果。对于四氯化碳而言，其质量分数随进料位置的增加而增大，随后保持平稳。综合考虑，进料位置选择第 25 块塔板。

(2) 侧线采出位置。侧线采出位置对产品质量分数的影响如图 5-74 所示，可以看出，二氯甲烷质量分数随侧线采出位置的增加而增大，当侧线采出位置大于 31 块塔板时，其质量分数基本保持不变。三氯甲烷质量分数随侧线采出位置的增加先增大后缓慢减小，在第 31~33 块塔板采出时，保持在较高水平。四氯化碳质量分数随侧线采出位置的增加而减小。由此可见，当侧线采出位置较小时，三氯甲烷中可能含有少量二氯甲烷未分离开，导致采出的三氯甲烷纯度较低，质量分数较低。当侧线采出位置较大时，三氯甲烷中可能含有少量四氯化碳未分离开，分离效果较差，导致侧线和塔釜采出的产品质量分数均较低。综合考虑，侧线采出位置选择第 31 块塔板。

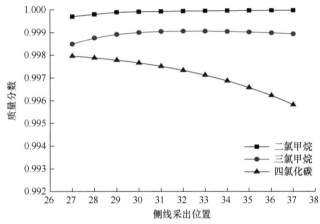

图 5-74　侧线采出位置对产品质量分数的影响

同样方法可以分析回流比、主塔到预分馏塔的回流位置、主塔到预分馏塔的回流流量、进料组成等因素对产品质量分数的影响，进而得到隔板塔的优化操作条件。在此基础上可对隔板塔进行设计。

第 3 步，隔板塔与常规双塔精馏过程比较。

引入以设备资金成本和能耗成本为目标函数的全年总费用(TAC)作为经济评价，投资回收期为 3 年，对隔板塔与常规双塔精馏过程进行比较。如表 5-9 所示，在满足分离要求的前提下，隔板塔比常规双塔精馏过程的年能耗费用减少 18.31%，设备费用减少 10.25%，全年总费用减少 15.99%。

表 5-9　隔板塔与常规双塔流程对比结果

项目	隔板塔	常规双塔流程			隔板塔减少量/%
		T902	T903	T902+ T903	
二氯甲烷质量分数/%	99.99	—	—	99.97	—
三氯甲烷质量分数/%	99.90	—	—	99.90	—
四氯化碳质量分数/%	99.79	—	—	99.73	—

续表

项目	隔板塔	常规双塔流程			隔板塔减少量/%
		T902	T903	T902+ T903	
冷凝器负荷/kW	3202.71	1219.18	2711.82	3931.00	18.53
再沸器负荷/kW	3245.95	1276.06	2676.81	3952.87	17.88
年能耗成本/10^5美元	7.85	3.05	6.56	9.61	18.31
设备资金成本/10^5美元	11.65	4.46	8.52	12.98	10.25
TAC/10^5美元	11.35	4.39	9.12	13.51	15.99

思考与练习题

1. 什么是双效精馏、三效精馏？其与双效蒸发、三效蒸发有什么区别？

2. 热泵精馏的适用条件是什么？

3. 中间冷凝器、中间再沸器的优点是什么？

4. 简述隔板塔与热耦精馏的关系，隔板塔的优缺点。如何进行隔板塔的模拟？

5. 什么是夹点？举例说明夹点法对精馏塔过程节能的作用。

6. 列举常见的冷、热公用工程。公用工程的使用原则是什么？

7. 精馏塔压力对其能耗有什么影响？为什么？

第6章

反 应 精 馏

6.1 概　　述

反应精馏是精馏过程强化的一个重要内容，是将化学反应过程与精馏过程有机结合在一起的一种新型精馏方式。反应精馏过程均使用催化剂，故反应精馏过程也称为催化精馏。

对于一些可逆反应，由于存在化学反应平衡，达到平衡点时，正反应与逆反应的速率相等，宏观上反应是"终止"了。设计完美的反应精馏过程可以不断地将产物从系统中分离出去，使得可逆反应无法达到平衡点，宏观上，可逆反应就一直沿着一个方向进行，这时反应精馏提高了反应的转化率。

由于反应精馏过程中反应过程与分离过程同时发生，相对于传统过程，反应精馏过程的工艺流程简化，设备投资也降低。

许多反应过程是放热的，反应精馏过程可以高效地利用反应热，反应精馏过程的能耗相对传统过程大幅度降低。

反应精馏已经被广泛应用于酯化、醚化、烷基化、氯化等可逆、连串反应。

6.1.1　理想的反应精馏塔

图 6-1 为理想的反应精馏塔，塔身分为三段：精馏段、反应段和提馏段，对应的塔板数分别为 N_R、N_{RX} 和 N_S。精馏段和提馏段与常规精馏塔无异，反应段则在塔板或降液管的适当位置装填催化剂，化学反应在催化剂上发生。

设该反应精馏塔中发生的化学反应为

$$A + B \rightleftharpoons C + D \tag{6-1}$$

各组分相对挥发度的次序为 $\alpha_C > \alpha_A > \alpha_B > \alpha_D$。精馏塔有两股进料，分别为反应物 A 和 B 的进料。化学反应在反应段按反应式(6-1)进行，由于反应产物 C 和 D 不断被分离出来，该反应在反应段内从宏观上看反应完全。塔顶得到产品 C，塔釜得到产品 D。该反应精馏过程的特点是转化率高、选择性好、产品纯度高、能耗低、投资少，反应热作为再沸器供热的一部分，再沸器热负荷低。

在反应段第 n 块板做物料平衡与能量平衡分析时，需要考虑化学反应，如图 6-2 所示。

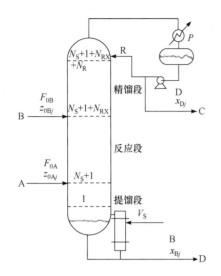

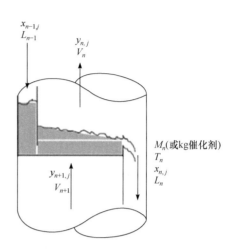

图 6-1　理想的反应精馏塔示意图　　　　图 6-2　反应段第 n 块板

化学反应量及气相体积为

$$R_n = M_n \left(k_F x_{An} x_{Bn} - k_B x_{Cn} x_{Dn} \right) \tag{6-2}$$

$$V_n = V_{n+1} + \frac{-\lambda R_n}{\Delta H_n} \tag{6-3}$$

6.1.2　反应精馏技术的发展

最早的反应精馏过程(1860 年)如纯碱制氨过程(图 6-3)。随着反应精馏的优势逐渐被

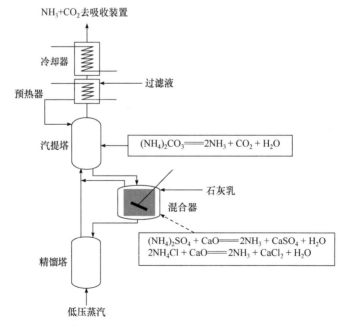

图 6-3　纯碱制氨过程

认识及工业化的成功，反应精馏技术得到了迅猛发展。图 6-4 给出了从 1970 年到 2006 年的 37 年间反应精馏领域发表论文及申请美国专利的情况。我国近年来关于反应精馏的期刊论文、研究生论文及专利也大量涌现。

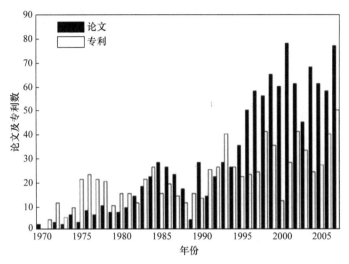

图 6-4　1970 年到 2006 年的 37 年间反应精馏领域发表论文及申请美国专利情况

6.1.3　反应精馏技术的适用范围

反应精馏技术适用的反应条件在图 6-5 中汇总给出。可以看出，其最适合式(6-1)给出的可逆反应。

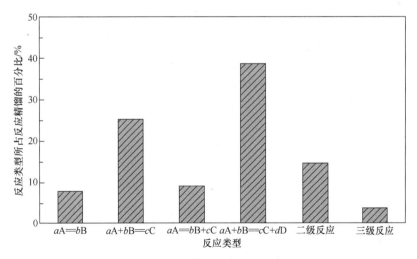

图 6-5　反应精馏适合的反应类型

尽管反应精馏技术有许多优点，但也有局限，主要表现在以下几个方面：

(1) 反应温度需要在一定的范围内，不能太高或太低。另外，反应温度与分离所需温度要一致。

(2) 反应物及产物相对挥发度顺序要符合反应精馏的要求。

(3) 反应速率过慢时不适用。

(4) 适合于液相反应。

(5) 反应放出的热量最好能和分离过程所需的热量相差不多，否则需要考虑换热：如果反应放热过多，则需将多余的反应热及时移出，否则反应热会造成干塔；如果反应放热少于分离所需的热量，则需补充热量。

6.2 反应精馏工艺流程

6.2.1 单塔流程

单塔流程类似于理想反应精馏流程，MTBE(甲基叔丁基醚)、ETBE(乙基叔丁基醚)、TAME(甲基叔戊基醚)的醚化反应多采用此种流程，参见图6-6、图6-7。

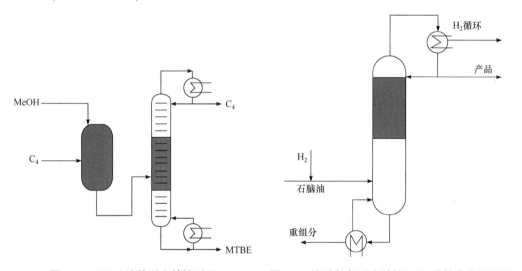

图6-6 MTBE绝热反应精馏过程   图6-7 汽油加氢反应精馏过程(苯转化为环己烷)

6.2.2 双塔流程

当某一反应物过量时，必须考虑其进一步分离及循环利用。图6-8为反应物B过量时的工艺流程示意图。

6.2.3 外挂反应器流程

一些反应精馏过程高度耦合而导致其操作弹性变小，同时受到反应条件、分离条件、设备尺寸及催化剂装填方式等多方面限制，为了解决这些问题，也可将反应液相侧线采出，导入外置的反应器进行反应，反应后的物料再在精馏塔的适当位置返回精馏塔进行分离。如图6-9所示，这种布局称为外挂式反应精馏或侧线式反应精馏，也有文献将其称为背包式反应精馏。

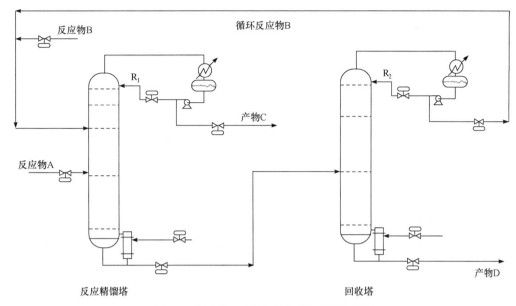

图 6-8 反应物 B 过量时的工艺流程示意图

外挂反应器可以是 1 个，也可以是 2 个或多个。精馏塔内部可以装填催化剂，也可以不装，如图 6-10 所示。

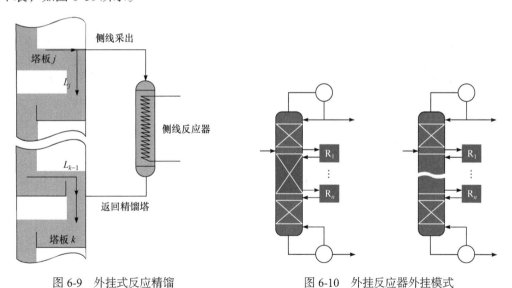

图 6-9 外挂式反应精馏   图 6-10 外挂反应器外挂模式

6.2.4 反应精馏流程与常规过程的对比

反应精馏可以简化流程，降低设备费用。图 6-11 是乙酸甲酯的常规流程与反应精馏的对比，左侧为反应精馏塔，取代了右侧的 9 座塔及 1 台反应器。类似地，还有乙酸乙酯脱水过程，示于图 6-12。

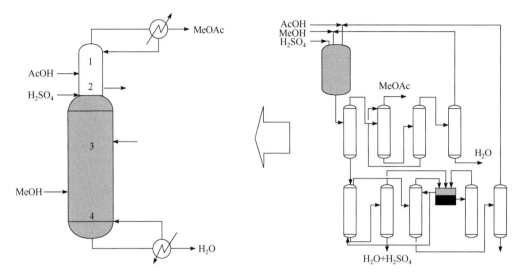

图 6-11   乙酸甲酯反应精馏与常规过程对比

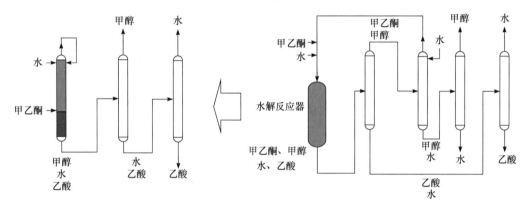

图 6-12   乙酸乙酯脱水过程

6.3   反应精馏塔的催化剂布置

6.3.1   板式塔催化剂布置

板式塔塔板做成反应精馏塔塔板时，一般有以下三种催化剂布置模式。

(1) 在塔板的进口堰、出口堰附近规则排列装有催化剂包的多孔盒，利用塔板上液体的自然流动，在催化剂表面进行反应，再利用塔板进行分离，见图 6-13(a)。

(2) 将催化剂置于降液管底部，利用塔板的自然降液，在催化剂表面进行反应，再利用塔板进行分离，见图 6-13(b)。

(3) 采用活性材料载体与催化剂制成一体化塔板，见图 6-13(c)。这种塔板的造价较高，塔板强度较差，较难大规模应用。

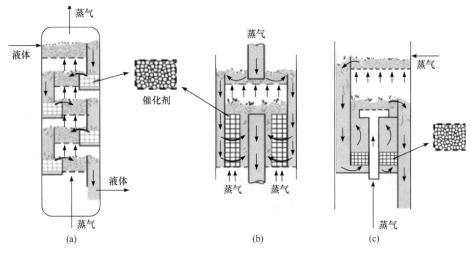

图 6-13 板式塔催化剂布置方式

6.3.2 填料塔催化剂布置

一般采用丝网或多孔材料将催化剂包裹起来卷成一定形状的单元, 再堆积成催化反应精馏床层, 参见图 6-14。

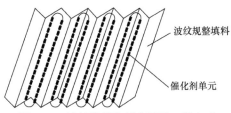

图 6-14 填料塔催化剂布置的一种方式

由于催化剂位于支承件的波纹或缝隙中, 外表面完全暴露于气-液相中, 气-液两相在催化剂表面高速湍动更新, 很好地解决了催化精馏反应中的外扩散问题, 可减少催化剂用量。

6.3.3 催化剂的装填模式

比较常用的催化剂装填模式有球筐式、柱筐式和丝网式 3 种, 参见图 6-15。

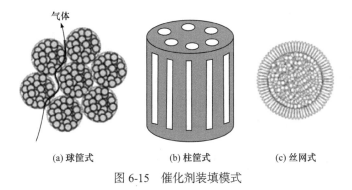

(a) 球筐式　　　　(b) 柱筐式　　　　(c) 丝网式

图 6-15 催化剂装填模式

图 6-16 是将催化剂以丝网包裹成柱状的一种实际应用。图 6-17 是一种三明治式的催化剂装填方式。也可将催化剂直接加工成填料形状,如图 6-18 所示。

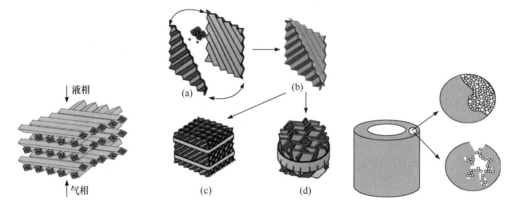

图 6-16　用丝网将催化剂包裹成　　图 6-17　三明治式的催化剂装填　　图 6-18　加工成填料形状的
　　　　　　柱状　　　　　　　　　　　　　　方式　　　　　　　　　　　　　催化剂

6.4　反应精馏过程的计算机模拟

下面以 MTBE 反应精馏过程为例,说明如何采用 Aspen Plus 模拟反应精馏过程。

【例 6-1】　MTBE 反应精馏过程的模拟。

异丁烯和甲醇反应生成 MTBE,可以采用反应精馏塔进行。已知异丁烯和甲醇的进料条件如表 6-1 所示。

表 6-1　异丁烯和甲醇的进料条件

条件		异丁烯	甲醇
	温度/℃	45	25
	压力/bar	30	30
	摩尔流量/(kmol/h)	560	245
	进料位置	20	15
摩尔分数	PROPANE	0.006	
	ISOBUT	0.539	
	ISOBUTYL	0.427	
	NBUT	0.016	
	1BUTENE	0.004	
	CIS2B	0.004	
	TRANS2B	0.004	
	MTBE		
	METHANOL		1

反应精馏塔理论级数为 30,在第 15～20 块板上发生异丁烯和甲醇的平衡反应,方程式如下:

$$\text{异丁烯} + \text{甲醇} \rightleftharpoons \text{MTBE}$$

该反应的进程按 Gibbs 自由能最小设置。

精馏塔压力分布:第 1 块、第 2 块和第 30 块的压力分别为 6.55bar、6.89bar 和 7.93bar,摩尔回流比为 8,塔釜采出为 235kmol/h。调整塔釜采出量,使得塔釜 MTBE 产品的摩尔分数达到 0.998。

解　反应精馏塔的模拟与常规精馏塔类似,只是需要设置反应发生的位置和化学反应方程式及反应条件。反应精馏塔也用 RadFrac 模块模拟。

第 1 步,输入组分,参见图 6-19。

第 2 步,设置热力学方法,参见图 6-20。

第 3 步,建立模拟流程图,参见图 6-21。

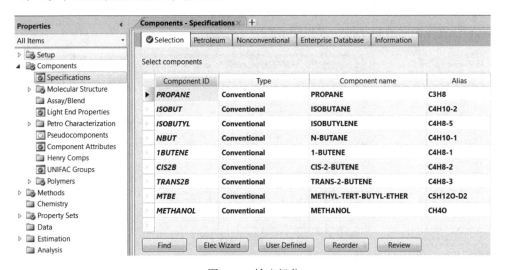

图 6-19　输入组分

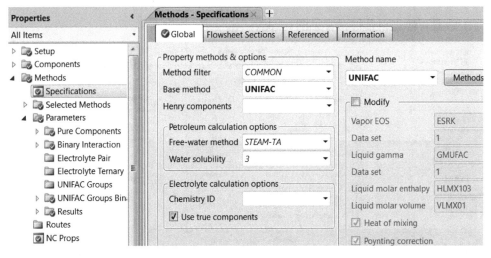

图 6-20　设置热力学方法

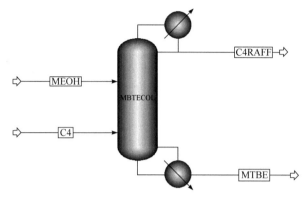

图 6-21   模拟流程图

第 4 步，输入进料条件，有异丁烯和甲醇两股进料。

(1) 设置异丁烯进料条件，参见图 6-22。

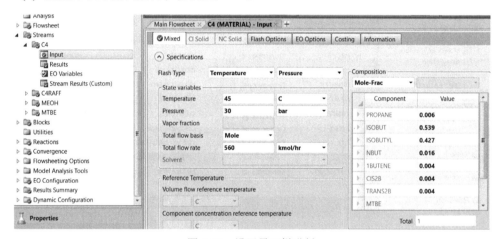

图 6-22   设置异丁烯进料

(2) 设置甲醇进料条件，参见图 6-23。

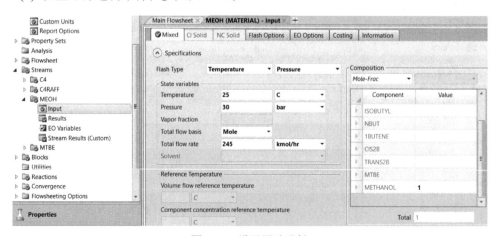

图 6-23   设置甲醇进料

第 5 步，输入化学反应。Aspen Plus 中有专门的反应精馏过程的化学反应设置类型，名称为 REAC-DIST，设置方法如下：

(1) 在树状菜单中找到 Reactions，新建化学反应 R-1，反应的类型为 REAC-DIST(反应精馏)，参见图 6-24。

(2) 设置该化学反应：反应类型为 Equilibrium，输入反应方程式中各物质的化学计量系数，参见图 6-25。

(3) 该反应在液相进行，按 Gibbs 自由能最小进行反应，参见图 6-26。

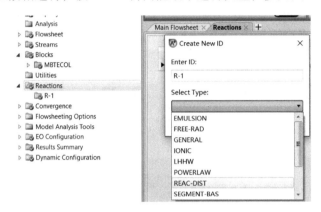

图 6-24　设置化学反应及其类型

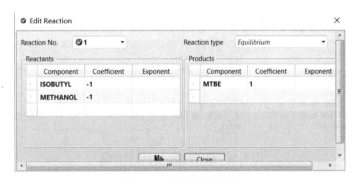

图 6-25　设置化学反应

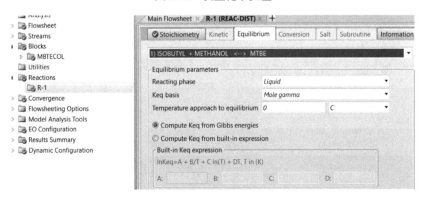

图 6-26　设置化学反应的平衡条件

第 6 步，设置反应精馏塔。

反应精馏塔的设置除与常规精馏塔设置相同的部分外，还需要设置化学反应在哪几块理论板上发生。

(1) 设置精馏塔的参数，参见图 6-27。

图 6-27　设置精馏塔参数

(2) 设置进料位置，参见图 6-28。

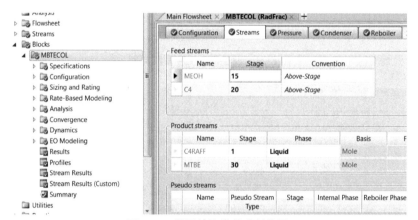

图 6-28　设置精馏塔的进料位置

(3) 设置压力分布，参见图 6-29。

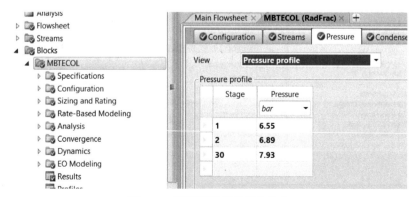

图 6-29　设置精馏塔的压力分布

(4) 设置发生化学反应的塔板位置，其他条件取默认值，参见图 6-30。

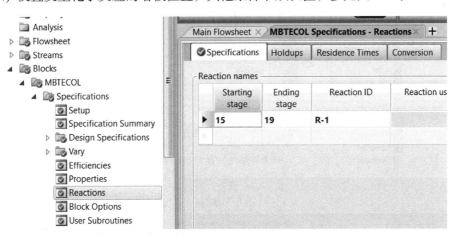

图 6-30　设置发生化学反应的塔板位置

(5) 设置精馏塔设计变量。精馏过程要保证塔釜 MTBE 的产品质量达到摩尔分数为 0.998，通过调节塔釜采出量实现。

首先设置目标值，塔釜 MTBE 的产品质量达到摩尔分数为 0.998，参见图 6-31。然后设置调节变量，参见图 6-32，调节变量为塔釜采出流量。

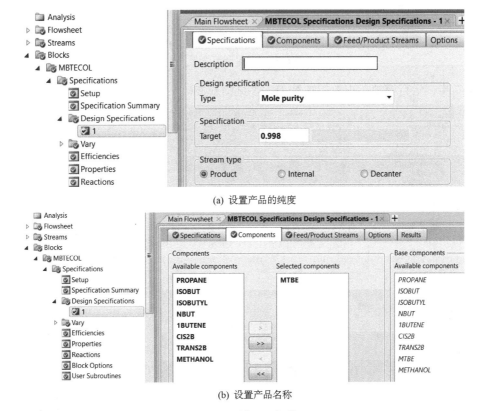

(a) 设置产品的纯度

(b) 设置产品名称

图 6-31　设置目标值

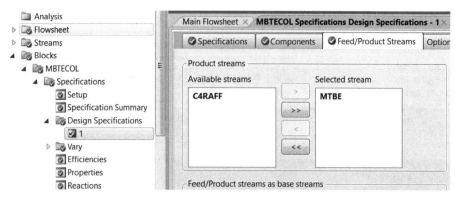

(c) 设置产品流股

图 6-31(续)

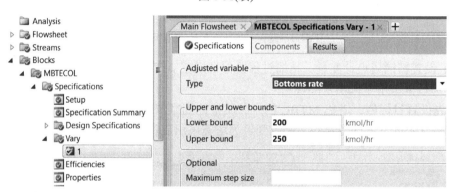

图 6-32   设置调节变量

第 7 步，运行模拟，查看模拟结果，参见图 6-33。

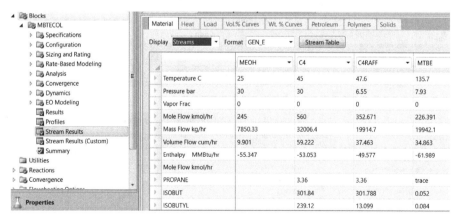

图 6-33   模拟结果

6.5   其他精馏过程强化模式

精馏过程的强化一直受到精馏领域的高度重视，改进气液接触方式，强化传质效果，一直是该领域的努力方向，因而不断出现新型的高效填料或塔板类型。

超重力精馏也是近年来发展迅速并正逐渐走向产业化的一个新兴精馏课题。超重力精馏是通过高速旋转设备强力促进气液充分接触，使其迅速达到气-液平衡的一种新型精馏过程。由于传质得到大力加强，完成同样分离任务的精馏塔尺寸大幅度减小，整体投资反而会降低。同时，传质速率的提高也缩短了加工时间，提高了工作效率。近年来的相关研究论文很多，也有专著，此处不做介绍。

思考与练习题

1. 反应精馏的特点是什么? 适合什么样的物系?
2. 画出反应精馏的常见工艺流程。
3. 反应精馏催化剂的主要布置模式有哪些?

第7章

吸收过程

7.1 概 述

吸收过程被广泛应用于分离气体混合物，是气体混合物的主要分离方法，在化工生产中主要有以下几种具体应用：①脱除杂质，得到化工产品；②分离气体混合物；③回收气体中的有用组分；④气体净化(原料气的净化和尾气、废气的净化)；⑤生化工程。

吸收过程有物理吸收和化学吸收。物理吸收过程没有化学反应发生，吸收效果完全取决于组分的溶解性能，化学吸收则主要依靠化学反应进行吸收。

吸收过程也有等温吸收和非等温吸收的区别。在吸收过程中，如果气体溶解于液体中的溶解热比较明显，或者化学吸收放热比较明显，致使吸收过程的温度逐渐增高，这种吸收称为非等温吸收；如果热效应很小，或者被吸收的组分浓度很低、吸收剂用量较大，使得吸收过程温度变化不明显，这种吸收过程称为等温吸收。

7.1.1 物理吸收

物理吸收是利用溶剂对气相组分中的某些组分具有选择性溶解的特性进行的吸收，所用溶剂称为吸收剂，被吸收的组分称为溶质，不被吸收的组分称为惰性气体，溶有溶质的溶液称为吸收液或简称溶液，排出的气体称为吸收尾气，吸收过程采用的设备与精馏塔类似，称为吸收塔。

物理吸收的示例：使用水或溶剂清除挥发性有机化合物(VOC)，使用甲醇回收硫化氢和二氧化碳，采用石脑油回收甲烷中的轻烃。

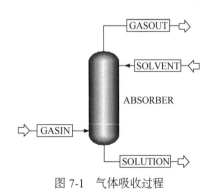

图 7-1 气体吸收过程

如图 7-1 所示吸收塔设备，被吸收的气体从塔釜进入，从塔顶出塔，用于吸收的液体(也称吸收剂)从塔顶入塔，从塔釜出塔。气-液两相在塔板或填料表面接触传质，气体中的某一种或某几种物质被选择性地吸收至液相，实现气体分离或净化。

将被吸收的组分从溶液中分离出来的过程称为解吸。吸收与解吸经常成对出现，从吸收塔塔釜出来的吸收了某些组分的液相称为富液，被输送到解吸塔，通过汽提或减压等方式，将被吸收的组分解吸出来，得到的解吸液称为贫液，降温后再返回吸收塔循环使用，如图 7-2 所示。

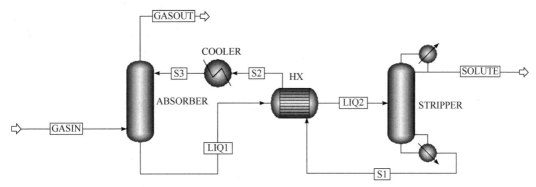

图 7-2 吸收-解吸工艺流程示意图

物理吸收的特点是：①压力和溶解度在一定范围内呈直线关系，如图 7-3 所示，加压利于吸收，减压利于解吸；②温度升高溶解度下降，温度降低溶解度上升，故低温利于吸收，高温利于解吸；③吸收剂流量大(吸收负荷低)，能耗低，容易计算分析。

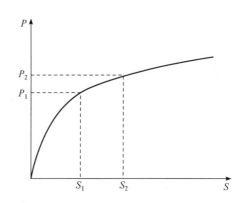

图 7-3 物理吸收时溶解度与压力的关系

物理吸收时选择吸收剂的原则是：①吸收能力越大越好，吸收能力越大，吸收剂的循环量及再生时所需的能量消耗越低；②选择性越高越好；③饱和蒸气压要低，特别是在操作温度时，饱和蒸气压越低，吸收剂的损失量越小；④沸点不能太高，否则再生时能耗高，对整个工艺不利；⑤吸收剂的比热要大，气体溶于溶剂中的过程一般是放热过程，为防止温升过快，吸收剂比热较大比较有利；⑥吸收剂的黏度要小，吸收剂的黏度影响传热、传质及传动速率，黏度越小越有利于吸收及解吸，对泵的驱动也有利；⑦吸收剂的化学稳定性要好，吸收剂循环使用，化学稳定性越好，寿命越长；⑧吸收剂的凝固点要低，凝固点低利于较低的吸收温度与存储温度；⑨吸收剂要价廉、不易燃、毒性小、腐蚀性弱、起泡性低。

7.1.2 化学吸收

化学吸收是利用化学反应强化吸收效果的一种吸收过程。吸收时，气体中待吸收的组分能与吸收剂中的活性组分发生化学反应生成化合物，从而加快吸收速率并提高吸收率。与物理吸收不同的是，化学吸收将所生成的化合物重新变成活性组分，并把被吸收的组分释放出来，该过程称为再生。再生后的活性组分循环使用。

化学吸收的示例：采用胺和醇胺溶剂吸收硫化氢和二氧化碳(MEA 法)，使用 NaOH 溶液回收二氧化硫(热钾碱法)。

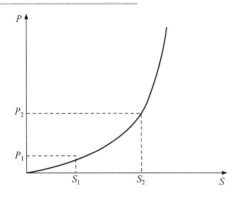

图 7-4 化学吸收时溶解度与压力的关系

化学吸收时，吸收量与气体的物理溶解度、化学反应的平衡常数、反应时化学计量系数及工艺条件有关，吸收量不随压力升高而均匀增大，压力越高吸收量提高得越慢(图 7-4)。溶液通常靠减压、加热才能再生，即采用热法再生。

7.1.3 物理吸收与化学吸收的比较

不能绝对地称化学吸收一定比物理吸收强，实际上，能利用物理吸收时则尽量采用物理吸收。图 7-5 给出了物理吸收与化学吸收的对比，物理吸收平衡曲线与化学吸收平衡曲线有一个相交点 (S_C, P_C)，该点为物理吸收能力与化学吸收能力相等的点：

(1) 当 $P > P_C$ 时，物理吸收的吸收能力大，反之则化学吸收能力大。

(2) 当采取减压再生时，如从 P_3 降至 P_1 时，$(\Delta S' = S_3' - S_1') > (\Delta S = S_3 - S_1)$，说明物理吸收易采取减压再生，化学吸收减压再生收效不大。

(3) 当进料浓度很小时，物理吸收不及化学吸收吸收得彻底。

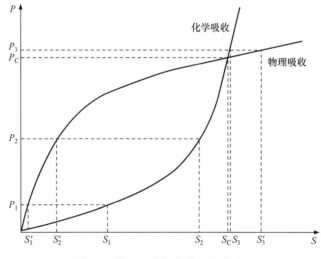

图 7-5 物理吸收与化学吸收的对比

7.1.4 亨利定律

在一定温度和平衡状态下，一种气体在液体中溶解度和该气体的平衡分压成正比。其数学表达式为

$$P_i = Kx_i \tag{7-1}$$

式中，x_i 为平衡时气体在液体中的摩尔分数；P_i 为两相平衡时液面上该气体的分压；K 为常数，其数值与温度、气体总压和溶剂的性质有关。总压对 K 的影响在压力不大时可忽略不计。K 值需要测定。

吸收分离就是利用溶剂对气体混合物中各组分的溶解度的不同选择性地把溶解性大的气体吸收掉，从而达到气体分离的目的。从亨利定律的定义式可以看出：当溶质和溶剂一定时，在一定温度下，K 为定值，气体的分压越大，则其在溶剂中的溶解度越大。因此，增加气体的分压有利于该气体的吸收。从式(7-1)还可以看出：如果在相同的气体分压下进行比较，K 值越小其溶解度越大，所以也可以说，K 值的大小可作为选择吸收剂的依据。

亨利定律是在理想状态并且稀浓度条件下通过实验取得的，所以在应用时有一定的局限性。具体注意如下：

(1) 应用亨利定律时，P_i 是指气体的分压而不是液面上的总压。

(2) 亨利定律只适用于稀溶液，对浓溶液应用存在较大偏差。当温度较高且压力较低时应用亨利定律可以得到较为正确的结果。

(3) 对混合气体，当压力不大时，亨利定律对每种气体都适用，彼此不影响，当浓度超过任何一种气体适用范围后，分子间作用力就不可忽略。

(4) 应用时必须注意溶质在气相和溶液中的分子状态，只有在分子状态相同时才可应用亨利定律。

7.2 物 理 吸 收

7.2.1 物理吸收工艺流程

采用填料塔或板式塔，气体从塔釜进入，溶质被吸收后从塔顶出塔，溶剂从塔顶进入，吸收溶质后从塔釜出塔，气-液两相在塔中逆流接触。图 7-6 是最常用的物理吸收流程。

采用空塔，气体与经雾化后的吸收液传质后，再分成气体和液体分别出塔，也是一种常见的吸收流程，即喷雾吸收流程，参见图 7-7。

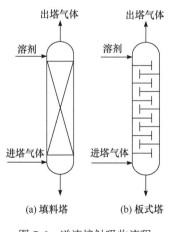

图 7-6 逆流接触吸收流程

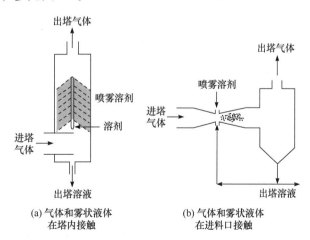

图 7-7 喷雾吸收流程

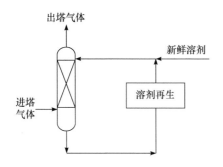

图 7-8   溶剂再生吸收流程

吸收后的溶剂经适当方法再生后循环使用，就构成了溶剂再生吸收流程，参见图 7-8。

水作吸收过程的溶剂价格便宜且性能优良，可用于回收有价值的可溶解有机物，缺点是吸收后的吸收液需要进一步处理，吸收液出现两相时比较麻烦，吸收后排出的气体可能会携带水形成白色水雾。

有机溶剂作吸收过程的溶剂价格不贵，也有效，且有机溶剂的回收在一般情况是可行的，缺点是不能直接排空，当被吸收的气体中含水时容易形成两相，循环使用时需注意组成的变化，不能带来新的危害。

7.2.2   物料平衡及操作线方程

参见图 7-9(a)所示吸收塔，可建立吸收塔的物料平衡关系，推导操作线方程。

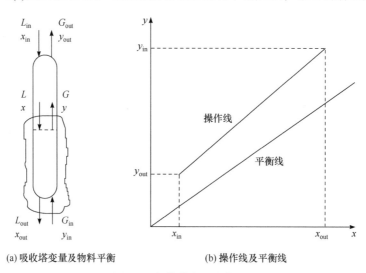

(a) 吸收塔变量及物料平衡   (b) 操作线及平衡线

图 7-9   操作线方程的推导

未溶解气体的流量：

$$G_S = G(1-y) \tag{7-2}$$

未挥发溶剂的流量：

$$L_S = L(1-x) \tag{7-3}$$

总质量平衡：

$$G_{in}y_{in} - G_{out}y_{out} = L_{out}x_{out} - L_{in}x_{in} \tag{7-4}$$

$$G_S\left(\frac{y_{in}}{1-y_{in}} - \frac{y_{out}}{1-y_{out}}\right) = L_S\left(\frac{x_{out}}{1-x_{out}} - \frac{x_{in}}{1-x_{in}}\right) \tag{7-5}$$

如果被吸收的气体溶质比较少，则

$$G(y_{in} - y_{out}) = L(x_{out} - x_{in}) \tag{7-6}$$

对于图 7-9(a)中所选择的对象：

$$G(y_{in} - y) = L(x - x_{in}) \tag{7-7}$$

整理得

$$y = \frac{L}{G}x + \left(y_{in} - \frac{L}{G}x_{out}\right) \tag{7-8}$$

式(7-8)即为吸收塔的操作线方程，其斜率为液气比。将此方程与气-液相平衡绘于同一张图上，得到图 7-9(b)。

7.2.3 最小液气比的确定

参见图 7-10，固定 (x_{in}, y_{out}) 点，将操作线方程按顺时针方向转动，当其与相平衡曲线相交时，对应的斜率最小，即液气比最小。交点坐标为 $(x_{out}, y_{in}) = (x_{equil}, y_{in})$，故最小液气比为

$$\left(\frac{L}{G}\right)_{min} = \frac{y_{in} - y_{out}}{x_{equil} - x_{in}} \tag{7-9}$$

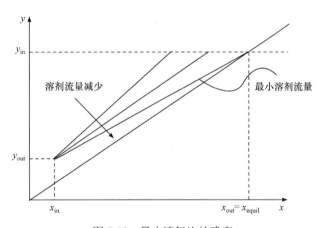

图 7-10 最小液气比的确定

7.2.4 理论级数的确定

对逆流操作，可以采用图解法确定理论级数，如图 7-11 所示。

如果浓度已知，也可采用 Kremser 方程计算理论级数：

$$N = \frac{\ln\left[\left(\frac{A-1}{A}\right)\left(\frac{y_{in} - Kx_{in}}{y_{out} - Kx_{in}}\right) + \frac{1}{A}\right]}{\ln A} \tag{7-10}$$

反之，如果理论级数已知，也可计算浓度：

$$\frac{y_{in} - y_{out}}{y_{in} - Kx_{in}} = \frac{A^{N+1} - A}{A^{N+1} - 1} \tag{7-11}$$

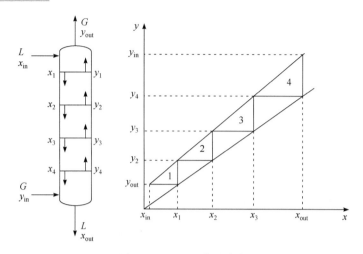

图 7-11   理论级数的确定

式中，N 为理论级数；K 为相平衡常数；$A = \dfrac{L}{KG}$ 为吸收因子。   (7-12)

对于填料塔，填料层高度为

$$H = N \times \text{HETP}$$ (7-13)

式中，H 为填料层高度；HETP 为等板高度，一般吸收过程为 $1 \sim 2\text{m}$。

对板式塔，采用板效率计算实际板数，板效率与相平衡常数(K)、液相黏度(μ_L)、密度(ρ_L)、分子量(MW_L)均有关系，参见图 7-12。

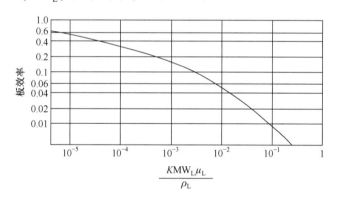

图 7-12   板式塔的板效率

7.2.5   操作条件的确定

溶剂流量：一般取 $A = \dfrac{L}{KG} = 1.4$，范围为 $1.2 < A < 2.0$。

压力：高压对吸收有利。

温度：低温时溶质的溶解度高，可降低溶剂的流量。如果溶质浓度比较高，吸收热会比较严重，这时需要使用中间冷却进行降温。

对于多组分吸收，采用最高 K 值的组分计算，如液气比，即令最高 K 值组分的 $A = \dfrac{L}{KG} = 1.4$，这样计算出来的液气比是保守值。

7.3 化 学 吸 收

7.3.1 吸收反应

化学吸收中的化学反应有不可逆反应和可逆反应。

不可逆反应吸收示例：

(1) 用石灰石吸收气体中的二氧化硫

$$CaCO_3 + SO_2 \longrightarrow CaSO_3 + CO_2 \tag{7-14}$$

$$CaSO_3 + \frac{1}{2}O_2 \longrightarrow CaSO_4 \tag{7-15}$$

(2) 用氢氧化钠吸收气体中的二氧化硫

$$2NaOH + SO_2 \longrightarrow Na_2SO_3 + H_2O \tag{7-16}$$

$$Na_2SO_3 + \frac{1}{2}O_2 \longrightarrow Na_2SO_4 \tag{7-17}$$

(3) 用过氧化氢回收气体中的 NO_x

$$2NO + 3H_2O_2 \longrightarrow 2HNO_3 + 2H_2O \tag{7-18}$$

$$2NO_2 + H_2O_2 \longrightarrow 2HNO_3 \tag{7-19}$$

可逆反应吸收示例：

(1) 用单乙醇胺吸收气体中的硫化氢

$$HOCH_2CH_2NH_2 + H_2S \Longrightarrow HOCH_2CH_2NH_3HS \tag{7-20}$$

(2) 用单乙醇胺吸收气体中的二氧化碳

$$HOCH_2CH_2NH_2 + CO_2 + H_2O \Longrightarrow HOCH_2CH_2NH_3HCO_3 \tag{7-21}$$

(3) 用亚硫酸钠溶液吸收气体中的二氧化硫

$$Na_2SO_3 + SO_2 + H_2O \Longrightarrow 2NaHSO_3 \tag{7-22}$$

吸收硫化氢及二氧化碳的典型溶液组成(质量分数)：单乙醇胺($HOCH_2CH_2NH_2$，MEA)20%～30%，二乙醇胺($HOCH_2CH_2NHCH_2CH_2OH$，DEA)20%～35%，甲基二乙醇胺($HOCH_2CH_2NCH_3CH_2CH_2OH$，MDEA)35%～50%。

7.3.2　工艺流程

标准的化学吸收-解吸流程如图 7-13 所示。

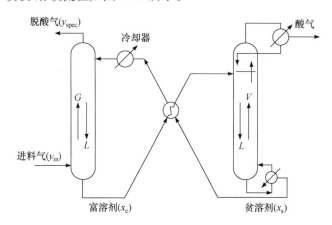

图 7-13　标准的化学吸收-解吸流程

7.3.3　吸收平衡

如图 7-14 所示，吸收平衡随温度的变化：温度越高，越不利于吸收。

如图 7-15 所示，吸收平衡随吸收剂浓度的变化：浓度升高，单位吸收剂中硫化氢的浓度降低，但是吸收总量会提高，二者需要权衡，取一个合适的吸收剂浓度。

如图 7-16 所示，吸收平衡随其他组分浓度的变化：吸收液中含有二氧化碳时，二氧化碳浓度越高越不利于吸收。反之，二氧化碳的吸收也受硫化氢浓度的影响。

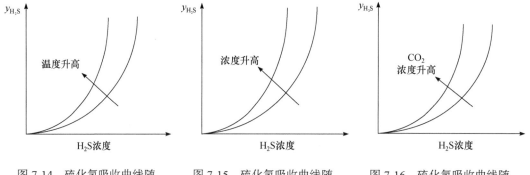

图 7-14　硫化氢吸收曲线随
温度的变化

图 7-15　硫化氢吸收曲线随
溶剂浓度的变化

图 7-16　硫化氢吸收曲线随
二氧化碳浓度的变化

7.3.4　最小吸收剂用量

参见图 7-17，对吸收塔做物料衡算：

$$G(y_{in} - y_{out}) = L(x_{out} - x_{in}) \tag{7-23}$$

式中，G 为被吸收的气体进料流量，kmol/h；L 为吸收剂的流量，kmol/h；y_{in}、y_{out} 为气体进、出口溶质组成，摩尔分数；x_{in}、x_{out} 为吸收剂进、出口溶质组成，摩尔分数。

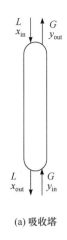

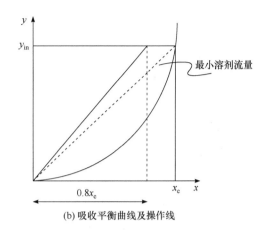

(a) 吸收塔　　　　　　(b) 吸收平衡曲线及操作线

图 7-17　最小溶剂流量的计算

理想情况下

$$y_{out} = 0 , \quad x_{in} = 0 , \quad x_{out} = x_e \tag{7-24}$$

式中，x_e 为与气体进口组成呈平衡的液相出口组成。

将式(7-24)代入式(7-23)，得

$$G(y_{in} - 0) = L(x_e - 0) \tag{7-25}$$

$$\frac{L}{G} = \frac{y_{in}}{x_e} \tag{7-26}$$

式(7-26)确定了理想情况下的液气比(吸收剂与进料气体的流量比)，也就是最小液气比。

实际上，吸收塔出口液体不可能与进口气体达到气-液平衡，有一个经验规则：吸收塔塔釜出料的液相浓度取平衡浓度的 80%，此时式(7-26)变为

$$\frac{L}{G} = \frac{y_{in}}{0.8x_e} \tag{7-27}$$

7.4　吸收过程的计算机模拟

吸收过程的计算机模拟方法与精馏类似，如图 3-2 所示的多元气-液平衡模型也包含吸收过程，在使用 Aspen Plus 进行吸收过程的计算机模拟时，吸收塔模型也是 RadFrac。

相对于精馏过程，吸收过程没有再沸器和冷凝器，吸收过程的进料和出料均位于塔顶或塔釜，吸收塔设备与精馏塔类似，发生的传质过程也类似，但是二者的气-液平衡关系不一样；吸收过程一般使用亨利定律；吸收过程有可能采用化学吸收，即有化学反应发生；吸收过程液相有可能需要考虑电解质；吸收过程的收敛方法需要格外注意。

7.4.1 吸收塔模拟

【**例 7-1**】   水吸收 CO_2。

用水吸收 CO_2 和 N_2 混合物中的 CO_2。气体进料条件为：5℃，2atm，100kmol/h，CO_2 和 N_2 的摩尔分数均为 0.5。水的进料条件为：5℃，2atm，100kmol/h，无其他成分。吸收塔条件为：20 块理论板，1atm 下操作，忽略塔压降。

本题有两个模拟关键点：①CO_2 和 N_2 均为亨利组分；②收敛方法的设置。

解   以下求解过程仅给出关键设置。

第 1 步，输入组分，设置亨利组分。

(1) 输入组分，参见图 7-18。

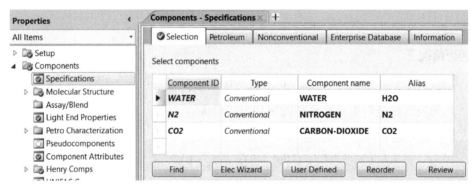

图 7-18   输入组分

(2) 设置亨利组分，CO_2 和 N_2 是亨利组分，设置方法参见图 7-19 及图 7-20。

第 2 步，设置物性方法为 NRTL，注意将设置的亨利组分调入物性系统，参见图 7-20。查看亨利参数，参见图 7-21。

第 3 步，绘制模拟流程图。吸收塔模拟使用 RadFrac 模块中的 ABSBR1、ABSBR2 或 ABSBR3，无冷凝器及再沸器，参见图 7-22。

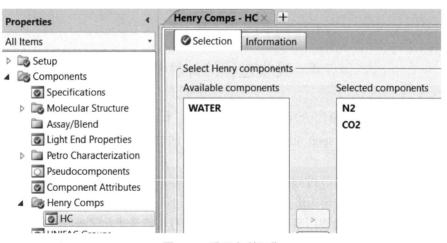

图 7-19   设置亨利组分

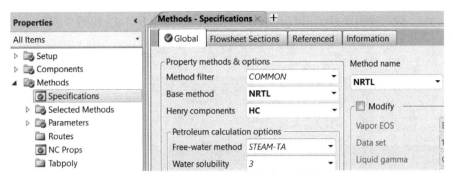

图 7-20 物性模型中调入设置的亨利组分

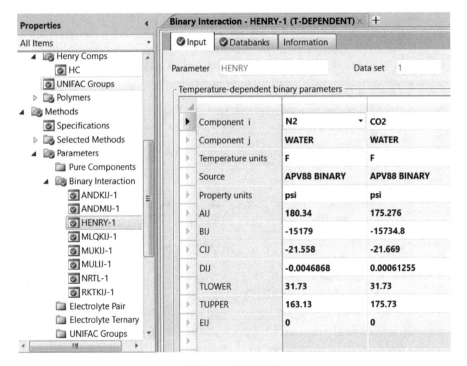

图 7-21 亨利参数

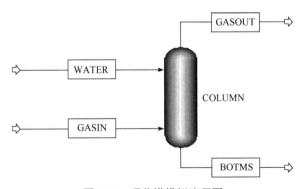

图 7-22 吸收塔模拟流程图

第 4 步，输入进料条件，分气相和水两股进料，参见图 7-23 和图 7-24。

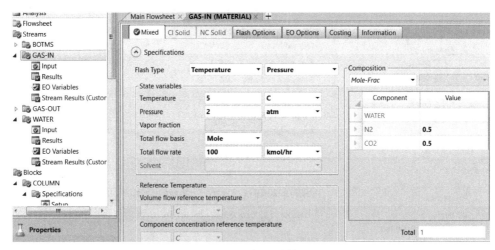

图 7-23　气相进料

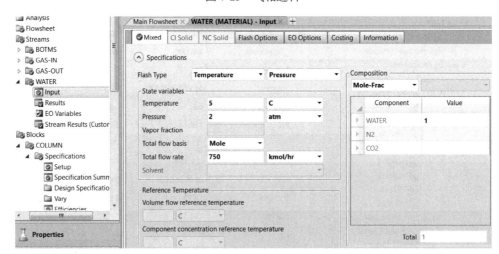

图 7-24　水进料

第 5 步，设置吸收塔参数。参见图 7-25，冷凝器、再沸器均为 None，收敛方法为 Standard。图 7-26 为吸收塔的进料位置设置，图 7-27 为压力分布设置。

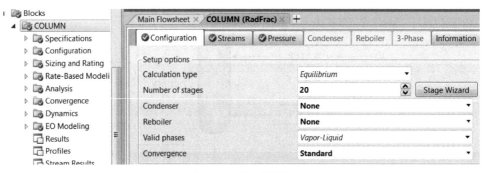

图 7-25　吸收塔设置

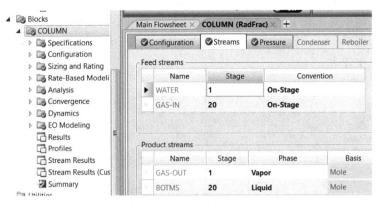

图 7-26　进料位置设置

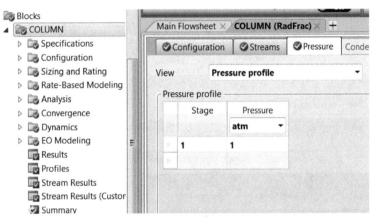

图 7-27　压力分布设置

第 6 步，运行模拟，不收敛。

将吸收塔模块中 Convergence/Convergence/Advanced 页面中的 Absorber 参数由默认值 No 改为 Yes，其余设置不变，参见图 7-28。再运行，收敛，流股计算结果示于图 7-29。

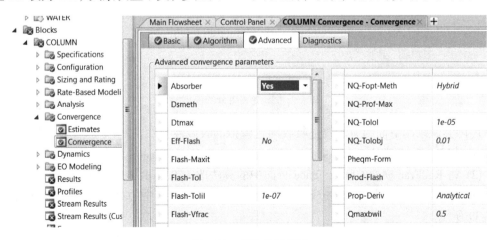

图 7-28　修改收敛设置

本题的关键点是设置亨利组分和改进收敛性。如果不设置亨利组分，其余条件不变，则模拟结果为图 7-30。比较图 7-29 和图 7-30 中 BOTMS 流股中 CO_2 和 N_2 的质量流量，可知二者差异比较大。

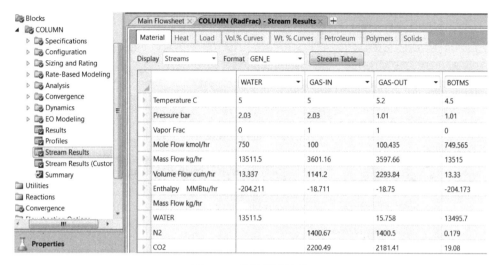

图 7-29　流股模拟结果

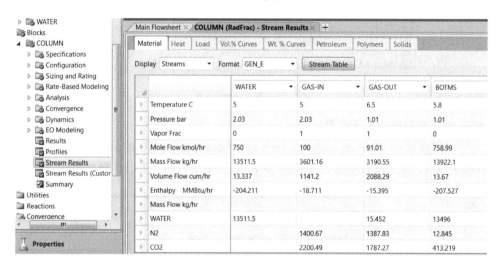

图 7-30　不考虑亨利组分的模拟结果

还可尝试采用下面的方法改进吸收问题模拟的收敛性：

(1) 将 RadFrac 模块 Setup 页面中的 Convergence 改为 Custom。

(2) 将 RadFrac 模块 Convergence 页面中的算法改为 Sum-Rates，如图 7-31 所示。

(3) 将 RadFrac 模块 Convergence 页面中 Advanced 页面中的 Absorber 改为 No，如图 7-32 所示。

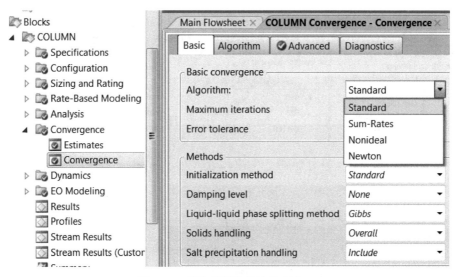

图 7-31 吸收问题收敛性的改进(一)

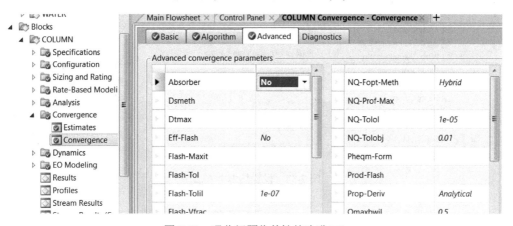

图 7-32 吸收问题收敛性的改进(二)

7.4.2 解吸塔模拟

【例 7-2 】 汽提塔的模拟。

采用氨水吸收硫化氢后，吸收液采用蒸汽汽提的方法将硫化氢及氨解吸出来。待汽提的水溶液的条件：110℃，1.5atm，87000kg/h，含氨、硫化氢、水的摩尔分数分别为 0.0015、0.0016、0.9969。汽提蒸汽的条件：1.75atm 饱和蒸汽，13000kg/h。吸收塔条件：9 块理论板，塔顶气相采出 18kmol/h，塔顶冷凝器压力 1.4atm，冷凝器压力 0.1atm，塔釜压力 1.7atm。

解 以下给出主要求解步骤。

第 1 步，输入组分，参见图 7-33。

第 2 步，设置物性方法为 APISOUR，参见图 7-34。

第 3 步，采用 RadFrac 模块，建立模拟流程图，参见图 7-35。

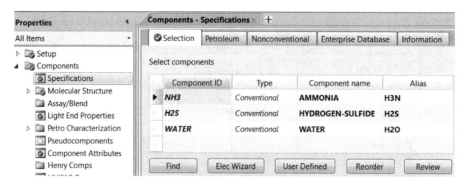

图 7-33   输入组分

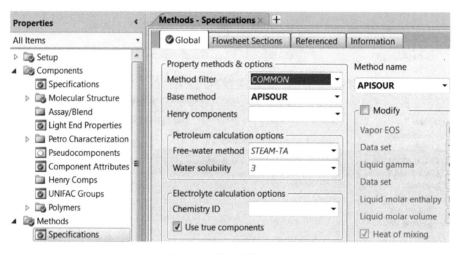

图 7-34   设置热力学方法

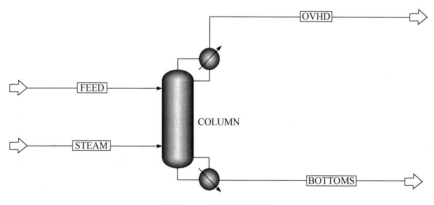

图 7-35   模拟流程图

第 4 步，设置进料条件，包括水溶液进料(FEED)和蒸汽进料(STEAM)，参见图 7-36和图 7-37。

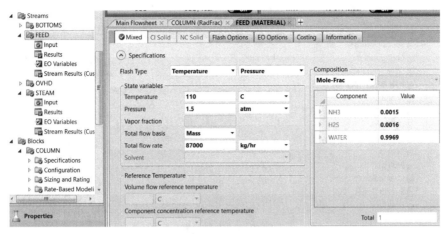

图 7-36　水溶液进料

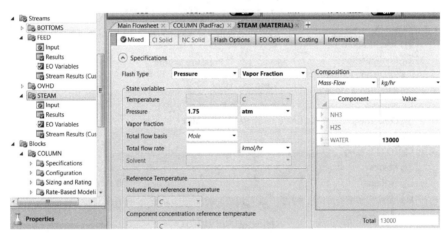

图 7-37　蒸汽进料

第 5 步，设置汽提塔参数，包括塔设备参数、进料位置和压力分布，分别参见图 7-38、图 7-39 和图 7-40。

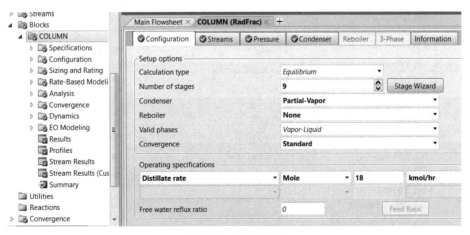

图 7-38　塔设备参数

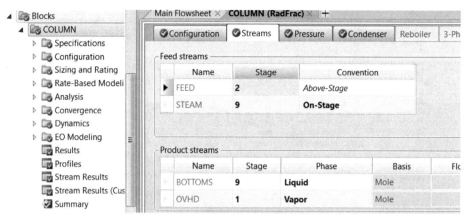

图 7-39　进料位置

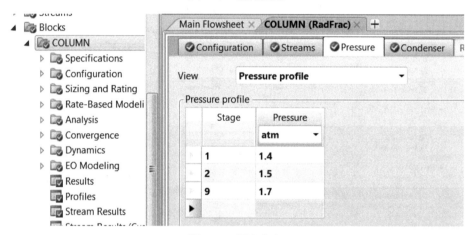

图 7-40　压力分布

第 6 步，运行模拟，不收敛。参见图 7-41～图 7-43 改进收敛性设置。

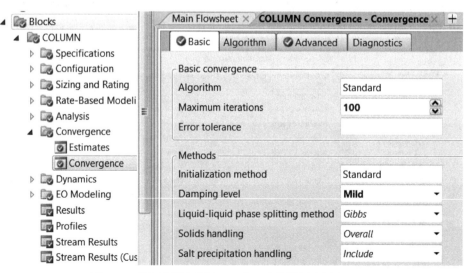

图 7-41　增加迭代次数至 100 次，改进阻尼水平为 Mild

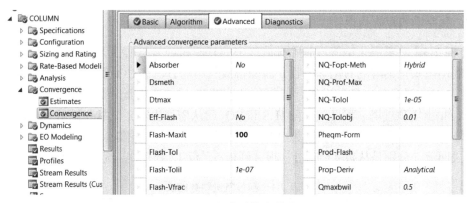

图 7-42 调整闪蒸计算次数为 100

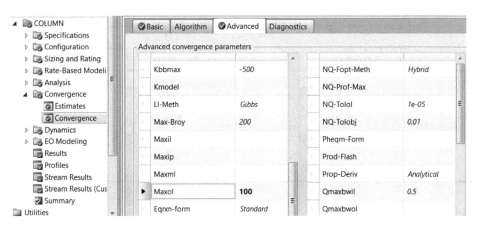

图 7-43 调整 Maxol 参数为 100

再次运行，收敛。结果示于图 7-44。

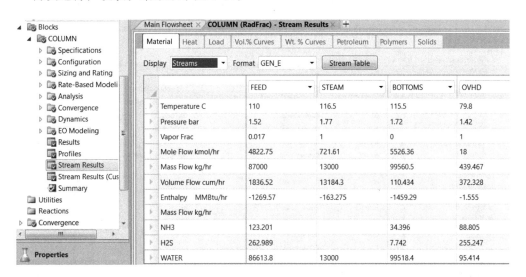

图 7-44 收敛结果

7.4.3　化学吸收过程模拟

【例 7-3】　氢氧化钠溶液脱除排放气中的 H_2S 和 CO_2 等酸性气。

利用氢氧化钠溶液的化学吸收，脱除排放气中的 H_2S 和 CO_2 等酸性气。酸性气有两股(表 7-1)，混合后由塔釜进塔，氢氧化钠溶液(含 NaOH 质量分数 0.2，40℃，5atm，6500kg/h)由塔顶进塔。酸性气脱除 H_2S 和 CO_2 后从塔顶出塔，氢氧化钠溶液吸收酸性气后从塔釜出塔。吸收塔理论板数为 12，塔顶压力 111kPa，塔釜压力 131kPa。该塔有 3 个中段回流，分别是从板4到板1、板8到板5、板12到板9，流量均为 100000kg/h。

表 7-1　酸性气进料数据表

条件		气体流股 1	气体流股 2
温度/℃		50	40
压力/kPa		132	130
摩尔流率/(kmol/h)		12	3500
摩尔分数	H_2O	4	4.28
	CO_2	25	0.24
	H_2S	45.05	0.32
	O_2	4	19.98
	N_2	12	75
	Ar	0.53	0.18

解　以下给出求解关键点。

(1) 物性及热力学方法：电解质溶液，采用 ELECNRTL 热力学方法。

输入组成后，采用 Elec Wizard 生成电解质组成及相关的电解质平衡反应。生成后的含电解质离子的新组成参见图 7-45。设置热力学方法为 ELECNRTL，参见图 7-46。

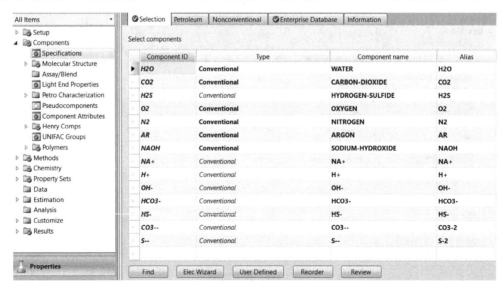

图 7-45　电解质组成

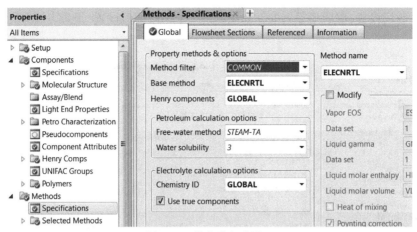

图 7-46   热力学方法设置

电解质对：这里只列出 GMELCC-1 数据，参见图 7-47。GMELCD-1、GMELCE-1、GMELCN-1 的数据可在模拟文件中查看。

Parameter GMELCC		Data set 1			Temperature units	
Electrolyte pair parameters						
Molecule i or Electrolyte i		Molecule j or Electrolyte j				Value
H2O		NA+		OH-		6.738
NA+	OH-	H2O				-3.77122
H2O		NA+		HCO3-		7.834
NA+	HCO3-	H2O				-4.031
H2O		NA+		CO3--		-4.833
NA+	CO3--	H2O				0.977
H2O		H+		OH-		8.045
H+	OH-	H2O				-4.072
H2O		H+		HCO3-		8.045
H+	HCO3-	H2O				-4.072
H2O		H+		HS-		8.045
H+	HS-	H2O				-4.072
H2O		H+		CO3--		8.045
H+	CO3--	H2O				-4.072
H2O		H+		S--		8.045
H+	S--	H2O				-4.072

图 7-47   GMELCC-1 电解质对数据

(2) 模拟流程图，选用 RadFrac 模块建立模拟流程图，如图 7-48 所示。

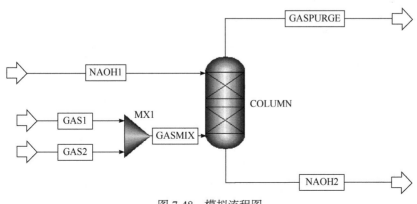

图 7-48   模拟流程图

(3) 吸收塔设置，吸收塔设置的新知识点是三个中段回流设置，设置方法参见图 7-49～图 7-51。

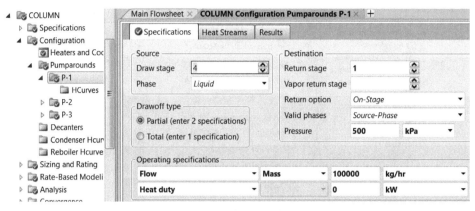

图 7-49　中段回流 1

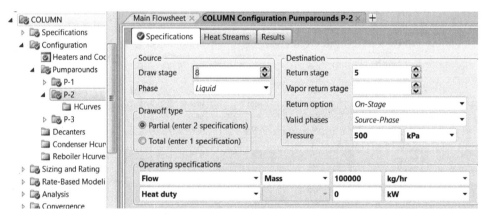

图 7-50　中段回流 2

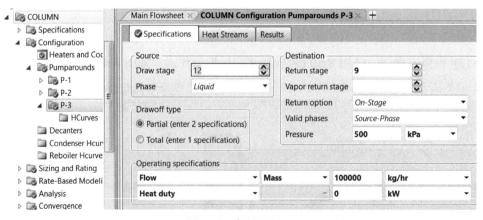

图 7-51　中段回流 3

收敛方法调整参见图 7-52。

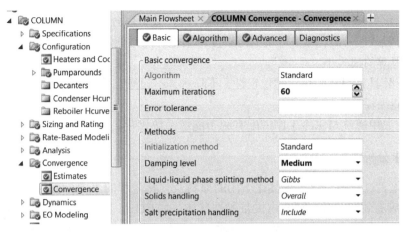

图 7-52　收敛方法的调整

(4) 运行模拟，收敛模拟结果示于图 7-53。

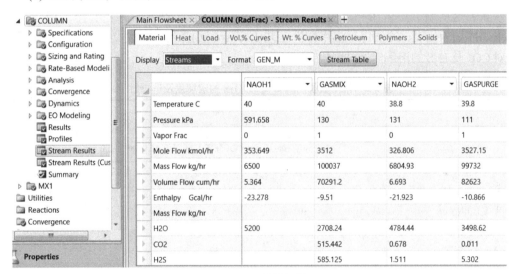

图 7-53　收敛模拟结果

7.5　低温甲醇洗简介

低温甲醇洗是鲁奇公司和林德公司于 20 世纪 50 年代联合开发的，我国于 20 世纪 80 年代引进，目前赛鼎工程有限公司、大连理工大学、中国寰球工程有限公司等都可以设计。低温甲醇洗的主要优点是：

(1) 可以脱除气体中的多种杂质。在 −70～−30℃ 的条件下，甲醇能同时脱除气体中的硫化氢、硫氧化碳、二硫化碳、RSH、C_4H_4S、CO_2、HCN、NH_3、NO 及石蜡烃、芳香烃、粗汽油杂质，同时可以对气体进行干燥。

(2) 对气体的净化程度非常高。净化气中总硫可以降低到 0.1ppm 以下，同时二氧化碳可以降低到 10ppm。

(3) 硫化氢和二氧化碳分别在各自塔内吸收，故可以分别加以处理。

(4) 对氢气、一氧化碳、甲烷的溶解度都很低，同时低温下甲醇的蒸气压低，因此有用气体和甲醇的损失小。

(5) 甲醇具有很高的热化学稳定性，不降解，不起泡，对设备的腐蚀性小，另由于黏度小其动能损耗低。

(6) 低温甲醇洗与深冷工序搭配有利于能量系统优化。

7.5.1 需求分析

在煤化工过程中，由于煤气化所用的原料及气化过程的不同，所得到的粗煤气中除 CO、H_2 等有效组分外，还含有大量酸性气体，如 CO_2，其含量一般为 18%～35%，另含有少量的硫化氢、硫氧化碳及其他杂质。含氧化合物与含硫化合物是下游合成(如合成甲醇)触媒的毒物，而二氧化碳的大量存在会使得工艺中惰性组分过多，因此必须将这些组分除去。

除去这些组分多采用物理吸收方法，有热法和冷法。热法以聚乙二醇二甲醚工艺(Selexol 法)为代表，冷法以低温甲醇洗工艺(Rectisol 法)为代表。表 7-2 给出了常用吸收剂对 CO_2 及 H_2S 的溶解度及选择性。

表 7-2　常用吸收剂对 CO_2 及 H_2S 的溶解度及选择性

吸收剂	温度/℃	溶解度 酸性组分体积/吸收剂体积			选择性 H_2S / CO_2
		CO_2 分压 10atm	CO_2 分压 1atm	H_2S 分压 1atm	
水	35	5.5	0.5	1.8	3
NMP[(1)]	35	32	3	25	8.3
低温甲醇	−10	100	8	41	5.1
	−30	270	15	92	6.1
MEA(乙醇胺)	40	50	39	54	
热钾碱[(2)]	110	40	26	39	

(1) NMP 为 N-甲基吡咯烷酮；(2) 采用热的碳酸钾水溶液作吸收剂。

表 7-2 中以水、NMP、低温甲醇为吸收剂的吸收方法为物理吸收法，以 MEA 和热钾碱为吸收剂的吸收方法为化学吸收法。

对于物理吸收：①当二氧化碳的分压为 10atm 时，−30℃时甲醇的吸收能力比水大约 50 倍；低温甲醇洗闪蒸到常压时，所溶解的二氧化碳 90%以上可以解吸；②甲醇对硫化氢的选择性高于二氧化碳，可以保证被硫化氢吸收干净的同时，二氧化碳还可以留在气体中；③硫化氢的饱和分压高于二氧化碳，即使粗煤气中硫化氢的浓度很低，再生出口气体硫化氢的浓度也可以比较高，易于硫化氢的处理。

对于化学吸收，硫化氢和二氧化碳在进行化学吸收时互相影响，溶液中硫化氢和二氧化碳的平衡比例很难确定，一般化学吸收剂在脱除所有二氧化碳后，才能将硫化氢脱除干净。

因此，低温甲醇洗被广泛应用于净化煤化工过程由煤气化装置得到的粗煤气。

7.5.2　吸收机理

低温甲醇洗对二氧化碳及硫化氢的吸收符合软硬酸碱理论。酸是指具有电子对接受体的分子,碱是指具有电子对给予体的分子;软酸是指具有较大电子对接受体的分子,硬酸是指具有较小电子对接受体的分子;软碱是指具有较大电子对给予体的分子,硬碱是指具有较小电子对给予体的分子。甲醇的分子式为 CH_3OH ,由—CH_3 和—OH 组成,—CH_3 为软酸官能团,—OH 为硬碱官能团;硫化氢属于软酸软碱类,二氧化碳属于硬酸类。甲醇吸收硫化氢及二氧化碳的具体部位不同:

$$CH_3OH + H_2S + CO_2 \longrightarrow \begin{matrix} & CH_3 & - & OH \\ & | & & | \\ & H-HS & & CO_2 \end{matrix} \tag{7-28}$$

也就是说,甲醇在吸收二氧化碳后,对硫化氢的吸收影响不大。这就是为什么低温甲醇洗过程中,吸收了二氧化碳的甲醇仍能用来吸收硫化氢。

7.5.3　溶解度

不同气体组分在甲醇中的溶解度次序为

$$CS_2 > H_2S > COS > CO_2 > CH_4 > CO > N_2 > H_2 \tag{7-29}$$

除 H_2 和 N_2 外,其他组分在甲醇中的溶解度随温度的降低而升高,各组分的溶解度均随压力的升高而升高。

1. H_2S 在甲醇中的溶解度

H_2S 和甲醇都是极性分子,溶解能力大。当 $P_{H_2S} < 0.1\text{MPa}$ 时,其在甲醇中溶解度的关系如下

$$\lg S = 1020/T - D \tag{7-30}$$

式中,S 为 H_2S 的溶解度;T 为温度,K;D 为压力系数。不同压力下 H_2S 的压力系数列于表 7-3。

表 7-3　压力系数 D_{H_2S}

P_{H_2S}/mmHg	50	100	150	200	300	400
D_{H_2S}	3.34	3.06	2.88	2.75	2.58	2.48

当甲醇中溶解有二氧化碳时,H_2S 的溶解度关系如下

$$S_{H_2S} = \frac{S_{H_2S}^0}{1 + KS_{CO_2}^n} \tag{7-31}$$

式中,S_{H_2S} 为二氧化碳存在时硫化氢在甲醇中的溶解度;$S_{H_2S}^0$ 为同条件下在纯甲醇中的溶解度;K 为温度系数,参见表 7-4;S_{CO_2} 为甲醇中二氧化碳含量;n 为指数,$n = 2.4$。

表 7-4   温度系数

温度/℃	−25.6	−50	−78.5
K	1.8×10^{-4}	1.5×10^{-5}	1.8×10^{-7}

H_2S 在甲醇中的溶解度规律总结如下：

(1) 温度降低，溶解度增大，甲醇对其吸收能力增强。

(2) 当甲醇中有二氧化碳时，硫化氢在甲醇中的溶解度下降。

(3) 在加压条件下，压力系数 D 降低，甲醇对其吸收能力增强。

(4) 在同样条件下，硫化氢的吸收率是二氧化碳的 10 倍。

2. 二氧化碳在甲醇中的溶解度

当 $P_{CO_2} < 800$mmHg 时，可以用亨利定律计算分压：

$$P_{CO_2} = KS_{CO_2} \tag{7-32}$$

式中，P_{CO_2} 为 CO_2 的分压；K 为亨利系数，参见表 7-5；S_{CO_2} 为 CO_2 的溶解度。

表 7-5   亨利系数

温度/℃	−25.2	−45.8	−60.5
K	31500	15050	7800

低温甲醇洗工艺的系统压力 $P = 2.65$MPa，$y_{CO_2} = 0.377$，则

$$P_{CO_2} = 2.65 \times 0.377 \approx 1 (\text{MPa})$$

因此，此时亨利定律不能用于计算，只能做定性分析。

二氧化碳在甲醇中的溶解度规律总结如下：

(1) 温度越低，其溶解度越大。

(2) 加压时，溶解度显著增加。

(3) 加压、低温条件下，溶解度增大。

(4) 当温度一定、压力加至一定程度时，溶解度曲线呈水平线，达到该温度下 CO_2 的饱和蒸气压。

3. COS 在甲醇中的溶解度

温度降低、压力升高时，溶解度增大。在相同条件下有

$$S_{H_2S} \approx (1.5 \sim 2) S_{COS} \tag{7-33}$$

4. CS_2 在甲醇中的溶解度

当温度高于−25℃时，可以使用亨利定律，当温度低于此值时不可以使用。

5. 氢气在甲醇中的溶解度

温度降低，氢气在甲醇中的溶解度降低。当甲醇中有 CO_2 存在时，氢气的溶解度随 CO_2 量的增加而升高。

7.5.4　工艺流程

煤制甲醇是典型的煤化工工艺过程，可以直接以甲醇为产品，也可通过甲醇进一步合成二甲醚、烯烃、乙二醇、乙酸等，低温甲醇洗在某 30 万吨/年煤制甲醇装置中所处的位置如图 7-54 所示，该套装置同时生产 CO 给乙酸装置。煤气化过程产生的合成气经洗涤除去灰尘后，一部分进入变换工序，将一氧化碳经变换反应变为氢气，另一部分进入热回收。变换和热回收后的合成气均经过低温甲醇洗脱除其中的硫化氢和二氧化碳，然后分别进入甲醇合成及分子筛吸附。

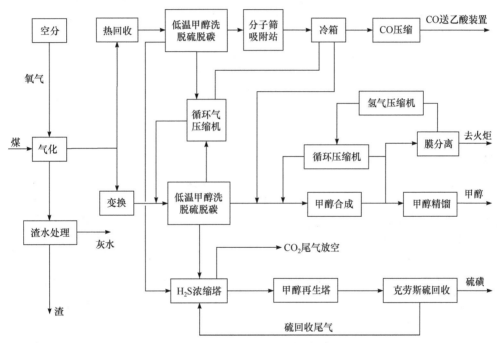

图 7-54　低温甲醇洗在 30 万吨/年煤气化制甲醇工艺流程中的位置

低温甲醇洗主要分为两部分，即酸性气体的吸收和甲醇溶液的再生。典型的低温甲醇洗工艺流程包括以下的单级和双级，参见图 7-55 和图 7-56。

对单级和双级两种不同的低温甲醇洗工艺流程装置进行定性比较，两者都能完成酸性气体的脱除目标，但所消耗的动力和能量不同，特别是在冷却系统中消耗的冷量。在相同的粗气进料和操作条件下，单级装置的冷却剂需求量仅为双级装置的 34%，动力需求量仅为 36%。减少冷却剂的量主要依靠更多的能量回收利用，夹点分析是不可或缺的。吸收剂再生的吸热过程能使冷却进料粗气和吸收剂初冷进行联合，所以单级的低温甲醇洗装置相比于双级装置在能量需求上更好。过程的能源和动力需求减少同样可以减少燃烧燃料造成的温室气体排放。

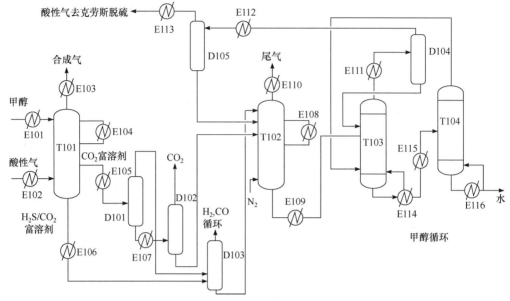

图 7-55　单级低温甲醇洗工艺流程示意图

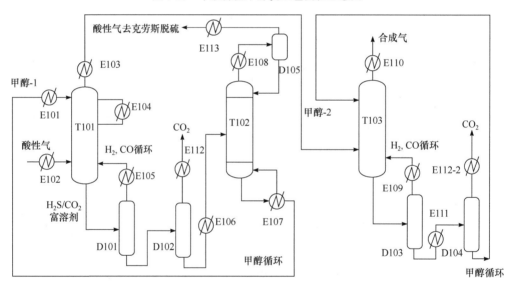

图 7-56　双级低温甲醇洗工艺流程示意图

思考与练习题

1. 什么是亨利组分?
2. 化学吸收和物理吸收各有哪些优缺点?
3. 简述低温甲醇洗的原理及工艺流程。
4. 简述 MEA、DEA、MDEA 的概念及应用特点。
5. Aspen Plus 中吸收过程的计算机模拟使用什么模块?

第8章 工 业 结 晶

　　许多固体物质以晶体形态存在，最常见的晶体物质有食盐、蔗糖、化肥(如硝酸铵、氯化钾、尿素、磷酸胺)，许多药物也是晶体，如青霉素钾、青霉素钠、格列齐特、维生素 E，还有许多染料、精细化学品、电子产品、新材料等也是晶体。晶体物质一般具有一定的晶形、高纯、有一定的粒度分布、功能性强。

　　晶体物质的工业生产过程称为工业结晶，是指固体物质以晶体状态从蒸气、溶液或熔融物中析出的过程。工业结晶是一种高效提纯、净化与控制固体特定物理形态的技术手段。

　　工业结晶具有以下特点：

　　(1) 能从杂质含量相当多的溶液或多组分的熔融混合物中分离出纯净的晶体，一些用其他方法难以分离的混合物系，如同分异构体混合物、共沸物系、热敏性物系等，采用结晶分离往往会得到意想不到的效果。

　　(2) 固体产品有特定的晶体结构和形态(如晶形、粒度分布等)。

　　(3) 操作温度低，能量消耗少，对设备材质要求不高，三废排放少，有利于环境保护。

　　(4) 结晶产品包装、运输、储存或使用都很方便。

　　工业结晶一般可分为四大类：从溶液中结晶的过程称为溶液结晶，从熔融物中结晶的过程称为熔融结晶，从气态直接结晶的过程称为凝华结晶(也称升华结晶)，从化学反应中结晶的过程称为反应结晶或沉淀。每种结晶过程又可依据其具体特征分为若干子类，如溶液结晶需要过饱和，按形成过饱和的条件或方法，又可分为冷却结晶、蒸发结晶、醇析结晶、萃取结晶等。

　　本章重点讲述两类应用最为广泛的工业结晶过程：溶液结晶和熔融结晶。

8.1　工业结晶中用到的晶体概念

　　晶体是具有一定形状、一定晶格结构、一定物理效应的固体。

　　晶形也称晶型、晶习(crystal habit)，是指晶体的宏观外部形状。晶体都有一定的外部形状，如六方晶体、针状等。一般每种物质的晶体具有的晶形是一定的，但是也有些物质其晶形与结晶条件或所处物理环境有关，条件发生变化，晶形也发生变化，这种现象称为同质多晶，如图 8-1 所示。

(a) α型甘氨酸　　　　　　　　　　　　　　　(b) γ型甘氨酸

图 8-1　甘氨酸的两种晶形

不同晶形的晶体表现出不同的性质，这点在药物开发过程中已经得到高度关注。研究发现，尽管是同一种物质，结晶时的晶形不同，药效差异很大。晶形还与晶体产品的宏观性质有关，图 8-2 给出了两种甘氨酸的晶形，一种为 α 型与 γ 型甘氨酸的混合晶体，容易结块，另一种为单晶型的甘氨酸，呈流沙状，不结块。

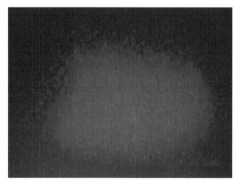

(a) α型与γ型混晶甘氨酸(结块)　　　　　　　(b) 单晶型甘氨酸(流沙状)

图 8-2　晶形对晶体宏观性质的影响

晶格是指晶体的微观空间结构。构成晶体的微观质点在晶体所占有的空间中按三维空间点阵规律排列，各质点在力的作用下得以维持在固定的平衡位置，彼此之间保持一定的距离。

各向异性是指晶体的几何特性及物理效应常随方向的不同而表现出数量差异的性质。

晶体按其晶格结构可分为七种晶系：立方晶系、四方晶系、六方晶系、立交晶系、单斜晶系、三斜晶系、三方晶系，参见图 8-3。七种晶系中立方晶系有 3 个子类：简单立方体、体心立方体和面心立方体；四方晶系有 2 个子类：简单四方体和体心四方体；立交晶系有 4 个子类：简单立交、体心立交、底心立交和面心立交；单斜晶系有 2 个子类：简单单斜和底心单斜。

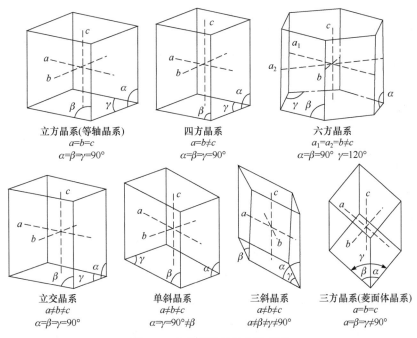

图 8-3 由晶格确定的七种晶系

关于晶体的其他一些概念如下。

(1) 晶面：围绕晶体的天然平面。

(2) 晶棱：两个晶面的交线。

(3) 晶胞：晶体中的每个格子，是构成晶体的基本单元。

(4) 液晶：某些液体内部结构与固态晶体一样，具有规律的空间排列。

工业结晶经常用到晶浆、母液等概念，晶浆是指在结晶器中结晶出来的晶体和剩余的溶液(或熔液)所构成的混悬物，母液是指去除悬浮液中的晶体后剩下的溶液(或熔液)。结晶过程中，含有杂质的母液(或熔液)会以表面黏附和晶间包藏的方式夹带在固体产品中，需要用适当的溶剂对固体进行洗涤。

8.2 与溶质溶解相关的概念

8.2.1 溶解度

溶液是指将固体物质(称为溶质)溶解在溶剂中形成的液体混合物。

溶解度用于度量溶质在溶剂中的溶解能力，其定义为无水溶质(干溶质)在 100 份纯溶剂中溶解达到固-液平衡时的溶解量。常用单位有 kg/kg 溶剂、mol/kg 溶剂、摩尔分数、mol/L 溶液。采用无水溶质及纯溶剂为基准表示溶解度，对于含有结晶水的物质可避免混乱。

表 8-1 给出了几种物质 20℃时在水中的溶解度数据。

表 8-1   几种物质在水中的溶解度(20℃)

中文名称	英文名称	分子式	溶解度/(g 无水物/100g H_2O)
氯化钙	calcium chloride	$CaCl_2$	74.5
碘化钙	calcium iodide	CaI_2	204
硝酸钙	calcium nitrate	$Ca(NO_3)_2$	129
氢氧化钙	calcium hydroxide	$Ca(OH)_2$	0.17
硫酸钙	calcium sulfate	$CaSO_4$	0.2
硫酸铵	ammonium sulfate	$(NH_4)_2SO_4$	75.4
硫酸铜	copper sulfate	$CuSO_4$	20.7
硫酸锂	lithium sulfate	Li_2SO_4	34
硫酸镁	magnesium sulfate	$MgSO_4$	35.5
硫酸银	silver sulfate	Ag_2SO_4	0.7

溶解度与温度有很大关系，大多数物质的溶解度随温度的升高而升高，溶解时会吸热，称为正溶解度物质；少数物质的溶解度随温度的升高而降低，溶解时放热，称为逆溶解度物质；也有一些物质的溶解度随温度变化不大。将溶解度与温度的关系绘制成一条曲线，称为溶解度曲线，参见图 8-4 和图 8-5。

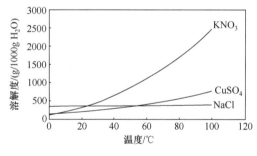

图 8-4   三种物质在水中的溶解度曲线

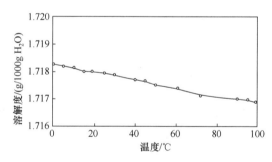

图 8-5   氢氧化钙在水中的溶解度曲线

许多物质的溶解度曲线是连续的，也有一些可形成水合物晶体的物质，其溶解度曲线上有断折点。例如，硫酸钠的溶解度曲线，参见图 8-6，低于 37.4℃时从水溶液中析出的晶体是 $Na_2SO_4 \cdot 10H_2O$，高于此温度结晶析出的晶体是无水 Na_2SO_4，两种晶体的溶解度曲线在 37.4℃处相交，形成一个断折点或拐点，也称变态点。结晶硫酸钠 $Na_2SO_4 \cdot 10H_2O$ 溶解时吸热，而无水硫酸钠 Na_2SO_4 溶解时是放热的，精确测定表明 37.4℃是这两种状态的转折点。

同一种物质可以有几个变态点，参见图 8-7。

物质的溶解度曲线特征对于选择适当的结晶工艺至关重要。例如，当溶解度随温度变化敏感时可选择变温结晶方法，不敏感时可选择蒸发结晶工艺。

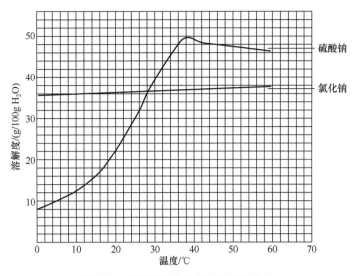

图 8-6 硫酸钠及氯化钠的溶解度曲线

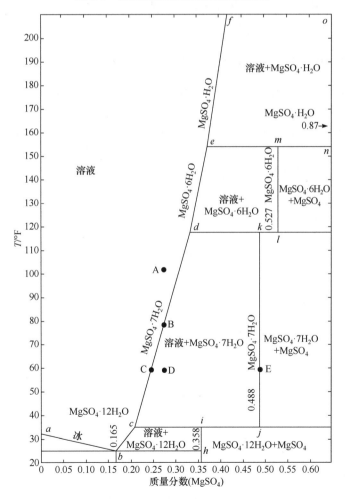

图 8-7 MgSO₄ 的溶解度曲线

溶解度曲线可用经验公式关联，下面两个公式是比较常用的溶解度关联公式：

$$\ln x = \frac{a}{T} + b \tag{8-1}$$

$$\lg x = A + \frac{B}{T} + C\lg T \tag{8-2}$$

式中，x 为溶质浓度，摩尔分数；T 为溶液温度，K；a、b 或 A、B、C 为用实验溶解度数据回归的经验常数。

溶解度与晶体粒度也有关系，如果分散于溶液中的溶质粒子足够小，则溶质浓度可大大超过正常情况下的溶解度。对于大多数无机盐水溶液，当晶体粒度大约小于 $1\mu m$ 时溶解度急剧增大。例如，25℃的硫酸钡，当粒度为 $1\mu m$ 时，其溶解度比正常溶解度增加0.5%；当粒度为 $0.1\mu m$ 时，溶解度增加 6%；当粒度减至 $0.01\mu m$ 时，溶解度增加 72%。对于可溶性有机物蔗糖，粒度对溶解度的影响更大：$1\mu m$ 时增加 4%，$0.01\mu m$ 时增加 3000%。

溶解度还受杂质影响，溶液中的可溶性杂质会对物质的溶解度产生影响，有时影响比较大。工业结晶所用溶液经常含有杂质，因此引用手册中的溶解度数据时必须格外注意，必要时应对实际物系进行测定。

8.2.2　饱和溶液、过饱和溶液、超溶解度曲线及介稳区

饱和溶液是指溶液浓度恰好等于溶质溶解度时的溶液。完全纯净的溶液在不受任何干扰的条件下缓慢冷却时，即便达到了饱和也不析出晶体。高于饱和浓度的溶液称为过饱和溶液。这种过饱和状态不会一直保持，当浓度超过一定限度后，澄清的过饱和溶液就会析出晶体，即自发产生晶核，将这些点连接起来，形成超溶解度曲线。

如图 8-8 所示，溶解度曲线为 AB 线，超溶解度曲线为 CD 线，溶解度曲线和超溶解度曲线将整个结晶区域划为三部分：低于溶解度曲线的区域称为稳定区，在此区域内永远不会产生晶体；高于超溶解度曲线的区域称为不稳定区，此区域会发生自发成核并产生晶体；AB 线和 CD 线之间称为介稳区，该区与 CD 线以上均为过饱和区，但此区域内不会自发成核。向处于介稳区的溶液中加入晶种，这些晶种就会长大。

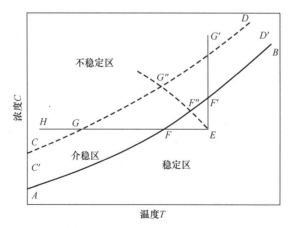

图 8-8　超溶解度曲线和介稳区

一般一个特定物系只有一条确定的溶解度曲线，但超溶解度曲线不止一条，有无搅拌、搅拌强度、有无晶种、晶种大小与多寡、冷却速度都会影响超溶解度曲线的位置。因此，超溶解度曲线是一簇曲线，用虚线标注。

图 8-8 中 E 点代表一个欲结晶物系所处的温度与浓度点，分别使用冷却法、蒸发法和真空绝热蒸发法进行结晶，所经途径相应为 EFH、$EF'G'$ 和 $EF''G''$。

工业结晶过程中要对结晶过程进行控制，必须避免自发成核，只有在介稳区内结晶才能做到这一点，因此，按工业结晶条件测出的超溶解度曲线和介稳区对工业结晶过程具有重要的实用价值。

过饱和度是溶液过饱和程度的一种表示，常用浓度差 ΔC、过饱和比 S 和相对过饱和度 σ 表示

$$\Delta C = C - C^* \tag{8-3}$$

$$S = C/C^* \tag{8-4}$$

$$\sigma = \Delta C/C^* = S - 1 \tag{8-5}$$

式中，C 为过饱和浓度；C^* 为饱和浓度；S 和 σ 的量纲为一，它们的数值依赖于所使用的浓度单位。例如，20℃蔗糖过饱和溶液浓度为 2.45 kg 蔗糖/kg 水，相应的 C^* 为 2.04，则 $S = 1.20$；如果浓度单位采用 kg 蔗糖/kg 溶液，则 $S = 1.06$。

由于受搅拌强度、晶种和杂质等因素影响，测定超溶解度曲线是比较困难的。一种近似的方法是将介稳区宽度表示成温度差 $\Delta\theta$ 的关系，采用下式求得超溶解度曲线：

$$\Delta C = \frac{\mathrm{d}C^*}{\mathrm{d}\theta}\Delta\theta \tag{8-6}$$

8.3 成核与生长

8.3.1 初级成核

成核即晶核的形成，是结晶过程的第一步。晶核的大小在纳米至数十微米数量级。

晶核形成一般分为初级成核和二次成核两种。初级成核是指无晶体存在下的成核，又分为均相成核和非均相成核。二次成核则是指有晶体存在下的成核，又分为流体剪应力、磨损和接触成核。初级成核的速率比二次成核大得多，而且对过饱和度非常敏感而难以控制，因此工业结晶过程中一般以二次成核为主，并力图避免发生初级成核，只有在超微粒子制造中才依靠初级成核，这时的成核为爆发成核。

初级均相成核发生于无晶体或任何外来微粒存在的条件下，要求结晶容器必须干净、内壁光滑且密闭操作，以避免因大气中灰尘侵入而引起非均相成核。

在过饱和溶液中，大量溶质单元(原子、分子或离子)在运动和相互碰撞中能集聚形成晶胚线体。如果晶胚能达到某临界粒度，则可成为最小粒度的稳定晶核，并能继续长大。如果晶胚达不到临界粒度，则会再溶解。

Kelvin 方程描述了临界晶核粒度与溶液过饱和度之间的关系：

$$L_n = \frac{4V_M \sigma}{\upsilon RT \ln S} \qquad (8\text{-}7)$$

式中，L_n 为临界晶核粒度；V_M 为晶体的摩尔体积；σ 为固体和溶液之间的界面张力；υ 为每分子溶质中离子的数目，对于由分子构成的晶体，其值为 1；S 为过饱和比 ($S = C/C^*$)。

可以看出，临界晶核粒度与过饱和比成反比，过饱和比越大，临界晶核粒度越小，小于该粒度的粒子在该过饱和度会溶解。

成核速率随过饱和度和温度的升高而加快，随表面能(界面张力)的增加而减慢，其中最主要的影响因素是过饱和度。

在工业结晶中，一般使用经验关联式表示初级成核速率与过饱和度的关系：

$$B_p = K_p \Delta C^n \qquad (8\text{-}8)$$

式中，K_p 为初级成核速率常数；n 为成核指数，一般大于 2。K_p 和 n 的数值随系统而定。

初级非均相成核：由于真实溶液常包含大气中的灰尘或其他外来物质粒子，这些外来物质能在一定程度上降低成核的能量势垒，诱导晶核的生成，这类初级成核称为非均相成核。非均相成核一般在比均相成核低的过饱和度下发生。

8.3.2 二次成核

1. 二次成核机理

二次成核是绝大多数结晶器工作的主要成核机理。由于过饱和溶液中有晶体(常称为母晶)存在，这些母晶对成核现象有催化作用，因此二次成核可在比自发成核更低的过饱和度下进行。二次成核是可控制的，结晶产品的粒度分布与二次成核速率的控制密切相关，所以控制二次成核速率是工业结晶过程最重要的操作点。

二次成核机理比较复杂，尽管已做了大量研究工作，但对其机理和动力学的认识仍不十分清楚。已提出几种理论解释二次成核，这些理论分为两类：一类理论认为二次核来源于母晶，包括初始增殖、针状晶体增殖、接触成核；另一类认为二次核源于液相中的溶质，包括杂质浓度梯度成核、流体剪切成核。

初始增殖理论认为二次核起源于晶种。晶种生长过程中，在其表面生成细小的晶粒，当晶种进入溶液后，这些小晶粒成为晶核中心，由于这些晶粒比临界晶粒大，因而成核速率与溶液的过饱和度或搅拌速率无关。该机理仅对间歇结晶是重要的。

在高度过饱和溶液中，有针状或枝状晶体生成，这些晶体在溶液中破碎后成为晶核中心，该现象称为针状晶体增殖。仍然在较高的过饱和溶液中会生成不规则多晶体，其碎片能作为晶核中心，称为多晶体增殖。

接触成核被认为是最重要的二次核来源，主要有三种形式的接触：晶体-晶体、晶体-搅拌器和晶体-结晶器壁。二次核产生于晶粒之间的微观摩擦或来自尚未结晶的溶质吸附层。

杂质浓度梯度理论假设在晶体存在下溶液的结构有变化，增加了晶体附近流体的局部过饱和度，形成浓度梯度，提高了成核概率。该理论在含杂质铅的 KCl 溶液成核实验中得到证实，溶液的搅拌引起杂质浓度梯度消失，因此降低了成核速率。

流体剪切成核是指高过饱和度下在晶体表面有枝晶生长，由于受到流体剪切力的作用，枝晶体断裂成为晶核来源。另一种说法是，晶核起源于晶体和溶液之间的边界层，在它附近的溶质和溶液则处于松散有序的相态，流体的剪切作用足以将吸附分子层扫进溶液，并长成晶粒。

2. 二次成核速率的控制

二次成核速率受三个过程的控制：①在固相表面或附近产生二次成核；②簇的迁移；③生长成为新固相。影响这些过程的因素包括：过饱和度、冷却速率、搅拌程度和杂质的存在。

过饱和度是控制二次成核速率的关键参数，主要表现在三个方面：①在过饱和度较高的情况下，吸附层比较厚，引起大量晶核的生成；②临界晶核粒度随过饱和度的增大而降低，因此晶核存活的概率比较高；③随着过饱和度的增大，晶体表面的粗糙程度也增加，导致晶核总数比较大。一般二次成核速率随过饱和度的增大而升高，但这种升高与初级成核相比是比较低的。

温度对二次成核的影响不十分清楚。有研究表明，在固定过饱和度条件下，成核速率随温度升高而降低，如硝酸钾系统的成核。解释是：在较高温度下，吸附层与晶体表面结合的速率比较快，吸附层厚度减小，因而成核速率降低。也有少数相反的结果，如氯化钾系统的成核速率随温度的升高而增高。成核速率级数对温度的变化不敏感。

搅拌溶液可使吸附层变薄而导致成核速率降低。又有人发现，对于比较小的硫酸镁晶粒($8\sim10\mu m$)，成核速率随搅拌程度的加强而增大，对于较大晶粒，成核速率与搅拌程度无关。

接触材料的硬度和晶体的硬度对二次核的生成也有影响。通常材料越硬对成核速率的增大越有效，如聚乙烯材质的搅拌叶轮与钢制叶轮相比较，成核速率减小 $\frac{1}{4}\sim\frac{1}{10}$。晶粒的硬度也影响成核性质，硬而光滑的晶体不太有效，有一定粗糙度的不规则晶体更有效。

少量杂质的存在能对成核速率产生很大影响，然而这种影响不能事先预测。杂质的存在影响了物质的溶解度，进而影响过饱和度和成核速率。如果假定杂质吸附在晶体表面上，那么有两个相反的因素起作用：一方面，附加物的存在降低了表面张力和引起生成速率的增大；另一方面，阻塞了潜在的生长中心，因而降低了成核速率。由此可见，杂质的影响是复杂的和不可预见的。

在工业结晶中，常使用经验关联式描述二次成核速率 B_s

$$B_s = K_b M_T^j N^l \Delta C^b \tag{8-9}$$

式中，B_s 为二次成核速率，数目/($m^3 \cdot s$)；K_b 为与温度相关的成核速率常数；M_T 为悬浮密度，kg/m^3 溶液；N 为搅拌速率(转速或周边线速)，$1/s$ 或 m/s；ΔC 为过饱和度；j、l 和 b 为指数，是受操作条件影响的常数。

与初级成核相比，二次成核所需的过饱和度较低，因此在二次成核为主时，初级成核可忽略不计。结晶过程中，总成核速率 B_0 即单位时间单位容积溶液中新生核数目，可表达为

$$B_0 = B_p + B_s = B_s \tag{8-10}$$

在某些情况下关联式不包括搅拌的影响，式(8-10)可简化为

$$B_0 = K_N M_T^j \Delta C^n \tag{8-11}$$

在该情况下，K_N 随搅拌速度而变化。

8.3.3　晶体生长

晶核形成后，溶质分子或离子会以晶核为核心，一层层有序地排列上去，晶核逐渐长大形成晶粒，这种晶核长大的现象称为晶体生长。晶体生长的规律常以传质理论和吸附层理论予以解释。

1. 传质理论

传质理论认为，晶体生长过程主要由两步构成：第一步为溶质扩散，待结晶的溶质通过扩散穿过晶体表面附近的一个静止液层，由溶液转移至晶体表面；第二步为表面反应，到达晶体表面的溶质嵌入晶面，晶体长大，同时放出结晶热。至于溶质如何嵌入晶格，有许多模型从不同角度进行解释，主要是从微观层面研究溶质分子或离子如何在空间晶格上有序排列而长成规则的晶体结构，晶体一旦长成，就是完美无缺的一个整体，有一定形状和100%的纯度。除非生长过程中存在缺陷，或者宏观晶粒之间夹杂杂质。

ΔL 定律认为，当同种晶体悬浮于过饱和溶液中时，所有几何相似的晶粒都以相同的速度生长。若 ΔL 为某一晶粒的线性尺寸增长，则在同一时间内悬浮液中每个晶粒的相对应尺寸的增长都与之相同，即晶体的生长速率与原晶粒的初始粒度无关。

对于晶体生长速率与粒度无关的物系，大多数溶液结晶过程为溶质扩散速率控制的结晶生长型。在该情况下，表面反应速率很快，用式(8-12)可表示晶体的质量生长速率。同理，式(8-13)表示晶体的线性生长速率。

$$G_m = \frac{dm}{Adt} = \frac{C - C^*}{\dfrac{1}{k_f} + \dfrac{1}{k_r}} = K_G \left(C - C^* \right) \tag{8-12}$$

$$G = \frac{dL}{dt} = K_G \Delta C \tag{8-13}$$

对于晶体生长速率与粒度相关的物系，如硫酸钾溶液，晶体生长不服从 ΔL 定律，而是晶粒粒度的函数，经验表达式为

$$G = G_0 \left(1 + \gamma L \right)_b \tag{8-14}$$

式中，G_0 为晶核生长速率；b、γ 为参数，是物系及操作状态的函数，b 一般小于1。

2. 吸附层理论

吸附层理论认为,在晶体表面上松弛地吸附着由单元(原子、离子或分子)构成的吸附层,这些被吸附的单元在二维表面上可自由移动,但不能沿垂直于表面的方向移动。如果该表面是理想的,没有缺陷,没有移位或已结晶的单元,则单元必须在棱上结晶或作为单层的孤立的核结晶。这种二维成核需要相当高的过饱和度,但其所需能量比三维成核低很多。在较低的过饱和条件下,二维成核能量比正常成核能量也低很多。这样,已存在的晶体在不发生三维成核的条件下生长,一旦最初的二维核形成,便容易在表面上生长。因为每个单元至少能在其他单元的两边嵌入,其生长能量大大低于二维成核的能量。吸附层理论已被证明在解释晶体生长上是很有效的。

晶体生长通常在低于二维成核理论所阐明的过饱和度的情况下发生,这是因为任何非理想表面,如有缺陷、凹点或移位的表面,都会加快晶体生长速率。晶体一般是非理想的,生长首先从填充缺陷开始。对于线性非理想情况,晶体迅速愈合,并需要另外的二维成核。如果晶体按螺旋移位生长,则不需要二维成核。

吸附层理论可以解释一些实验现象:①在与平衡状态具有等值偏差的情况下,晶体的溶化速率总是比结晶速率快。因为溶化不需要二维成核,而成核是结晶中最慢的一步,所以溶化速率必然高于结晶速率。②小晶粒的线性生长速率一般比大晶粒的线性生长速率低得多。因为小晶粒与大晶粒相比更有可能是理想的,所以小晶粒更需要二维成核。大晶粒由于与搅拌叶片的碰撞磨损很难有理想的晶体表面,故一般通过愈合缺陷、洞穴和断层得到生长。③尽管两种相同粒度的晶体在完全相同的条件下结晶,其生长速率可以不同,称为生长速率分散。如果一个晶粒比另一个晶粒更理想,则它具有更低的生长速率。

吸附层理论可以和传质理论有机融合,传质理论解释单元向晶体表面的迁移过程,而吸附层理论则解释其在晶体表面的结晶过程。

在工业结晶器中,晶体的成核与生长是相互联系的,且受结晶系统参数的影响。

8.4 添加剂、杂质和溶剂对结晶的影响

前已述及,杂质对结晶过程的影响是不可忽略的,利用这一点,工业结晶中也经常有意地添加一些已知"杂质"来控制结晶行为。这种"杂质"称为添加剂。

添加剂对一些结晶过程的影响非常显著,即便加入浓度为千分之一或者更少,就可显著改变结晶行为,包括改变相图、粒度分布和晶形。三价离子 Cr^{3+}、Fe^{3+}、Al^{3+} 就是很好的晶形改变剂,100ppm 的用量即可达到预期效果。此外,表面活性剂和某些有机物也经常在工业上用于改变结晶过程。

杂质对结晶行为的影响有两种解释:一种解释认为杂质只存在于溶液中,不参与溶质结晶,杂质存在于晶体表面附近时导致表面层缺陷出现,进而影响结晶行为。另一种解释是杂质既存在于母液中,又被吸附于晶体表面,进入晶格。当溶质分子与晶格连接时,必须首先取代晶面上所吸附的杂质,因而杂质影响了晶面生长速率,导致晶形改变。

杂质通常会降低晶体的生长速率，并产生过细的晶体粒子，因此必须严格控制原料溶液，避免受到污染，同时密切监视循环物料的成分，消除杂质的积累。

溶剂也对晶体生长速率有影响：①溶剂的黏度、密度和扩散系数会影响溶质的传质速率，进而影响晶体生长。②溶剂影响晶体和溶剂之间界面的结构，进而影响结晶过程。一般认为溶剂对溶质的溶解度越高，越易形成粗糙的结晶界面，晶体的生长速率越快。

8.5 粒数衡算和粒度分布

在工业结晶过程中，粒数衡算可以将产品的粒度分布与结晶器的操作参数及结构参数关联起来，可以得到特定物系在特定操作条件下的晶体成核和生长速率等结晶动力学参数，用于设计结晶器，指导结晶器操作、调整参数。

8.5.1 粒数密度

粒数密度是指单位体积晶浆中某一尺寸晶体粒子的数目。定义式为

$$\lim_{\Delta L \to 0} \frac{\Delta N}{\Delta L} = \frac{\mathrm{d}N}{\mathrm{d}L} = n \tag{8-15}$$

式中，ΔN 为单位体积晶浆中在粒度范围 ΔL(从 L_1 至 L_2)内的晶体粒子的数目；n 为粒数密度，单位为晶粒个数/10^{-9}L(晶浆)。

n 值取决于 $\mathrm{d}L$ 间隔处的 L 值，即 n 是 L 的函数，ΔN 也是 L 的函数，两个函数关系如图 8-9 所示。

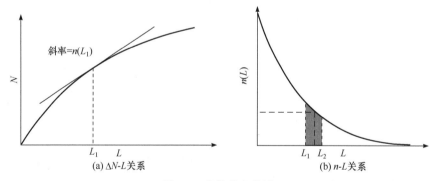

图 8-9 粒数分布曲线

对式(8-15)取积分，得

$$\Delta N = \int_{L_1}^{L_2} n \mathrm{d}L \tag{8-16}$$

式(8-16)为在 L_1 到 L_2 范围的晶体粒子数，即图 8-9(b)中阴影部分。若 $L_1 \to 0$，$L_2 \to \infty$，则式(8-16)所表示的 ΔN 变成单位体积晶浆中晶粒的总数，即 N_{T}。

8.5.2 基本粒数衡算方程

图 8-10 为理想结晶器，即 MSMPR (mixed suspension, mixed product removal) 结晶器，其特点是器内任何位置上的晶体悬浮密度及粒度分布都是均一的，且与排出产品一致。

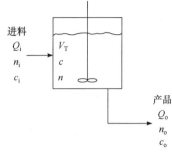

设结晶器中悬浮液体积为 V，悬浮液中粒度为 L_1 和 L_2 的粒度密度分别为 n_1 和 n_2，相应的晶体生长速率分别为 G_1 和 G_2。对 Δt 时间内、粒度范围从 L_1 至 L_2 的粒子做粒数衡算，即进料带入的粒子数和在结晶器中因生长进入该粒度段的粒子数之和，减去出料带出的和因生长而超出该粒度段的粒子数，等于该粒度范围的粒子在结晶器中的累计数，即

图 8-10 MSMPR 结晶器示意图

$$\left(Q_i \overline{n_i} \Delta L \Delta t + V n_1 G_1 \Delta t \right) - \left(Q \overline{n} \Delta L \Delta t + V n_2 G_2 \Delta t \right) = V \Delta n \Delta L \tag{8-17}$$

式中，Q_i 为进入结晶器的溶液体积流率；Q 为引出结晶器的产品悬浮液体积流率；$\overline{n}$ 为 L_1 至 L_2 粒度范围中的平均粒数密度。

当 ΔL 和 Δt 趋近于 0 时，可导出偏微分粒数衡算式

$$\frac{\partial (nG)}{\partial L} + \frac{Qn}{V} - \frac{Q_i n_i}{V} = -\frac{\partial n}{\partial t} \tag{8-18}$$

式(8-18)为非稳态粒数衡算式。式(8-18)以晶浆体积为基准，不同于以清液体积为基准。

当进料为清液、不含晶种($n_i = 0$)时，式(8-18)简化为

$$\frac{\partial (nG)}{\partial L} + \frac{Qn}{V} = -\frac{\partial n}{\partial t} \tag{8-19}$$

当晶体在结晶器内的停留时间与液相的停留时间相同，晶体的生长时间为 $\tau = \dfrac{V}{Q}$，式(8-19)又可简化为

$$\frac{\partial (nG)}{\partial L} + \frac{n}{\tau} = -\frac{\partial n}{\partial t} \tag{8-20}$$

解式(8-20)能得到描述粒数密度分布的方程。

8.5.3 稳态时与粒度无关的晶体生长的粒度分布

结晶器处于稳态操作时，$\dfrac{\partial n}{\partial t} = 0$，则式(8-20)可简化为

$$\frac{\partial (nG)}{\partial L} + \frac{n}{\tau} = 0 \tag{8-21}$$

若物系的晶体生长遵循 ΔL 定律，即 $\dfrac{\mathrm{d}G}{\mathrm{d}L} = 0$，则

$$\frac{\mathrm{d}n}{\mathrm{d}L} + \frac{n}{G\tau} = 0 \tag{8-22}$$

令 n_0 代表粒度为零的晶体的粒数密度，即晶核的粒数密度，积分得

$$\int_{n_0}^{n} \frac{\mathrm{d}n}{n} = -\int_{0}^{L} \frac{\mathrm{d}L}{G\tau} \tag{8-23}$$

或

$$n = n_0 \exp\left(-\frac{L}{G\tau}\right) \tag{8-24a}$$

写成对数形式为

$$\ln n = \ln n_0 - \frac{L}{G\tau} \tag{8-24b}$$

该式表示 MSMPR 结晶器稳态下的粒数密度分布函数。

依据式(8-24b)，用 $\ln n$ 对 L 作图，可得一直线，其截距为 $\ln n_0$，斜率为 $-\dfrac{1}{G\tau}$。因此，如果已知晶体产品的粒数密度分布 $n(L)$ 及平均停留时间 τ，则可计算出晶体的线性生长速率 G 及晶核的粒数密度 n_0。

由式(8-24)可以看出，结晶产品的粒度分布取决于生长速率、晶核粒数密度和停留时间三个参数。

n_0 与成核速率 B_0 之间存在一个重要的关系式：

$$\lim_{L \to 0} \frac{\mathrm{d}N}{\mathrm{d}t} = \lim_{L \to 0}\left(\frac{\mathrm{d}L}{\mathrm{d}t} \cdot \frac{\mathrm{d}N}{\mathrm{d}L}\right) \tag{8-25}$$

等号左边即为 $\dfrac{\mathrm{d}N_0}{\mathrm{d}t}$ 或 B_0，右边第一项为 G，第二项为 n_0，故得

$$B_0 = n_0 G \tag{8-26}$$

通过求取粒数密度分布的各阶矩 M_j，可以表示晶体的各种特性数据和性质分布。

$$M_j = \int_0^L nL^j \mathrm{d}L \qquad j = 0,1,2,\cdots,n \tag{8-27}$$

对于稳态操作的 MSMPR 结晶器，由 M_0、M_1、M_2 和 M_3 可分别求取单位体积悬浮液中在 $0 \sim L$ 粒度中的晶体粒子总数、粒度总和、总表面积和粒子质量的总和。以下为各特征数据与相对应的矩的关系和计算公式。

晶体粒子总数 N_T：

$$N_T = M_0 = \int_0^\infty n\mathrm{d}L = n_0 G\tau \tag{8-28}$$

粒度总和 L_T：

$$L_T = M_1 = \int_0^\infty L n_0 \exp\left(-\frac{L}{G\tau}\right)\mathrm{d}L = n_0(G\tau)^2 \tag{8-29}$$

总表面积 A_T：

$$A_T = k_a M_2 = k_a \int_0^\infty L^2 n_0 \exp\left(-\frac{L}{G\tau}\right)\mathrm{d}L = 2k_a n_0(G\tau)^3 \tag{8-30}$$

粒子质量的总和 M_T：

$$M_T = k_v \rho_c M_3 = k_v \rho_c \int_0^\infty L^3 n_0 \exp\left(-\frac{L}{G\tau}\right) \mathrm{d}L = 6 k_v \rho_C n_0 (G\tau)^4 \tag{8-31}$$

按照上述推导出的各阶矩以及晶体粒子总数、粒度总和、总表面积和粒子质量总和，很容易导出与粒度无关的晶体生长的各种分布：

从 0 阶矩
$$\frac{N}{N_T} = \frac{\int_0^L n\mathrm{d}L}{\int_0^\infty n\mathrm{d}L} = 1 - \exp\left(-\frac{L}{G\tau}\right) \tag{8-32}$$

从 1 阶矩
$$\frac{L}{L_T} = \frac{\int_0^L Ln\mathrm{d}L}{\int_0^\infty Ln\mathrm{d}L} = 1 - \left(1 + \frac{L}{G\tau}\right)\exp\left(-\frac{L}{G\tau}\right) \tag{8-33}$$

从 2 阶矩
$$\frac{A}{A_T} = \frac{\int_0^L L^2 n\mathrm{d}L}{\int_0^\infty L^2 n\mathrm{d}L} = 1 - \left[1 + \frac{L}{G\tau} + \frac{1}{2}\left(\frac{L}{G\tau}\right)^2\right]\exp\left(-\frac{L}{G\tau}\right) \tag{8-34}$$

从 3 阶矩
$$\frac{M}{M_T} = \frac{\int_0^L L^3 n\mathrm{d}L}{\int_0^\infty L^3 n\mathrm{d}L} = 1 - \left[1 + \frac{L}{G\tau} + \frac{1}{2}\left(\frac{L}{G\tau}\right)^2 + \frac{1}{6}\left(\frac{L}{G\tau}\right)^3\right]\exp\left(-\frac{L}{G\tau}\right) \tag{8-35}$$

在式(8-32)~式(8-35)中，变量 $\frac{L}{G\tau}$ 是量纲为一的晶体粒度。$G\tau$ 是在与停留时间相等的时间内生长的晶体粒度。上述粒度分布的分析是在不知道生长速率与过饱和度的依赖关系的情况下进行的。$\frac{M}{M_T}$ 绘于图 8-11。

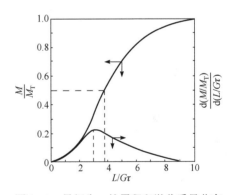

图 8-11　量纲为一的累积和微分质量分布

测定粒度分布最简单的方法是筛分法，将一系列具有不同筛孔尺寸的筛子按自上而下递减的顺序摞在一起，然后将晶体样品放入顶层筛子中，经一段时间的振动，在每个筛子内部都存留一定数量的晶粒，其粒度下限为 L_1，上限为 L_2，这样很容易确定不同粒度晶体的质量分数，并成为微分质量分布的基础数据。积累质量对粒度的微分为

$$\frac{\mathrm{d}M}{\mathrm{d}L} = k_v \rho_c n^0 L^3 \exp\left(-\frac{L}{G\tau}\right) \tag{8-36}$$

对于质量分数 $\frac{M}{M_T}$ 取微分得

$$\frac{\mathrm{d}\left(\frac{M}{M_T}\right)}{\mathrm{d}L} = \frac{L^3 \exp\left(-\dfrac{L}{G\tau}\right)}{6(G\tau)^4} \tag{8-37}$$

量纲为一的微分质量分布也绘于图 8-11。

由图 8-11 可见，微分质量分布曲线的最高点在 $\dfrac{L}{G\tau}=3$ 处，该点称为特征粒度。累积质量分布的平均粒度是 $\dfrac{L}{G\tau}=3.67$。比该粒度大的粒子的质量占整个晶体的一半。

同样可以定义粒子数、粒度和表面积的微分分布，这些分布的特征粒度分别是 $\dfrac{L}{G\tau}=2$、1 和 0。也可定义累积分布的平均粒度，即 $\dfrac{A}{A_T}$、$\dfrac{L}{L_T}$ 和 $\dfrac{N}{N_T}$ 等于 $\dfrac{1}{2}$ 的粒度。例如，累积粒子数分布的平均值 $\dfrac{L}{G\tau}=0.693$。这样，有一半粒子比 $L=0.693G\tau$ 大。

8.5.4 稳态时与粒度相关的晶体生长的粒度分布

与粒度相关的晶体生长速率用经验式(8-14)表示，将其代入粒数衡算式(8-20)，得到

$$n = n_0\left(1+\gamma L\right)-b\exp\left[\frac{1-\left(1+\gamma L\right)^{1-b}}{G_0\tau\gamma\left(1-b\right)}\right] \tag{8-38}$$

当 $b=0$ 时，该式简化为式(8-24a)，为与粒度无关的晶体生长粒数密度分布式。

定义 $\gamma=\dfrac{1}{G_0\tau}$，式(8-38)可改写成

$$\ln n = \ln n_0 + \frac{1}{1-b} - b\ln\left(1+\gamma L\right) - \frac{\left(1+\gamma b\right)^{1-b}}{1-b} \tag{8-39}$$

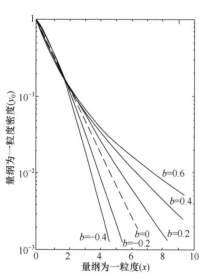

图 8-12 与粒度相关的生成的粒数密度图

式(8-39)表达了在 MSMPR 结晶器中稳态操作时，与粒度相关的晶体生长的粒数密度分布。式中参数 n_0、G_0 和 b 值的确定由 $\ln n$-L 数据对式(8-39)拟合得到。

当生长速率随粒度而增大时，b 是正值。以 K_2SO_4 和 $Na_2SO_4\cdot 10H_2O$ 的晶体生长为例，将式(8-38)绘于图 8-12，与粒度无关的晶体生长（$b=0$）相比较，随粒度增大而加快的晶体生长速率导致产生更多的较大粒度的晶粒，这通常是所希望的。注意，图 8-12 上对于 $\dfrac{L}{G\tau}<2$ 的所有曲线都收敛在一起，这说明与粒度无关的生长模型对于小晶体也能得到满意的结果。K_2SO_4 和 $Na_2SO_4\cdot 10H_2O$ 实验数据与上述计算值拟合得很好。

$$X = \frac{L}{G\tau}, \quad Y_0 = \frac{n}{n_0}$$

8.5.5 平均粒度和变异系数

对 MSMPR 所做的粒数衡算，得到了如下总质量的特征粒度 L_D 和质量分布的平均粒

度 L_M:

$$L_D = 3G\tau \tag{8-40}$$

$$L_M = 3.67G\tau \tag{8-41}$$

式(8-41)表明,产品质量 50%时的平均粒度 L_M 比较大。

晶体粒度分布能够用平均粒度和变异系数(CV)表征。后者定量地描述了粒度散布的程度,通常用百分数表示:

$$CV = 100 \times \frac{L_{84\%} - L_{16\%}}{2L_{50\%}} \tag{8-42}$$

$L_{84\%}$ 表示筛下累积质量分数为 84%的筛孔尺寸, $L_{16\%}$ 和 $L_{50\%}$ 同理。这些数值可从累积质量分布曲线获得。对于 MSMPR 结晶器,其产品粒度分布的 CV 值大约为 50%。对于大规模工业结晶器生产的产品,如强迫循环型结晶器和具有导流筒及挡板的真空结晶器,其 CV 值在 30%~50%之间。CV 值大,表明粒度分布范围宽;CV 值小,表明粒度分布范围窄,粒度趋于平均;若 CV = 0,则表示粒子的粒度完全相同。

8.5.6 操作参数对粒度分布的影响

改变操作条件,晶体粒度分布会有一定的变化。下面仅讨论停留时间和晶浆密度两个参数的影响。

若晶浆密度保持恒定,由式(8-31)可得

$$6k_v\rho_c n_0 \left(G_1\tau_1\right)^4 = 6k_v\rho_c n_0 \left(G_2\tau_2\right)^4 \tag{8-43}$$

将式(8-28)和式(8-38)与式(8-40)相结合,消去共同项,推导出

$$\frac{L_{M2}}{L_{M1}} = \left(\frac{\tau_2}{\tau_1}\right)^{\frac{i-1}{i+3}} \tag{8-44}$$

如果仅改变停留时间,其他条件不变,可推论如下:① $i < 1$,则平均粒度略有降低;② $i = 1$,则 L_M 不变;③ $i > 1$, L_M 增大,但变化幅度不大。例如, $i = 2$ 时,停留时间增加一倍, L_M 仅增加 15%。这表明改变停留时间不是增大粒度的有效方法。

若保持停留时间不变,通过改变进料浓度调整晶浆密度,则由式(8-43)、式(8-31)和式(8-40),在 $\tau_1 = \tau_2$ 条件下得出

$$\frac{L_{D2}}{L_{D1}} = \left(\frac{M_{T2}}{M_{T1}}\right)^{\frac{1}{i+3}} \tag{8-45}$$

如果考虑二次成核的影响,悬浮的固体是晶核的来源,当 ΔL 定律适用时, $G = K_g\Delta C$。式(8-10)变换成

$$B_0 = K_n K_g^j M_T^j \left(\Delta C\right)^i = K_n' M_T^j \left(\Delta C\right)^i \tag{8-46a}$$

由式(8-26)

$$n_0 = \frac{B_0}{G} = K_n M_T^j G^{i-1} = K_n' M_T^j (\Delta C)^{i-1} \tag{8-46b}$$

结合式(8-43)和式(8-46b)，得

$$\frac{G_2}{G_1} = \left(\frac{M_{T2}}{M_{T1}}\right)^{\frac{1-j}{i+3}} \tag{8-47}$$

实验结果证实 $B_0 \propto M_T$ (即 $j=1$)，故

$$G_1 = G_2 \tag{8-48}$$

$$\frac{n_2^0}{n_1^0} = \frac{M_{T2}}{M_{T1}} \quad (j=1) \tag{8-49}$$

无论 i 值是多少，G 是不变的，粒度分布随 M_T 略有变化。

8.5.7 具有细晶消除的粒度分布

排除细晶粒的目的在于移出过量的小晶粒，以便使有限数量的晶粒长大，产生较粗的晶体产品。细晶粒的排除方法可基于在结晶器中晶体的不完全混合或沉降速度不同而产生的分级现象。本节讨论中仍假设晶体生长速率与粒度无关。

从结晶器中排除细晶粒会降低多数小晶粒的停留时间，也有些细晶粒逃脱了被排除的机会而继续长大变成产品，然而一般仅有 0.1%～1.0% 的细晶粒长大成产品。比停留时间定义为

$$R = \frac{产品停留时间}{细晶粒停留时间} \geqslant 1 \tag{8-50}$$

若 Q_i 是进入结晶器的体积流率，细晶粒的排除速率(包括消灭的和随产品带出的)为 RQ_i，细晶粒和产品的停留时间分别是

$$\tau_f = \frac{V}{RQ_i}, \quad 0 \leqslant L \leqslant L_f \tag{8-51a}$$

$$\tau_p = \frac{V}{Q_i}, \quad L > L_f \tag{8-51b}$$

式中，V 为结晶器中(清液)体积；L_f 为最大细晶粒排除粒度。

具有细晶消除的结晶器必须有两个粒数衡算式：细晶粒粒数衡算和产品粒数衡算，式(8-20)可写为

$$\frac{dn}{dL} + \frac{n}{G\tau_f} = 0 \tag{8-52a}$$

$$\frac{dn}{dL} + \frac{n}{G\tau_p} = 0 \tag{8-52b}$$

积分两个方程得到

$$n = n_0 \exp\left(-\frac{L}{G\tau_f}\right), \quad L \leqslant L_f \tag{8-53a}$$

$$n = C\exp\left(-\frac{L}{G\tau_p}\right), \qquad L > L_f \tag{8-53b}$$

式中，C 为积分常数。由于分布是连续的，在 $L = L_f$ 处粒数密度相等，即

$$n_f = n_p \tag{8-54}$$

式(8-53)所示的粒度分布与无细晶消除的粒度分布比较如图 8-13 所示，由于细晶粒的质量可以忽略，即 $M_{T1} = M_{T2}$，该条件使得

$$\frac{1}{G_2\tau} < \frac{1}{G_1\tau} < \frac{R}{G_2\tau} \tag{8-55}$$

结晶器具有不同的生长速度，参见图 8-13。

$$G_{有细晶消除} > G_{无细晶消除} \tag{8-56}$$

对于相同的产量($M_{T1} = M_{T2}$)和有细晶消除的情况，较大颗粒晶体的数目少得多，因为大颗粒晶粒的总表面积比较小，生长速率必须是比较高的。图 8-13(b)表明，平均粒度明显增大，质量分布的特征粒度也明显增大。

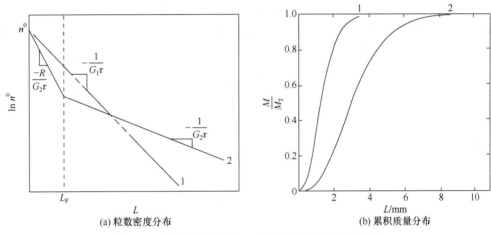

(a) 粒数密度分布   (b) 累积质量分布

图 8-13　比较无细晶消除(1)和有细晶消除(2)的结晶器

若使有细晶消除且能达到较高的生长速率，必然需要较高的过饱和度。这通常会加剧成核过程，即 $n_{02} > n_{01}$。下面分析以理想化的点晶阱消除细晶粒的问题(点晶阱仅消灭晶核)。

对具有点晶阱的结晶器 1 和结晶器 2 进行比较，两个结晶器有相同的 V 和 Q，因而 $\tau_1 = \tau_2$。由于核的质量很小，晶浆密度相等，$M_{T1} = M_{T2}$，则由式(8-31)得

$$M_{T1} = 6k_v\rho_c n_{01}(G_1\tau)^4 = 6k_v\rho_c(\beta n_{02})(G_2\tau)^4 = M_{T2} \tag{8-57}$$

式中，β 为从细晶阱逃生的核的分数，β 值实际上能低至 0.001；βn_{02} 为逃生核的粒数密度。

将成核动力学公式代入式(8-57)，消去共同项并重排得到

$$\frac{G_2}{G_1} = \left(\frac{1}{\beta}\right)^{\frac{1}{3+i}}$$

(8-58a)

将 $L_D = 3G\tau$ 代入式(8-58a)，得

$$\frac{L_{D2}}{L_{D1}} = \left(\frac{1}{\beta}\right)^{\frac{1}{3+i}}$$

(8-58b)

由于 β 通常很小，$\frac{1}{\beta}$ 很大，故线性生长速率 G_2 和特征粒度 L_{D_2} 显著增加。其改进程度随成核级数 i 的增大而减小。

上述分析表明，细晶阱能明显地增大平均粒度和特征粒度。为得到较大的结晶，各种类型结晶器经常使用细晶阱。细晶阱的操作费用较高，但它是控制成核的有效方法。

8.6 结 晶 器

结晶器是实现工业结晶的关键设备。溶液结晶一般按产生过饱和度的方法进行分类，参见表 8-2，而产生过饱和度的方法取决于物质的溶解度特性。溶解度随温度变化较大的物系适于冷却结晶，变化较小的物系适于蒸发结晶，介于两者之间的物系适于采用真空结晶方法。

表 8-2　溶液结晶的基本类型

结晶类型	产生过饱和度的方法
冷却结晶	降低温度
蒸发结晶	溶剂蒸发
真空绝热闪蒸结晶	溶剂闪蒸兼降温
加压、溶析、反应结晶等	改变压力、加反溶剂、化学反应等方法降低溶解度等

8.6.1　冷却结晶

结晶器的主体是搅拌釜，釜内装有搅拌器。换热方式可以采用夹套通入冷却介质的方式进行，也可采用母液外循环通过换热器冷却的方式进行，还可在结晶器内安装换热构件进行换热。图 8-14 是内循环冷却结晶器，设备顶部设计成圆锥形，以减慢上升母液的流速，避免晶粒被废母液带出；直筒部分为晶体生长区，内装导流筒，导流筒底部装有搅拌，使晶浆循环。图 8-15 为外循环式冷却结晶器，浆液外部循环，结晶器内混合均匀，换热速率高。釜式结晶器可以连续或间歇操作。

间接换热冷却结晶的缺点是换热速率慢，不均匀，致使冷却表面容易结垢，形成恶循环。

直接接触冷却结晶是向结晶母液中直接通入乙烯、氟利昂等惰性冷却介质进行换热，可以避免间接换热的问题，但要保障结晶母液中溶剂与冷却介质不互溶或易于分离。冷

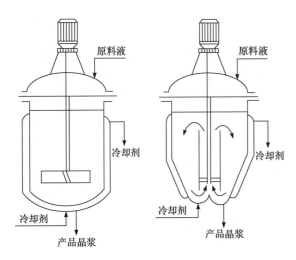

图 8-14　内循环冷却结晶器

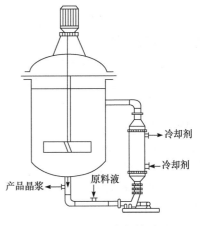

图 8-15　外循环冷却结晶器

却介质也可选用合适的气体、固体或不沸腾的液体。润滑油脱蜡、水脱盐及某些无机盐生产中采用这种方法。

8.6.2　蒸发结晶

对于溶解度对温度不敏感的物系，可以采用蒸发部分溶剂实现过饱和的方法进行结晶，这种结晶方式称为蒸发结晶。蒸发结晶能耗高，加热面结垢问题也比较严重，主要用于糖及盐类的工业生产。

可以选用不同的蒸发过程以节约能量，如多效蒸发、MVR 蒸发、降膜蒸发等。蒸发器与结晶器可以为一体设备，也可分体操作，自然循环、强制循环的蒸发结晶器就是典型的工业应用。溶液循环推动力可借助于泵、搅拌器或蒸汽鼓泡热虹吸作用产生。蒸发结晶也常在减压下进行，目的在于降低操作温度，减小热能损耗。图 8-16 为两种蒸发结晶器。

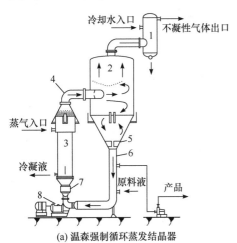

(a) 温森强制循环蒸发结晶器
1. 冷却器；2. 蒸发器；3. 加热器；4. 管道；
5. 螺旋出晶器；6. 晶浆管道；7. 膨胀节；8. 循环泵

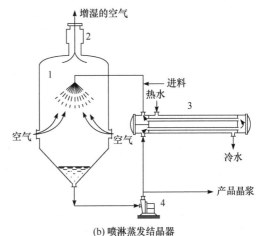

(b) 喷淋蒸发结晶器
1. 喷淋室；2. 鼓风机；3. 加热器；4. 泵

图 8-16　蒸发结晶器

8.6.3　真空绝热闪蒸结晶

物料在真空条件下绝热闪蒸，蒸发出气相的同时降低了母液温度，进而实现溶液过饱和。这种结晶器应用最为广泛，且容易与其他形式的结晶器进行组合设计。结晶器生产强度高，具有细晶消除功能，可有效控制二次成核与晶体生长，进而有效控制结晶产品的粒度及粒度分布，如获得均匀的大粒结晶产品。

DTB 型结晶器是这种结晶器的典型代表。如图 8-17 所示，该 DTB 结晶器设置了内导流筒及高效搅拌器，形成了晶浆内循环通道，内循环速率很快，可使晶浆质量密度保持至 30%～40%，并可明显地消除高饱和度区域，器内各处的过饱和度比较均匀而且较低，易于控制和强化结晶器的生产能力。DTB 型结晶器还设有外循环通道，用于消除过量的细晶，以及产品粒度的淘析，保证了生产粒度分布范围较窄的结晶产品。

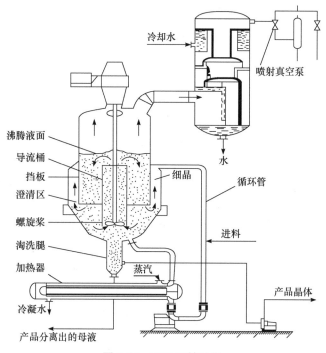

图 8-17　DTB 型结晶器

图 8-18 是奥斯陆(Oslo)流化床真空结晶器，它在工业上曾得到较广泛的应用，主要特点是过饱和度产生的区域与晶体生长区分别置于结晶器的两处，晶体在循环母液中流化悬浮，为晶体生长提供了较好的条件，可生产出粒度较大而均匀的晶体。该装置也可用于蒸发结晶。

真空结晶器的操作压力一般在 666～2000Pa 范围，需要真空系统。真空结晶器通常用于大吨位生产，如 380m³/d。

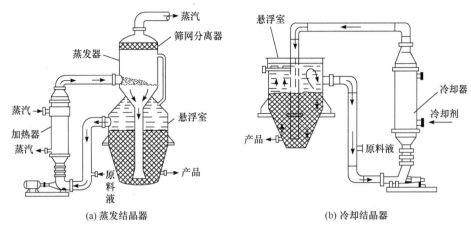

(a) 蒸发结晶器　　　　　　　　(b) 冷却结晶器

图 8-18　奥斯陆流化床真空结晶器

8.6.4　溶析结晶

一些物系的溶解度受盐类、醇类的影响很大。例如，将 $(NH_4)_2SO_4$ 加到蛋白质溶液中，可选择性地沉淀不同的蛋白质；再如，甲醇对一些盐类的溶解度影响很大，如图 8-19 所示。利用这一特点，可以采用向待结晶的溶液中加入某些物质的做法，使其达到过饱和，这种结晶方法统称为溶析结晶。有时也以加入的物质具体命名，如加入醇类时称醇析结晶，加入盐类时称盐析结晶。醇析结晶器可采用简单的搅拌釜，但需要有甲醇的回收设备。

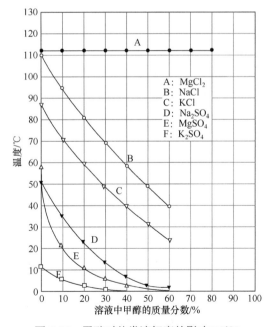

图 8-19　甲醇对盐类溶解度的影响(30℃)

甲醇的醇析作用已应用于 $Al_2(SO_4)_3$ 的结晶过程，此外，甲醇的加入还降低了晶浆的黏度。盐析结晶的另一个工业应用是将 NaCl 加入饱和 NH_4Cl 溶液中，利用共同的离子

效应使母液中的 NH_4Cl 尽可能多地结晶出来，提高 NH_4Cl 收率。

要使不溶于水的有机物质从可溶于水的有机溶剂中结晶出来，可加入适量的水于溶液中。制药行业中常利用向含有医药物质的水溶液中加入某些有机溶剂(如低碳醇、酮、酰胺类等)的方法使产物结晶出来。

溶析结晶的特点：结晶温度较低，对热敏性物质的结晶有利；一般杂质在溶剂与盐析剂的混合物中有较高的溶解度，以利于提高产品的纯度；与冷却法结合，可提高结晶收率；需要回收设备来处理结晶母液，以回收溶剂和盐析剂。

8.7 熔 融 结 晶

熔融结晶(melt crystallization)是另一种广泛应用的工业结晶技术。熔融结晶与溶液结晶有比较明显的区别：溶液结晶有明确的溶质、溶剂之分，只有溶质达到过饱和时才有可能结晶出来；熔融结晶则没有明确的溶质、溶剂之分，组分处于熔融态下进行结晶。因此，不能用溶液结晶的概念去理解熔融结晶过程。

8.7.1 技术原理

图 8-20 给出了常见的 6 种固-液平衡曲线，其中(a)、(b)、(c)统称为低共熔型，(d)、(e)、(f)统称为固体溶液型。据统计，固-液平衡中，低共熔型物系所占比例最大，超过 90%，固体溶液型所占比例仅为 8.3%。

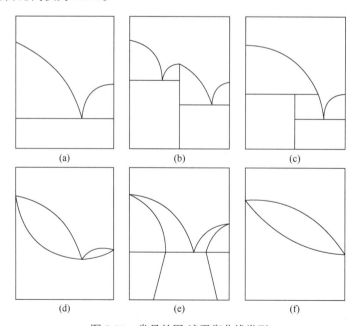

图 8-20 常见的固-液平衡曲线类型

图 8-21 为二元低共熔物系固-液平衡相图示意图。图中穿过 E 点的水平线下方为固相区，AEB 曲线为固-液平衡曲线，曲线的上方为液相区，下方为固-液两相共存区。

　　XYZS 垂线中，*X* 点为液相点，温度降低时，*X* 点向 *Y* 点移动，当达到 *Y* 点时，即达到固-液平衡曲线时，出现固相(B 组分的晶体)，继续向下移动，理论上在右侧出现 B 的纯组分固相和一个与之平衡的液相，该液相组成沿固-液平衡线向左下方移动。当 *X* 点沿垂线移动到 *Z* 点时，水平方向有 2 个对应的点 *C* 和 *L*，*C* 就是对应的纯组分 B，*L* 对应的是与之平衡的液相混合物。*L* 与 *C* 的量符合杠杆规则。由此可以看出，低共熔物系结晶时理论上可以得到一个纯组分的晶体。低共熔结晶过程及结晶器的设计都依据此原理。

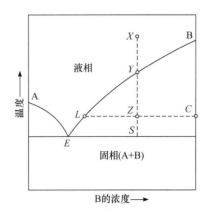

图 8-21　二元低共熔物系相图示意图

　　目前，工业上可以使用熔融结晶技术分离的有机化合物混合物系已有数十种，典型物系有混合二甲苯、混合二氯苯、混合硝基氯苯、混合硝基甲苯、粗萘、粗蒽、双酚 A、混合甲酚、粗尼龙单体混合物等，分离出的目标产物纯度可达 99.9%以上。

8.7.2　熔融结晶器

　　设计熔融结晶器的思路如下：

　　(1) 在具有搅拌的容器中或塔式设备中从熔融体中快速结晶析出晶体粒子，晶体粒子悬浮在熔融体之中，很容易与熔融体分离，分离后再经纯化、融化而得到产品。这种熔融结晶方法称为悬浮结晶法。

　　(2) 将熔融体中的晶体物质结晶到冷却表面上，称为冻凝结晶或逐步冻凝结晶。

　　(3) 将待纯化的固体材料顺序局部加热，使熔融区从一端到另一端逐步形成锭块，以完成材料的纯化或提高结晶度，称为区域熔炼法。

　　前两种方法主要用于有机物的分离与提纯，第三种用于冶金材料精制或高分子材料的加工。已有数十种有机化合物可以采用熔融结晶法分离与提纯，获得高纯产品，如获得纯度高达 99.99%的对二氯苯、99.95%的对二甲苯。

　　工业上实用的熔融结晶器多是按照上述思路设计的，但形式多种多样，如 KCP 结晶器、TNO 结晶塔、BMC 结晶器、苏尔寿 MWB 结晶器、布罗迪(Brodie)结晶器、CCCC 结晶器、塔式结晶器、管式结晶器、带式结晶器等。

　　1. 塔式结晶器

　　参见图 8-22，塔式结晶器由冷凝段、提纯段及熔融段三部分构成，其操作原理与精馏塔相似，不同的是精馏塔在气-液两相间发生传质，而塔式结晶器在固-液两相间发生传质。塔式结晶器的优点是能在单一设备中达到相当于若干分离级的分离效果，有较高的生产能力。

　　2. 苏尔寿 MWB 结晶器

　　装置的主体设备为立式列管换热器式的结晶器，参见图 8-23。适用于低共熔及固体溶液物系的分离，得到的产品纯度非常高。

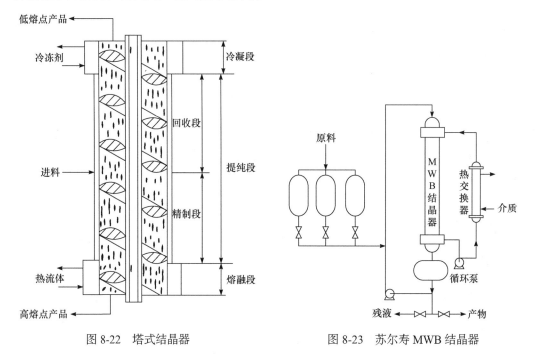

图 8-22　塔式结晶器

图 8-23　苏尔寿 MWB 结晶器

3. 布罗迪结晶器

布罗迪结晶器也称布罗迪提纯器，其结构由提纯段、精制段及回收段组成，其中精制段及回收段水平放置，内装刮带式输送器。提纯段垂直放置，内装缓慢运转的搅拌器，如图 8-24 所示。

4. 带式结晶器

带式结晶器参见图 8-25。

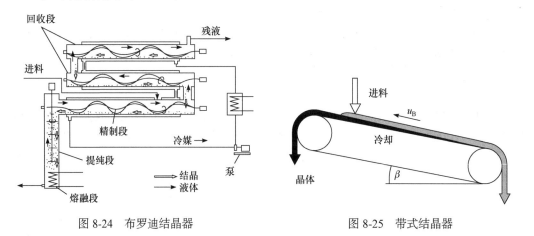

图 8-24　布罗迪结晶器

图 8-25　带式结晶器

8.7.3 典型案例

【例 8-1】 高纯桉叶素的制备。

桉叶油是国际上十大精油之一，广泛用于香料及医药行业。桉叶油中的主要成分是 1,8-桉叶素(简称桉叶素)，桉叶油的品质以桉叶素的含量为基准判定。表 8-3 给出了一组含桉叶素质量分数约为 87%的桉叶油的全组成分析及关键物性数据，该桉叶油是通过精馏得到的，混合物中有桉叶素的同分异构体，非同分异构体与桉叶素的沸点相差也很小。例如，主要杂质成分 2(柠檬烯)与桉叶素的沸点只差 1℃，另一种杂质 3(对聚伞花素)与桉叶素的沸点几乎不差。各组成的溶解度相差也不大。但是，各杂质组分与桉叶素的熔点相差很大。

表 8-3 桉叶油全组成分析

编号	中文名称	英文名称	分子式	分子量	质量分数/%	沸点/℃	熔点/℃	溶解性质
1	桉叶素	1,8-cineole	$C_{10}H_{18}O$	154.25	86.98	176~177	1~1.5	溶于乙醇、乙醚、氯仿、冰醋酸、丙二醇、甘油和大多数非挥发性油，微溶于水
2	柠檬烯	d-limonene	$C_{10}H_{16}$	136.24	9.10	178	−74.3	溶于乙醇和大多数非挥发性油，微溶于甘油，不溶于水和丙二醇
3	对聚伞花素	p-cymene	$C_{10}H_{14}$	134.21	0.89	177	−67.94	能与醇和醚混溶，几乎不溶于水
4	γ-萜品烯	γ-terpinene	$C_{10}H_{16}$	136.24	0.79	182		溶于乙醇和大多数非挥发性油，不溶于水，遇空气易氧化
5	月桂烯	myrcene	$C_{10}H_{16}$	136.24	0.57	167		溶于乙醇、乙醚、氯仿、冰醋酸和大多数非挥发性油，不溶于水
6	α-蒎烯	α-pinene	$C_{10}H_{16}$	136.24	0.54	156~157	−40	溶于乙醇和大多数非挥发性油，不溶于水、甘油和丙二醇
7	β-蒎烯	β-pinene	$C_{10}H_{16}$	136.24	0.27	164~166	−22	同上
8	α-水芹烯	α-phellandrene	$C_{10}H_{16}$	136.24	0.39	58~66		溶于乙醇和乙醚，不溶于水
9	芳樟醇	linalool	$C_{10}H_{18}O$	154.25	0.16	198~200		能与乙醇和乙醚混溶，不溶于水和甘油
10	松油烯-4-醇	terpinen-4-ol	$C_{10}H_{18}O$	154.25	0.02	202~212		
11	α-松油醇	α-terpineol	$C_{10}H_{18}O$	154.25	0.03	212~224	12~14	溶于乙醇、丙二醇和矿物油，微溶于甘油和水
12	未知组分				0.12			

　　高纯桉叶素在许多性质上与桉叶油不同，特别是其对药物的透皮吸收促进作用更强，可显著提高药效，降低用药量。此外，有报道称桉叶油中含有一种致癌物质，当桉叶素纯度达到 99.5%时，这种致癌物质就彻底去除了。桉叶素的高纯化一直是国内外供应商追求的目标，高纯桉叶素的价格也因此较高。据文献统计，99%桉叶素的价格约为 80%桉叶油价格的 2 倍，而 99.5%桉叶素价格约为 99%桉叶素价格的 2 倍，这种价格比例关系二十几年来一直保持，波动不大。

　　利用杂质成分与桉叶素熔点相差很大的特点，采用如图 8-26 所示的列管式熔融结晶装置，经结晶-发汗等步骤，可以将 80%的桉叶油提纯到 99.5%以上，实验结果如表 8-4及表 8-5 所示。

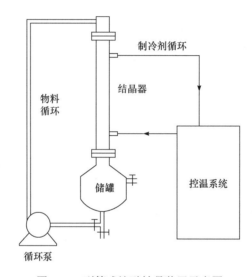

图 8-26　列管式熔融结晶装置示意图

表 8-4　对原料[w(桉叶素)≈80%的桉叶油]的处理

序号	原料			产物		
	质量/g	w(桉叶素)/%	桉叶素/g	质量/g	w(桉叶素)/%	桉叶素/g
1	1677.5	79.20	1328.6	572	96.96	554.6
2	1677	80.90	1356.7	620	95.90	594.6
3	1710	80.90	1383.4	646	96.30	622.1
4	1740	80.90	1407.7	635	96.10	610.2
5	1707	80.90	1381.0	630	96.20	606.1
6	1745	80.90	1411.0	600	96.10	576.6
总计	10256.5	80.60	8269.1	3703	96.30	3564.2

注：样品分析方法为邻甲酚法。

表 8-5　对中间原料[w(桉叶素)≈96%的桉叶油]的处理

序号	原料			产物		
	质量/g	w(桉叶素)/%	桉叶素/g	质量/g	w(桉叶素)/%	桉叶素/g
1	1740	96.68	1682.4	115	99.84	114.8
2	1705	96.68	1648.4	590	99.80	588.8
3	1760	96.68	1701.6	580	99.68	578.1
4	1725	96.30	1661.2	402	99.70	578.1
5	1710	96.30	1646.7	580	99.60	577.7
6	1730	96.30	1666.0	472	99.60	470.1
7	1755	96.30	1690.1	504	99.56	501.8
8	1730	95.60	1653.9	545	99.62	542.9
9	1670	97.10	1621.6	507	99.43	504.1
10	1685	97.10	1636.1	540	99.37	536.6
合计	17210	96.50	16608.0	4835	99.65	4817.9

注：样品分析方法为邻甲酚法，产物分析方法为毛细管色谱法(委托中国科学院昆明植物研究所分析)。

类似的过程还有高纯对二甲苯、对二氯苯的制备。

【例 8-2】　稀硫酸废水的处理。

硫酸是重要的基本化工原料，在化工、钢铁等行业应用广泛。许多工业过程使用的硫酸最终以废酸方式经处理后排放，造成严重的资源浪费和环境污染问题。例如，在硫酸法生产钛白粉的过程中，每生产 1t 钛白粉产生浓度为 20%左右的 8～10t 废酸，以及大量浓度为 2%左右的酸洗废液；涤纶生产过程中会产生大量质量浓度约为 5%的稀硫酸；钢铁企业为除去钢铁表面的氧化皮和锈蚀物，常用 20%～25%的硫酸溶液在 95～100℃时进行酸洗，产生大量含 5%～10%硫酸和 2%～15%亚铁离子的酸洗废液。据国家统计局数据显示，2013 年 1～8 月全国硫酸产量 53390kt(以 H_2SO_4 计)，同比增长 5.1%，如此巨量的硫酸作为原料进入工厂后产生的废酸量是惊人的。

当前处理稀硫酸废水的主要方法有：

(1) 稀释后排放：需要大量不含酸的水。

(2) 加碱中和后排放：需要增加碱的消耗，同时产生含盐废水，需要进一步处理。

(3) 回收：回收方法被研究了多年，主要有蒸发浓缩法、离子交换法、膜蒸馏法，但因成本高、无效益，工业上很难被接受。典型回收方法简述如下。

蒸发浓缩法是回收稀硫酸废水中废酸研究最多的方法，又分为真空蒸发浓缩、多效蒸发浓缩、撞击流蒸发浓缩、文丘里蒸发浓缩、喷雾蒸发浓缩等多种方法，其本质都是通过蒸发手段实现水与硫酸的分离。蒸发浓缩法是借助硫酸与水的沸点和挥发度差异，利用气-液两相平衡时硫酸在气-液两相中的组成分布不同而实现分离。这种方法的特点是需要将稀硫酸溶液蒸发、再冷凝，尽管可以采用单级或多级、单效或多效等分离手段，但能耗高是该方法的显著特点。尽管技术上可行，但因为获得的稀硫酸的单价低，企业通常会赔本运行，所以企业通常难以接受。

离子交换法是 Michael Gasik 等开发的，利用阳离子交换膜在电解槽中浓缩稀硫酸，已申请专利，专利号为 CN108069405B。此项专利技术的优点是待浓缩稀硫酸浓度可低至 1%(质量分数)，为浓缩低浓度硫酸提供了途径，生成燃料气体氢气作为副产品，具有一定的经济效益。缺点是利用高品位能电能作为供应能源，从热力学角度上不符合合理用能的标准，并且原料气纯 SO_2 气体价格较高，经济效益有待检验。

膜蒸馏技术是一种将膜技术与蒸馏技术结合起来的新型分离技术，其过程的传质推动力是膜两侧的蒸气压差(通常情况下由膜两侧的温差引起)，利用膜的疏水性、多孔性等特点，热侧稀硫酸溶液中可挥发的组分——水在膜的内表面处气化成水蒸气，然后扩散通过膜孔进入冷侧并被冷凝液冷凝，其他非挥发性组分如 H_2SO_4 则被疏水膜阻挡停留在热侧，从而实现稀硫酸浓缩的目的。自 20 世纪 90 年代起，周康根、张贵清、赵学明、李晓君等在利用膜蒸馏浓缩回收废酸方面做了大量的工作，建立了膜蒸馏装置，确定了该方法的实验参数、操作效果、传递机理。

李士雨提出一种稀硫酸废水处理的熔融结晶法。该法利用硫酸与水的固-液平衡曲线在稀酸段呈低共熔的特点(图 8-27)，采用类似于图 8-26 的设备浓缩稀硫酸，同时得到冷冻水，水质可达到工艺回用的要求。

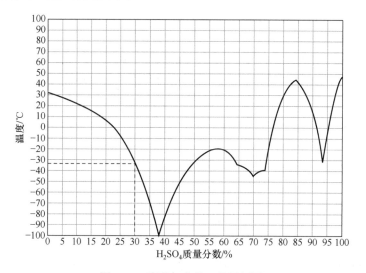

图 8-27   硫酸与水的二组元相图

假设原料中硫酸的质量分数为 5%，该物系在室温(25℃)条件下为液态，将其降温，直至−30℃时，将有大部分水以冰的形式析出，同时得到 30%的稀硫酸溶液，参见图 8-28。

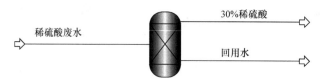

图 8-28   稀硫酸浓缩过程物料平衡

该工艺的特点是节能，工艺中克服的是水的凝固热(6.008kJ/mol)，相对于蒸发工艺克服水的气化热(40.67kJ/mol)而言，能耗在理论上仅为蒸发工艺的14.8% $\left(\dfrac{6.008}{40.67} \times 100\% = 14.8\%\right)$，近似约为 1/7。

通过计算机模拟，可以找到该过程的最佳工艺条件，参见图 8-29。

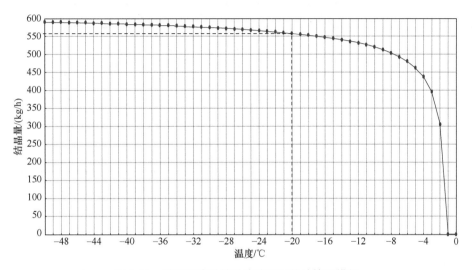

图 8-29　稀硫酸熔融结晶浓缩过程的计算机模拟

8.8　其他结晶方法

其他特殊结晶方法有升华结晶、沉淀结晶、喷射结晶、冰析结晶等。

升华是指物质直接从固态变成气态的过程，反升华则是气态物质直接凝结为固态的过程。升华结晶过程包括升华和反升华两个过程，以实现把一个升华组分从含其他不升华组分的混合物中分离出来。碘、萘、樟脑等常采用这种方法进行分离提纯。

沉淀结晶包括反应和结晶两个过程。气体与液体或液体与液体之间发生化学反应以产生固体沉淀，固体的析出是由于反应产物在液相中的浓度超过了饱和浓度或构成产物的各离子的浓度超过了溶度积。反应结晶产生的固体粒子一般较小，要想获得符合粒度分布要求的晶体产品，必须小心控制溶液的过饱和度，如将反应试剂适当稀释或适当延长沉淀时间。

喷射结晶类似于喷雾干燥过程，是将很浓的溶液中的溶质或熔融体固化的一种方式。此法所得固体并不一定能形成很好的晶体结构，固体形状很大程度上取决于喷射口的形状。

思考与练习题

1. 简述熔融结晶与溶液结晶的区别。
2. 简述介稳区的重要性。

3. 将 5000kg/h 饱和 $(NH_4)_2SO_4$ 溶液从 80℃降到 30℃会有多少晶体析出？如果过程中同时蒸发出 50% 的水分，会有多少晶体析出？

4. 已知某晶体粒度分布数据如下表 8-6，绘制微分粒度分布曲线和累积粒度分布曲线，计算体积平均粒径及变异系数。

表 8-6

粒子尺寸/mm	粒子数	粒子尺寸/mm	粒子数
1.0～1.4	2	12.0～16.0	160
1.4～2.0	5	16.0～22.0	110
2.0～2.8	14	22.0～30.0	70
2.8～4.0	60	30.0～42.0	28
4.0～5.6	100	42.0～60.0	10
5.6～8.0	190	60.0～84.0	1
8.0～12.0	250		

注：粒子数总计 1000。

第9章

吸附与离子交换

9.1 概　　述

9.1.1 吸附

吸附剂：疏松多孔、具有大比表面积的固体，如活性炭、活性氧化铝、硅胶、分子筛、吸附树脂等。

吸附作用：物质在吸附剂上的吸着、附着作用。

吸附过程：气体或液体中的分子、原子、离子扩散到固体吸附剂表面，以物理(分子间力)或化学(键)作用黏附在吸附剂表面或内部表面，进而实现分离的过程。

吸附过程的工业应用主要有气体净化、气体主体分离、液体净化、液体主体分离。

气体净化(进料质量浓度小于 10%)的主要应用有：

(1) 从废物流中分离出有机物，从废物流中分离出 SO_2，从气体中分离含硫化合物。

(2) 从空气或其他气体中分离出水蒸气、溶剂，脱除气味。

(3) 从 N_2 中分离出 NO_x。

(4) 从天然气中分离出 CO_2。

气体主体分离的主要应用有：

(1) N_2/O_2，H_2O/乙醇，丙酮/废物流，C_2H_4/废气，正构链烷烃/异构链烷烃。

(2) CO、CH_4、CO_2、N_2、Ar、NH_3/H_2 的分离。

液体净化的主要应用有：

(1) 从有机溶液中分离出 H_2O，从 H_2O 中分离出有机物，从有机溶液中分离出硫化物。

(2) 溶液脱色。

液体主体分离的主要应用有：

(1) 正构链烷烃/异构链烷烃，正构链烷烃/烯烃，对二甲苯/其他 C_8 芳烃。

(2) 对或间甲基异丙苯/其他甲基异丙苯异构体，对或间甲酚/其他甲酚异构体。

(3) 果糖/葡萄糖与多糖。

吸附有物理吸附和化学吸附，其各自特点比较参见表 9-1。

表 9-1   物理吸附与化学吸附的比较

项目	物理吸附	化学吸附
吸附热	小，数量级与蒸发或冷凝热相当	大，数量级为蒸发或冷凝热的数倍
吸附速率	受扩散速率控制，低温时吸附速率快	受表面反应控制，低温时吸附速率低到可忽略
特异性	低，全部表面用于物理吸附	高，依赖于吸附表面的活性点
吸附表面	完全，可多层吸附	不完全，单分子层吸附
高于临界温度的吸附	不可能	无限制
低分压时的吸附	吸附量小	吸附量大
高分压时的吸附	吸附量大	少量增长
活化能	低	高，与化学反应相关
吸附容量	高	低

【例 9-1】   化学吸附：以氧化铁吸附硫化氢。

吸附反应 $3H_2S + Fe_2O_3 \longrightarrow Fe_2S_3 + 3H_2O$ (9-1)

再生反应 $2Fe_2S_3 + 3O_2 \longrightarrow 6S + 2Fe_2O_3$ (9-2)

9.1.2   离子交换

离子交换剂：具有可交换离子的不溶性固体，包括阳离子交换树脂、阴离子交换树脂两类。

离子交换反应：式(9-3)为阳离子交换反应，钠离子被交换到树脂上；式(9-4)为阴离子交换反应，氯离子被交换到树脂上。

$$R_{C,S}H + NaCl \longrightarrow R_{C,S}Na + HCl \qquad (9-3)$$

$$R_{C,S}OH + NaCl \longrightarrow R_{C,S}Cl + NaOH \qquad (9-4)$$

离子交换过程的工业应用有：水的软化，水的脱盐，糖溶液的脱色，从酸浸取溶液中回收铀，从发酵液中回收抗生素、氨基酸和维生素。

9.2   工业吸附剂

9.2.1   定义

平均粒径：折算成球形颗粒的平均粒径，用 d_p 表示。

颗粒密度：单位体积吸附剂颗粒的质量，用 ρ_p 表示。

比表面积：单位质量吸附剂的表面积，用 S_p 表示。

孔隙度：孔体积/吸附剂体积，用 ε_p 表示。

比孔体积(孔容)：单位质量吸附剂中微孔的容积，用 S_g 表示，单位为 cm^3/g，表达式：

$$S_g = \frac{4\varepsilon_p}{\rho_p d_p} \tag{9-5}$$

主体密度：算上颗粒间孔隙后的密度，也称为床层密度，用 ρ_b 表示。

床层孔隙度(外部孔隙度)：颗粒间孔隙体积/床层体积，用 ε_b 表示，表达式：

$$\varepsilon_b = 1 - \frac{\rho_b}{\rho_p} \tag{9-6}$$

9.2.2 常用吸附剂的物理性质

常用吸附剂的物理性质包括：外形，球形、圆柱形、片状或粉末状；粒度，50μm～1.2cm；孔径，平均孔径 10～200nm(微孔<2nm，中孔 2～50nm，大孔>50nm)；比表面积，300～1200m²/g；颗粒的孔隙度，30%～85%(体积分数)。工业吸附剂有极性和非极性之分，参见表 9-2。

表 9-2 极性和非极性吸附剂的比较

项目	非极性吸附剂	极性吸附剂
示例	硅胶，沸石，活性氧化铝	活性炭
电荷分布	不均匀	均匀
吸附非极性有机物	效果不如对极性有机物的吸附	有效
吸附特点	用于吸附极性分子，如水、二氧化碳、氨、乙炔、硫化氢、二氧化硫等	有机大分子很快吸附，有机小分子或无机分子不容易吸附

9.2.3 常用工业吸附剂

(1) 活性炭。非极性，为疏水性和亲有机物的吸附剂，具有很高的比表面积。活性炭的主体是碳，表面上的官能团较少，由于极性弱，对烃类及衍生物的吸附力强。活性炭用于回收气体中的有机气体，脱除废水中的有机物，脱除水溶液中的色素。活性炭的性质列于表 9-3。

表 9-3 活性炭的性质

项目	数值	项目	数值
真密度	2g/cm³	大孔体积	0.47cm³/g
假密度	0.73g/cm³	微孔体积	0.44cm³/g
总孔隙度	0.71	比表面积	1200m²/g
大孔孔隙度	0.31	平均大孔半径	800nm
微孔孔隙度	0.40	平均微孔半径	1～2nm

25℃，1atm 下 100kg 某种活性炭吸附有机物的质量(kg)为苯 29.1、苯酚 46.6、正己烷 22.9、甲苯 36.1、庚烷 28.5、氯苯 44.0、邻二甲苯 41.4、苯乙烯 42.8、乙苯 40.1。

(2) 活性氧化铝($Al_2O_3 \cdot nH_2O$)。一种极性吸附剂，一般用于脱除气体和液体中的水分，可脱至小于 1ppm。活性氧化铝具有较高的官能团密度，这些官能团为极性分子的吸附提供了活性中心。活性氧化铝的性质列于表 9-4。

表 9-4   活性氧化铝的性质

项目	数值	项目	数值
真密度	$2.9 \sim 3.3 g/cm^3$	大孔体积	$0.4 \sim 0.55 cm^3/g$
假密度(颗粒密度)	$0.65 \sim 1.0 g/cm^3$	微孔体积	$0.5 \sim 0.6 cm^3/g$
总孔隙度	$0.7 \sim 0.77$	比表面积	$200 \sim 300 m^2/g$
大孔孔隙度	$0.15 \sim 0.35$	平均大孔半径	$100 \sim 300 nm$
微孔孔隙度	$0.4 \sim 0.5$	平均微孔半径	$1.8 \sim 3 nm$

(3) 硅胶($SiO_2 \cdot nH_2O$)。由 H_2SiO_3 溶液经缩合、除盐、脱水等处理制得。硅胶是 SiO_2 微粒的堆积物，在制造过程中控制胶团的尺寸和堆积的配位数，可以控制硅胶的孔容、孔径和表面积。高比表面积往往对应很小的孔径。硅胶为亲水的极性吸附剂，其主要用途是脱除工业气体和空气中的水，也可用于吸附硫化氢、油蒸气和醇，还可用于分离烷烃与烯烃、烷烃与芳烃等。硅胶的性质列于表 9-5。

表 9-5   硅胶的性质

项目	数值	项目	数值
假密度	$0.7 \sim 1.0 g/cm^3$	比表面积	$250 \sim 900 m^2/g$
总孔隙度	$0.5 \sim 0.65$	孔半径范围	$1 \sim 12 nm$
孔体积	$0.45 \sim 1.0 cm^3/g$		

(4) 分子筛。也称沸石，是强极性吸附剂，对极性分子有很强的亲和力，并有筛分的性能。在吸附质浓度很低的情况下，分子筛仍保持很大的吸附量。分子筛的类型很多，如常用的 A 型、X 型、Y 型和 ZSM-5 型分子筛。所有的分子筛都可用于脱除气体和液体中的微量水分，分子筛中的阳离子种类对于其吸附选择性有影响，为了分离特定的混合物体系，可以用含特定阳离子的分子筛，如用 BaX 分子筛从混合二甲苯中分离对二甲苯、用 CaX 和 CaA 型分子筛分离空气等。

(5) 吸附树脂。具有网状结构的高分子聚合物，常用的有聚苯乙烯树脂和聚丙烯酸树脂。专用的吸附树脂品种很多，单体的变化和单体上官能团的变化可赋予树脂各种特殊的性能。吸附树脂有非极性、中极性、极性和强极性四大类。可用于除去废水中的有机物，分离和精制天然产物和生物化学制品等。

9.3　吸　附　平　衡

9.3.1　单分子气体吸附平衡

等温条件下的吸附平衡曲线有 5 种类型，参见图 9-1。

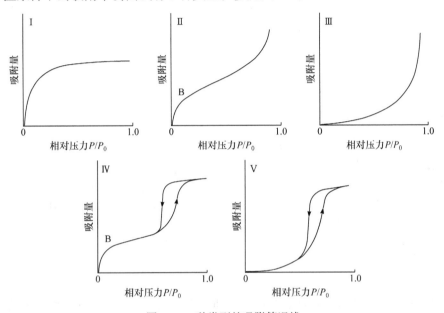

图 9-1　5 种类型的吸附等温线

常用的吸附等温方程有 Langmuir 吸附等温方程、Freundlich 吸附等温方程和 Langmuir-Freundlich 吸附等温方程，此外还有亨利定律、Gibbs 吸附等温方程、Polanyi 吸附势理论、BET 方程、Dubinin-Raduskeich(DR)方程、Toch 方程、Sips 方程、Unilan 方程等。

Langmuir 吸附等温方程：

$$q = q_{\mathrm{m}} \frac{KP}{1+KP} \tag{9-7}$$

Freundlich 吸附等温方程：

$$q = KP^{1/n} \tag{9-8}$$

Langmuir-Freundlich 吸附等温方程：

$$\frac{q}{q_{\mathrm{s}}} = \frac{KP^{1/n}}{1+KP^{1/n}} \tag{9-9}$$

图 9-2、图 9-3 分别给出了活性炭等温和等压条件下吸附气体的典型吸附曲线形状。

9.3.2　气体混合物吸附平衡

气体混合物的吸附可用 Langmuir 方程扩展式描述：

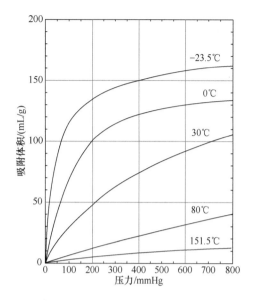

图 9-2   活性炭等温吸附气体的吸附曲线

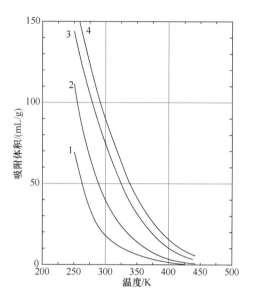

图 9-3   活性炭等压吸附气体的吸附曲线
1.40mmHg；2.100mmHg；3.400mmHg；4.700mmHg

$$q_i = q_{mi} \frac{K_i P_i^{1/n_i}}{1 + \sum_{j=1}^{c} K_i P_j^{1/n_j}} \tag{9-10}$$

也可用理想吸附溶液理论(IAST)描述，即将吸附相作为溶液处理，用液相的基本热力学关系描述吸附相。图 9-4 为该模型预测结果与实验结果的对比。

$$P y_i = P_i^0 (\pi) x_i \gamma_i \tag{9-11}$$

9.3.3   液相吸附平衡

液相吸附平衡曲线类型较多，参见图 9-5，可粗分为 S、L、H、C 四种类型。

(1) S 曲线：被吸附分子垂直于吸附剂表面，吸附曲线离开原点的一段向浓度坐标轴方向凸出。

(2) L 曲线：为 Langmuir 吸附等温线。

(3) H 曲线：强亲和力吸附等温线。

(4) C 曲线：吸附量和溶液浓度之间呈线性关系。

吸附平衡方程主要有 Langmuir 方程和 Freundlich 方程。

Langmuir 方程：

$$q = q_m \frac{Kc}{1 + Kc} \tag{9-12}$$

Freundlich 方程：

$$q = Kc^{1/n} \tag{9-13}$$

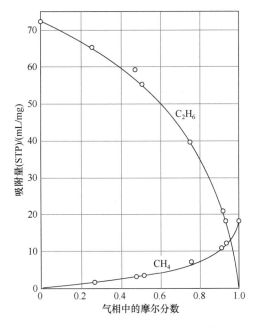

图 9-4　理想吸附溶液的预测值与实验值比较

STP 表示标准状态(标准温度、压力)

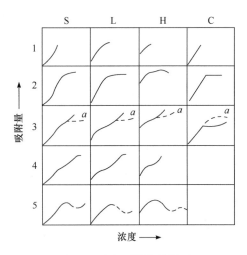

图 9-5　液相吸附曲线类型

吸附量的测定通常通过测定溶质的浓度，再由溶质的物料衡算式得到。此时假设溶剂不被吸附，并忽略液体混合物总物质的量的变化。所得到的吸附量称为表观吸附量，定义式如下：

$$q_i^e = \frac{n^o(x_i^o - x_i)}{m}$$

(9-14)

式中，q_i^e 为表观吸附量，即单位质量吸附剂所吸附溶质的物质的量；n^o 为与吸附剂接触的二元溶液总物质的量；m 为吸附剂质量；x_i^o 为与吸附剂接触前液体中溶质的摩尔分数；x_i 为达到吸附平衡后液相主体中溶质的摩尔分数。

将恒温条件下在全浓度范围内得到的吸附平衡数据用表观吸附量表达式处理，再画出吸附等温线，得到的曲线称为浓度变化等温线或组合等温线，参见图 9-6。各种类型的浓度变化等温线或组合等温线示于图 9-7。

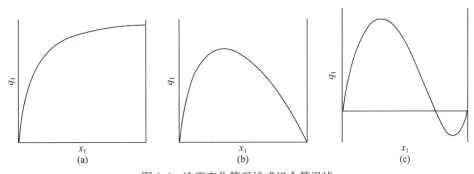

图 9-6　浓度变化等温线或组合等温线

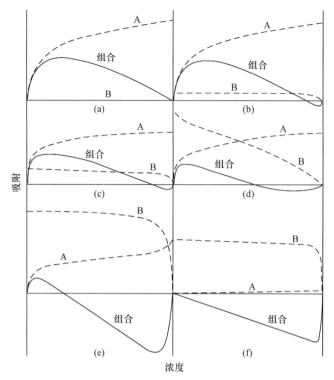

图 9-7   各种类型的浓度变化等温线或组合等温线

9.4   吸附动力学

9.4.1   吸附机理

对于物理吸附，吸附过程分为下列四步：①吸附质从流体主体通过分子与对流扩散穿过薄膜或边界层传递到吸附剂的外表面，称为外扩散过程；②吸附质通过孔扩散从吸附剂的外表面传递到微孔结构的内表面，称为内扩散过程；③吸附质沿孔表面的表面扩散；④吸附质被吸附在孔表面上。

吸附剂的再生过程是上述四步的逆过程：①吸附质在孔表面上解吸；②吸附质沿孔表面的表面扩散；③吸附质通过孔扩散从微孔结构的内表面传递到吸附剂的外表面，称为内扩散过程；④吸附质从吸附剂的外表面通过分子与对流扩散穿过薄膜或边界层传递到流体主体，称为外扩散过程。

吸附和解吸伴随热量的传递，吸附放热、解吸吸热。

对于化学吸附，吸附质和吸附剂之间有键的形成，第④步可能较慢，甚至是控制步骤，称为表面反应控制。但对于物理吸附，由于吸附速率仅取决于吸附质分子与孔表面的碰撞频率和定向作用，几乎是瞬间完成的，吸附速率由前三步控制，统称为扩散控制。

9.4.2　外扩散传质过程

多孔吸附剂中流体的浓度分布和温度分布如图 9-8 所示。对外扩散传质过程的传质速率方程和传热速率方程如下：

$$\frac{\mathrm{d}q_i}{\mathrm{d}t} = k_c A\left(c_{\mathrm{b},i} - c_{\mathrm{s},i}\right) \tag{9-15}$$

$$e = \frac{\mathrm{d}Q}{\mathrm{d}t} = hA\left(T_{\mathrm{s}} - T_{\mathrm{b}}\right) \tag{9-16}$$

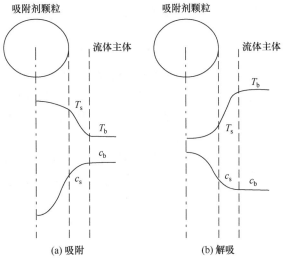

图 9-8　多孔吸附剂中流体的浓度分布和温度分布

填充床中外扩散舍伍德数的实验关联(与雷诺数、施密特数相关联)(图 9-9)：

$$N_{Sh_i} = \frac{k_c D_{\mathrm{p}}}{D_i} = 2 + 1.1\left(\frac{D_{\mathrm{p}} G}{\mu}\right)^{0.6}\left(\frac{\mu}{\rho D_i}\right)^{1/3} \tag{9-17}$$

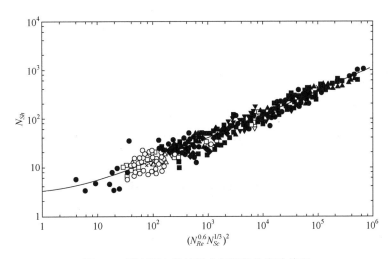

图 9-9　填充床中外扩散舍伍德数的实验关联

适用范围：施密特数 0.6～70600，雷诺数 3～10000，颗粒直径 0.6～17.1mm，颗粒形状包括球形、短圆柱形、片状和粒状。

填充床中流体-颗粒的对流传热准数关联式(与雷诺数、普朗特数相关联)：

$$N_{Nu} = \frac{hD_p}{k} = 2 + 1.1\left(\frac{D_p G}{\mu}\right)^{0.6}\left(\frac{C_p \mu}{k}\right)^{1/3} \tag{9-18}$$

9.4.3 颗粒内部传质过程

多孔吸附剂颗粒具有足够高的有效导热系数，故颗粒内的温度梯度一般可忽略，然而必须考虑颗粒内的传质。

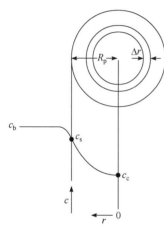

扩散形式有两种：沿孔截面的扩散和沿孔表面的扩散。沿孔截面的扩散又分为：菲克扩散、克努森扩散和介于这两种情况之间的过渡区扩散。当微孔表面吸附有吸附质时，沿孔口向里的表面上存在吸附质的浓度梯度(图 9-10)，吸附质可以沿孔表面向颗粒内部扩散，称为表面扩散。其数学模型类似于在多孔催化剂颗粒中的催化反应模型。

由菲克第一定律：

$$4\pi\left(r + \Delta r\right)^2 D_e \frac{\partial c}{\partial r}\bigg|_{r+\Delta r} = 4\pi r^2 \Delta r \frac{\partial q}{\partial t} + 4\pi r^2 D_e \frac{\partial c}{\partial r}\bigg|_r$$

图 9-10 吸附剂颗粒内溶质的浓度分布

$$\tag{9-19}$$

$$n_i = -D_i A\left(\frac{\mathrm{d}c_i}{\mathrm{d}x}\right) \tag{9-20}$$

总扩散通量：

$$N_i = -\left[D_i + (D_i)_s \frac{\rho_p K_i}{\varepsilon_p}\right]\frac{\mathrm{d}c_i}{\mathrm{d}x} \tag{9-21}$$

有效扩散系数：

$$D_e = \frac{\varepsilon_p}{\tau}\left\{\left[\frac{1}{\left(\frac{1}{D_i}\right) + \left(\frac{1}{D_K}\right)}\right] + (D_i)_s \frac{\rho_p K_i}{\varepsilon_p}\right\} \tag{9-22}$$

9.5 吸附分离过程

9.5.1 吸附床

工业吸附过程在被称为吸附床(adsorption bed)的吸附设备中进行。图 9-11 给出了三种典型的吸附床示意图：固定床(fixed bed)、流化床(fluidized bed)和移动床(moving bed)，其中固定床应用最多。

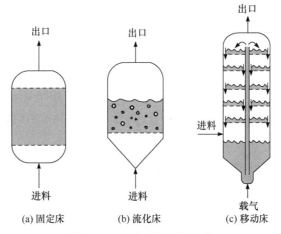

图 9-11　三种典型的吸附床

吸附剂的再生有 4 种方法：蒸汽再生、热气体再生、变压再生和离线再生。

(1) 蒸汽再生是有机物质吸附时最常用的方法。低压蒸汽逆流通过吸附床，将被吸附的有机物解吸出来，然后冷凝出水，有机物放空或焚烧。一般每千克有机物需要 2～4kg 蒸汽。

(2) 热气体再生：当有机物需要回收时通常优先考虑采用热气体再生，当有机物溶于水时也优先考虑这种方法。能采用热空气最好，因为空气中有氧，再生后的气体有燃烧或爆炸风险时需要考虑使用氮气。再生后的热气体分离出有机物后仍会携带一些有机物，放空前要做处理。

(3) 变压再生：再生时采用低压或真空。这种方法对低沸点物系有效。

(4) 离线再生：如果在线再生难以实施，如活性炭的活化需要在 800℃ 的炉中进行，或者被吸附的有机物会聚合，就需要考虑离线再生。

再生后的吸附床必须进行冷却，以再用于吸附过程。对于蒸汽再生，首先需要通入气体干燥床层，然后通入冷气体冷却床层；对于热气体再生，可直接使用冷气体冷却床层。

9.5.2　固定床的浓度波和透过曲线

理想固定床吸附过程是指含溶质的流体自上而下通过吸附剂床层，并假设：①外扩散和内扩散阻力很小；②流体为活塞流；③忽略轴向弥散；④初始状态的吸附剂中不含吸附质；⑤流体和吸附剂之间瞬时即达到平衡。这时溶质浓度沿床层深度的分布曲线如图 9-12 所示，沿床层深度吸附剂分为吸附饱和区和未吸附区两部分，吸附饱和区溶质浓度与进料浓度一样，未吸附区溶质浓度为 0。

实际的固定床吸附器与理想情况偏差较大，床层中的浓度分布变宽，参见图 9-13，主要是因为存在一定的内、外传质阻力。此外还有床层轴向的浓度分布不均，存在溶质的轴向扩散，这种现象在低流速和薄床层的情况尤为严重。

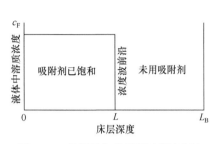

图 9-12 理想固定床吸附过程浓度波

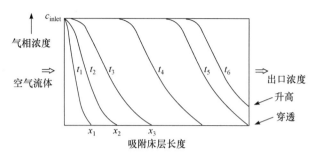

图 9-13 实际固定床吸附过程浓度波

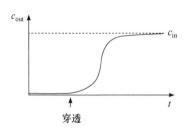

图 9-14 固定床吸附穿透曲线

将固定床出口溶质浓度对时间作图,得到固定床的吸附穿透曲线,如图 9-14 所示。当达到穿透点时,吸附剂必须再生。

对固定床吸附过程进行物料衡算,可得穿透曲线方程:

$$-D_L\frac{\partial^2 c}{\partial Z^2} + \frac{\partial(uc)}{\partial Z} + \frac{\partial c}{\partial t} + \frac{(1-\varepsilon_b)}{\varepsilon_b}\frac{\partial \bar{q}}{\partial t} = 0 \qquad (9-23)$$

$$\bar{q} = \left(\frac{3}{R_p^3}\right)\int_0^{R_p} r^2 q\,\mathrm{d}r \qquad (9-24)$$

忽略轴向扩散时,有

$$\frac{\partial c}{\partial t} + u\frac{\partial c}{\partial Z} + \frac{(1-\varepsilon_b)}{\varepsilon_b}\frac{\partial q}{\partial t} = 0 \qquad (9-25)$$

多元吸附的吸附过程浓度波参见图 9-15。吸附床对不同的物质具有不同的吸附能力,物质间存在竞争吸附,通常低沸点物质最先穿透。

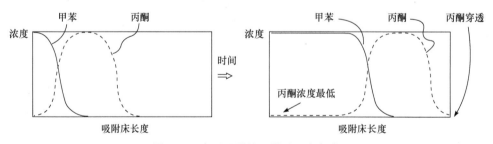

图 9-15 多元吸附的吸附过程浓度波

9.5.3 吸附流程

吸附流程可以设计成单塔、双塔或多塔。

单塔流程如图 9-16 所示,适合于吸附浓度比较低的物料,如每天的吸附量少于 5kg。由于被吸附的量小,回收意义不大,这种流程吸附剂达到饱和后即做废物处理。

双塔流程如图 9-17 所示,两个塔交替操作,一个塔吸附,另一个塔再生,切换依据是吸附饱和或穿透。

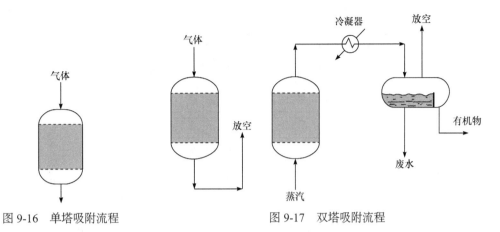

图 9-16　单塔吸附流程　　　　　　　图 9-17　双塔吸附流程

三塔吸附流程如图 9-18 所示，这种流程切换非常复杂。

图 9-19 给出了四塔吸附流程，图 9-20 给出了 12 塔吸附流程，这些吸附流程的切换均比较复杂。

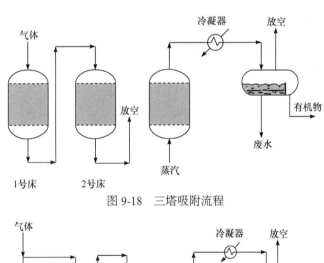

图 9-18　三塔吸附流程

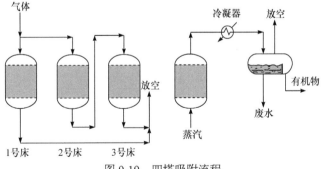

图 9-19　四塔吸附流程

9.5.4　变温吸附

变温吸附(TSA)：吸附通常在环境温度进行，而解吸在直接或间接加热吸附剂的条件下完成，利用温度的变化实现吸附和解吸再生循环操作。变温吸附常用于从气体或液体中分离少量杂质。

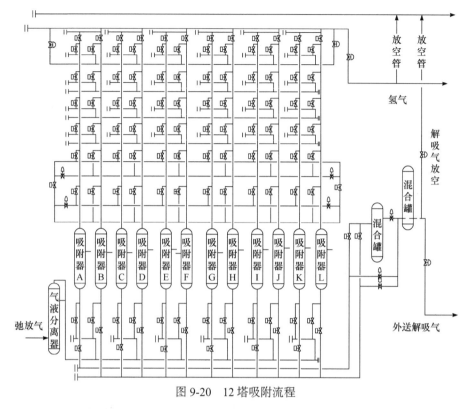

图 9-20　12 塔吸附流程

　　变温吸附循环操作在两个平行的固定床吸附器中进行，如图 9-21 所示，其中一个在环境温度附近吸附溶质，而另一个在较高温度下解吸吸附质，使吸附剂床层再生。三塔变温吸附流程示于图 9-22。

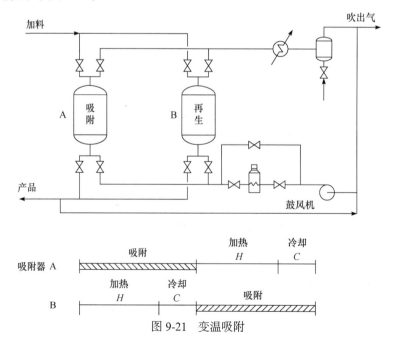

图 9-21　变温吸附

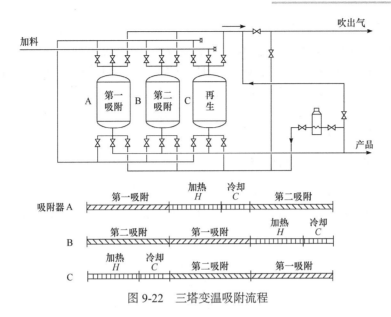

图 9-22　三塔变温吸附流程

9.5.5　变压吸附

变压吸附(PSA)：在较高组分分压的条件下选择性吸附气体混合物中的某些组分，然后降低压力或抽真空使吸附剂解吸，利用压力的变化完成循环操作。变压吸附一般用于气体混合物的主体分离。其原理及操作法可用双塔变压吸附解释，参见图 9-23 及图 9-24。

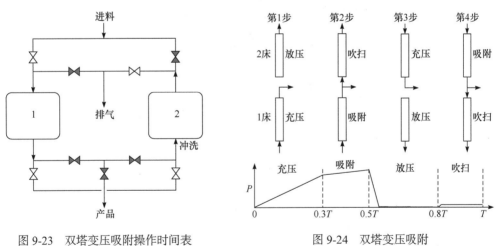

图 9-23　双塔变压吸附操作时间表　　　　图 9-24　双塔变压吸附

【例 9-2】　变压吸附技术制备高纯氢气。

变压吸附技术可用于从焦炉煤气制甲醇过程的弛放气或者其他类似气体中分离制得高纯氢气，纯度可达到 99.9999%。

技术的关键在于吸附剂。变压吸附使用多种吸附剂组合，每种吸附剂具有不同的吸附功能，其装填于吸附塔的适当部位，用于吸附清除原料气中的不同气体组分，最终得到高纯氢气。常用吸附剂种类及其装填位置如下：

(1) 活性氧化铝类：用于吸附原料气中的水分，装填于吸附塔的底部。

(2) 活性炭类：用于吸附原料气中的 CO_2，装填于吸附塔的中部。

(3) 硅胶类：用于吸附原料气中的烃类、CO_2 等，装填于吸附塔的中部。

(4) 分子筛类：用于吸附原料气中的 CH_4、CO、N_2 及 O_2 等，装填于吸附塔的顶部。

(5) 特种吸附剂：用于吸附原料气中的微量组分，装填于吸附塔的顶部。

对于大规模生产，往往需要数量众多的吸附塔，采用大量的阀门周期性地进行吸附和解吸切换。吸附时用高压，解吸时用低压。

9.5.6 吸附过程的连续化或拟连续化

吸附过程应用的难点在于其连续化，为此固定床吸附多采用许多床交替使用模式。Purasiv 流化床-移动床联合装置(图 9-25)和 UOP 模拟移动床工艺(图 9-26)为吸附过程的连续化提供了很好的示范。

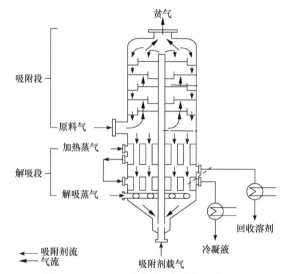

图 9-25　Purasiv 流化床-移动床联合装置

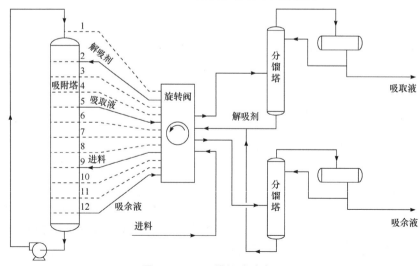

图 9-26　UOP 模拟移动床工

9.6 MOFs 吸附技术

9.6.1 MOFs 材料

MOFs 是金属有机骨架(metal organic frameworks)的缩写,MOFs 材料是一种由金属离子与有机配体自组装而成的新型多孔骨架材料。MOFs 材料的最主要结构特征是拥有巨大的比表面积、超高的孔隙率、可调的孔尺寸、可修饰的官能团等。图 9-27 是一种 MOFs 材料的结构示意图。

MOFs 材料因其卓越性能在气体储存和分离、催化反应、医学、污水处理等广泛领域展现出巨大的应用潜力,近二十年来,MOFs 材料研究在国际上非常活跃,甚至衍生了一门新学科——网状化学的发展,近几年一直是有望产生诺贝尔奖的热门领域之一。

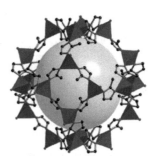

图 9-27　ZIF-8 MOFs 材料结构示意图

举例来讲,IRMOFs 系列是由 Yaghi 课题组开发的,具有代表性的材料有 IRMOF-8、IRMOF-10、IRMOF-14 等,其中 MOF-177 的 Langmuir 比表面积达到了 $4500m^2/g$,在 35bar 条件下,其对 CO_2 的吸附量达到 33.5mmol/g,远优于其他已报道的多孔介质。另一种物质 MOF-210 的 Langmuir 比表面积达到了 $10400m^2/g$,这几乎达到了固体材料所能表现出的比表面积的极限值。

MOFs 材料的合成成本一直居高不下(市场上 ZIF-8 的价格是 300 元/g 以上),导致了其在工业上的应用前景并不乐观。另外,MOFs 材料是纳米颗粒材料,呈粉末状,参见图 9-28,在工业上如何使用也是一个棘手问题。除此之外,大部分 MOFs 材料均存在一个致命缺点即结构稳定性较差,在水环境中其结构会崩塌,目前只有少数几种材料如 ZIF-8、Cu-BTC、HKUST 等已被证实能在水或有机溶剂中保持骨架结构的稳定性,而水蒸气在气体分离过程中是普遍存在的。

中国石油大学(北京)陈光进课题组开发了一种低成本的 MOFs 合成工艺,并申请了中国(申请号 201910183203.1)、美国(申请号 16/459,443)、欧盟(申请号 19180497.0)的发明专利。在实验小规模合成的基础上,成功进行了中试规模的合成实验,达到日产 20kg 的规模,并进行了气体吸附量表征实验,显示其与市场上商用的 ZIF-8 并无二异。

图 9-28　MOFs 材料实物

9.6.2 流动吸附技术

为了使 MOFs 材料有效应用于工业领域,陈光进课题组还开发了一种新型的浆液法吸收-吸附工艺,并采用该工艺进行了大量小试及中试研究。该工艺将 MOFs 材料溶解于一种特定的溶剂中形成浆液,该浆液同时具有吸附性能和流动性,如图 9-29 所示,然后使用该浆液按照吸收-解吸的工艺流程进行设计,实现气体分离。图 9-30 是利用浆液设计的一种用于分离焦炉煤气中氢气的工艺流程示意图。

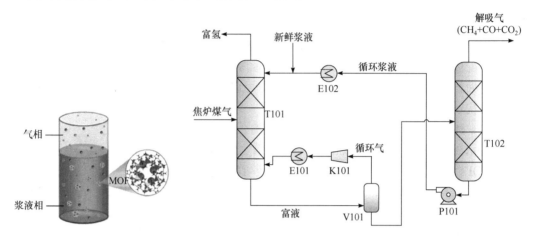

图 9-29　MOFs 浆液示意图　　图 9-30　浆液法吸收-吸附工艺分离焦炉煤气中氢气的工艺流程示意图

该方法用于分离一些难分离的工业气体展现出良好的应用前景,部分研究结果如下。

氢气提纯:通过加压吸附、减压解吸,浆液循环连续生产,分离提取出高纯度的 H_2,其纯度可高达 99.99%。焦炉煤气的组成为氢气(55%~60%)、甲烷(23%~27%)、一氧化碳(5%~8%)、C_2 以上不饱和烃(2%~4%)、二氧化碳(1.5%~3%)、氧气(0.3%~0.8%)、氮气(3%~7%)。该技术也可用于丙烷脱氢、裂解气、加氢装置循环气、重整富氢气体等的氢气提纯。

混合气体中 CO_2 的脱除:吸收温度常温~40℃,吸收压力 0.0~5.0MPa(表压),真空解吸约 -0.02MPa(表压),解吸温度 60~70℃(液相不沸腾),已经完成小型鼓泡塔(3.7m×Φ60mm)、填料塔(2.5m×Φ66mm)、大型连续分离鼓泡塔(5m×Φ300mm)等中试分离实验,出口 CO_2 组成可降低至 0.5%(摩尔分数)以下,特别适合沼气提纯、IGCC 气体分离和天然气脱碳等带压气体工况。

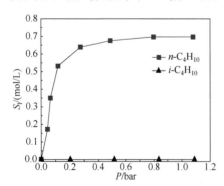

图 9-31　n-C_4H_{10} 与 i-C_4H_{10} 在某 MOF 浆液中的溶解度曲线对比

轻烃回收:①用于油田伴生气、液化天然气 LNG 轻烃回收。轻烃回收尤其是 C_2 回收,吸收温度 0℃~常温,吸收压力 1MPa 以下,真空(辅热)解吸。②用于石化气体 C_2 以上组分的回收,包括催化干气和加氢干气,吸收温度 0℃~常温,吸收压力 1MPa 左右,单平衡级分离因子可达 10 以上,真空(辅热)解吸。

正异构烷烃的分离:用于正丁烷与异丁烷的分离。一块理论板几乎能实现 100%的分离。正丁烷吸附量大,异丁烷吸附量几乎为零,故经过单级分离即可实现近完全分离,如图 9-31 及表 9-6 所示。

表 9-6　实验结果

原料气中 n-C_4H_{10} 浓度 (摩尔分数)/%	平衡气中 i-C_4H_{10} 浓度 (摩尔分数)/%	液相中 n-C_4H_{10} 浓度 (摩尔分数)/%	n-C_4H_{10} 脱除率/%	n-C_4H_{10}/i-C_4H_{10} 分离因子
36.87	99.2	>99.5	98	>10000

注：MOF 浆液单级分离 n-C_4H_{10}(36.87%)/i-C_4H_{10}(63.13%)混合气结果 (温度20℃，压力1.4bar)。

氢气与甲烷的分离：MOF 浆液分离 CH_4/H_2 相平衡特征如图 9-32 和图 9-33 所示，该过程的分离因子为 7.9~27.9。鼓泡塔穿透试验结果参见图 9-32，2m 高鼓泡塔穿透试验结果表明可以获得纯氢气，参见图 9-33。

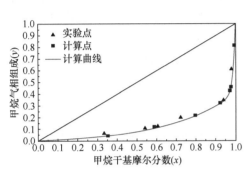

图 9-32　甲烷气相浓度与液相干基浓度关系

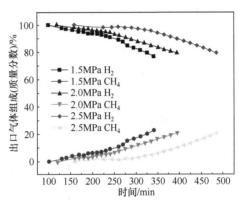

图 9-33　氢气与甲烷分离的鼓泡塔实验结果

鉴于该方法具有原始创新性，开辟了 MOFs 材料工业应用的第一步，特别是其技术思路简单实用，对于吸附领域的研究与应用有很好的参考价值，故经陈光进同意，将其收录于本书。

需要指出的是，陈光进提出的工艺流程中，浆液所起的作用实质是 MOFs 材料的吸附作用，溶剂的作用只是提供了一个流动的载体，故本节将此技术的名称修改为"流动吸附技术"。

9.7　离子交换过程

9.7.1　离子交换树脂

强酸性阳离子交换树脂：由苯乙烯与二乙烯苯共聚物小球经浓硫酸磺化等生产过程制成，交换容量 5meq/g。—SO_3H 官能团有强电解质性质，在整个 pH 范围内都显示离子交换功能。树脂可以是 H 型或 Na 型。这种树脂的特点是可以用无机酸(HCl 或 H_2SO_4)或 NaCl 再生。比阴离子交换树脂热稳定性高，可承受 120℃高温。

弱酸性阳离子交换树脂：交换基团一般是弱酸，可以是羧基(—COOH)、磷酸基(—PO_3H_2)和酚基等。其中以含羧基的树脂用途最广，如丙烯酸或甲基丙烯酸和二乙烯苯的共聚物。在母体中也可以有几种官能团，以调节树脂的酸性。弱酸性阳离子交换树脂有较大的离子交换容量，对多价金属离子的选择性较高。交换容量 9～11meq/g，仅能在中性和碱性介质中解离而显示交换功能。耐用温度为 100～120℃。H 型弱酸性树脂较难被中性盐类如 NaCl 分解，只能由强碱中和。

强碱性阳离子交换树脂：有两种类型，带有季胺基团[如季胺碱基—(CH$_3$)$_3$NOH 和季铵盐基—(CH$_3$)$_3$NCl]的树脂，对氮有乙基氢氧官能团[—(CH$_2$)$_2$N$^+$—CH$_2$—CH$_2$—OH]的树脂。为易于水解，多用 Cl 型。对弱酸的交换能力，第一类树脂较强，但其交换容量比第二类树脂小。一般来说，碱性离子交换树脂比酸性离子交换树脂的热稳定性能、化学稳定性稍差，离子交换容量稍小。

弱碱性阴离子交换树脂：指含有伯胺(—NH$_2$)、仲胺(—NHR)或叔胺(—NR$_2$)的树脂。这类树脂在水中的解离程度小，呈弱碱性，因此容易与强酸反应，较难与弱酸反应。弱碱性树脂需用强碱如 NaOH 再生，再生后的体积变化比弱酸性树脂小，交换容量 1.2～2.5eq/L，使用温度为 70～100℃。

根据树脂的物理结构，离子交换树脂分为凝胶型与大孔型两类。

9.7.2 离子交换原理

离子交换的化学基础主要体现为以下三个反应：

(1) 分解盐的反应：强型离子交换树脂能够进行中性盐的分解反应，生成相应的酸和碱。

$$R_{C,S}H + NaCl \longrightarrow R_{C,S}Na + HCl \tag{9-26}$$

$$R_{C,S}OH + NaCl \longrightarrow R_{C,S}Cl + NaOH \tag{9-27}$$

(2) 中和反应：强型树脂和弱型树脂均能与相应的碱和酸进行中和反应。

(3) 离子交换反应：盐式的强型、弱型树脂均能进行交换反应，但强型树脂的选择性不如弱型树脂的选择性好。

强型树脂可用相应的盐直接再生，例如：

$$2RSO_3Na + Ca^{2+} \longrightarrow (RSO_3)_2Ca + 2Na^+ \tag{9-28}$$

交换后的 (RSO$_3$)$_2$Ca 可以用浓 NaCl 溶液进行再生。

弱型树脂则很难用这种方法再生，需用相应的酸和碱再生：

$$R_2Ca + 2HCl \longrightarrow 2RH + CaCl_2 \tag{9-29}$$

$$RH + NaOH \longrightarrow RNa + H_2O \tag{9-30}$$

9.7.3 利用离子交换树脂进行的分离过程

(1) 离子转换或提取某种离子。例如水的软化，将水中的 Ca^{2+} 转换成 Na$^+$，可利用对 Ca^{2+} 有较高选择性的盐式阳离子交换树脂，将 Ca^{2+} 从水中分离出来。

(2) 脱盐。例如，除掉水中的阴、阳离子制取纯水，需利用强型树脂的分解中性盐反应，以及强型或弱型树脂的中和反应，如从水溶液中除去 NaCl。

(3) 不同离子的分离。依据离子交换树脂的选择性进行分离。

离子交换平衡是离子交换分离的极限。对于简单二元系统，质量作用定律是表示离子交换平衡的最常用方法：

$$z_A B(s) + z_B A \longrightarrow z_B A(s) + z_A B \tag{9-31}$$

$$K_{AB} = \frac{(\overline{c}_A)^{z_B}(c_B)^{z_A}}{(\overline{c}_B)^{z_A}(c_A)^{z_B}} \tag{9-32}$$

对于复杂系统的离子交换，采用分离因子表示分离选择性：

$$\alpha_{ij} = \frac{y_i x_j}{x_i y_j} \tag{9-33}$$

$$x_i = \frac{y_i}{\sum\limits_j \alpha_{ij} y_j} = \frac{\alpha_{ki} y_i}{\sum\limits_j \alpha_{kj} y_j} \tag{9-34}$$

式中，α_{ij} 为分离因子或选择性系数。

影响分离选择性系数的因素包括：

(1) 交联度：其对离子交换树脂的影响很大。

(2) 反离子特性的影响：对于等价离子，选择性随原子序数的增加而增高；对于不同价离子，高价反离子优先交换，有较高的选择性。当反离子能与树脂中固定离子团形成较强的离子对或形成键合作用时，这些反离子有较高的选择性。

(3) 溶液浓度的影响：高价反离子有较高的选择性，但随溶液浓度的增加而降低。

(4) 温度影响：通常温度升高，选择性系数变小。压力与离子交换平衡无关。

9.7.4　离子交换反应动力学

从机理上讲，离子交换过程可分为五个步骤：

(1) 离子从溶液主体扩散到树脂颗粒的外表面，称为膜扩散或外扩散。

(2) 离子从颗粒外表面经树脂微孔扩散到内表面的活性基团上，称为颗粒扩散或内扩散。

(3) 在活性基团上进行离子的交换反应。

(4) 被置换下来的离子从树脂微孔扩散到颗粒外表面。

(5) 被置换下来的离子从颗粒外表面扩散到溶液主体。

离子交换动力学按控制步骤的不同又分为外扩散控制、内扩散控制和内扩散与外扩散同时控制。

9.7.5　离子交换过程的设备与操作方式

离子交换分离过程一般包括三步：①料液与离子交换剂进行交换反应；②离子交换剂的再生；③再生后离子交换剂的清洗。

离子交换过程所用设备有搅拌槽、流化床、固定床和移动床等形式。

操作方法有间歇式、半连续式和连续式三种。

思考与练习题

1. 什么是穿透曲线? 它有什么用途?
2. PSA 与 TSA 有什么区别?
3. 吸附和离子交换技术各有哪些典型应用? 需注意什么?
4. 连续化对吸附有什么影响? 为什么人们想方设法连续化?
5. 简述模拟移动床及流动吸附技术的工作原理。

第10章

膜 分 离

10.1 概 述

采用半透膜制成膜分离设备，气体或液体进料通过半透膜时，部分气体或液体穿过膜，分成透过相和残留相，两相的组成不同，实现物料的分离，该过程称为膜分离，如图 10-1 所示。

膜分离的推动力主要来自穿膜而过的组分的分压或组成在膜两侧不同，这种不同可以来自人为地施加压差、在透过侧使用溶剂或者含离子的溶液。

膜分离技术以其节能效果显著、设备简单、操作方便、容易控制而受到广泛应用。选择适当的膜分离过程，可部分替代鼓式真空过滤、

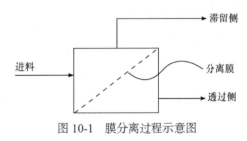

图 10-1 膜分离过程示意图

板框压滤、离子交换、离心分离、溶媒抽提、静电除尘、袋式过滤、吸附/再生、絮凝/共聚、倾析/沉淀、蒸发、结晶等多种传统的分离与过滤方法。

10.1.1 定义及术语

透过能力(permeability)：对于厚度为 δ_M 的膜，单位推动力(浓度或压力)下通过单位膜面积的 i 组分的流量，流量单位可以是质量、体积或摩尔流量，用 $P_{M,i}$ 表示。

透过通量(permeance)：对于单位厚度的膜，单位推动力(浓度或压力)下通过单位膜面积的 i 组分的流量，用 $\overline{P}_{M,i}$ 表示。透过通量是指单位厚度膜的透过能力，即

$$\overline{P}_{M,i} = \frac{P_{M,i}}{\delta_M} \tag{10-1}$$

通量(flux)：对于单位厚度的膜，在推动力(浓度或压力)下，通过单位膜面积的 i 组分的流量，用 N_i 表示。通量等于单位通量与推动力的乘积，即

$$N_i = \overline{P}_{M,i} \times 推动力 = \frac{P_{M,i}}{\delta_M} \times 推动力 \tag{10-2}$$

选择性(selectivity)：组分 i 相对于组分 j 的透过能力，用 $\alpha_{i,j}$ 表示，也称为理想分离因子。

$$\alpha_{i,j} = \frac{P_{M,i}}{P_{M,j}} \tag{10-3}$$

切割率(cut rate)：穿过膜的进料比例，即穿过膜的体积流量与进料体积流量的比例，用 θ 表示。

10.1.2　膜分离的特点

膜分离适用面广泛，如广泛用于食品、电子产品、制药、石油化工、煤化工、纺织品行业。膜分离可与精馏、吸收、变压吸附等过程进行组合应用，可以有效避免使用质量分离剂，可以降低能耗、提高装置的集成度、减轻重量，缺点是膜材料的成本高、寿命低。

膜分离是一种新兴分离技术，特别是自 1980 年以来，新型膜材料及其加工方法，以及新型分离过程，如膜蒸馏、膜溶剂萃取、渗透萃取、膜气体吸收等不断被开发。

10.2　膜的类型与材料

10.2.1　微孔膜

微孔膜具有相互连接的微孔，孔道直径可为 0.005μm、50Å～20μm 或 200000Å，这种孔径对于分子尺寸而言还是巨大的。小分子物质可以自由通过，大分子物质被截留下来，以实现小分子和大分子的分离。微孔膜对小分子物质的分离不具备选择性。

微孔膜中传质机理如图 10-2 所示。进料侧主体流体首先通过膜表面的流体膜(液膜或气膜)，然后进入并穿过多孔膜材料，再穿过透过侧的流体膜，最后进入透过侧的主体流体。

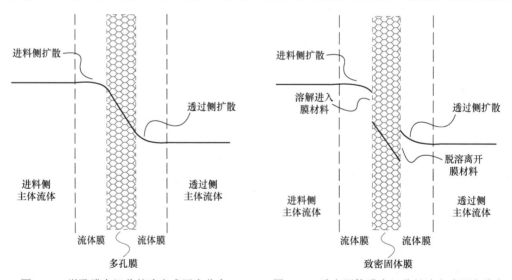

图 10-2　微孔膜中组分的浓度或压力分布　　　图 10-3　致密固体膜中组分的浓度或压力分布

10.2.2　致密固体膜

致密固体膜无孔，被分离的物质溶解进入膜材料，通过扩散穿过固体膜，然后脱溶进入膜的另一侧，参见图 10-3。通过孔道传递物质的机理不适用致密固体膜。致密固体膜在分离小分子物质时要么穿透性高，要么选择性高，不可能同时具有高穿透性和高选择性。

10.2.3 不对称膜

将微孔膜与致密固体膜组合在一起，可构成不对称膜，如图 10-4 所示。

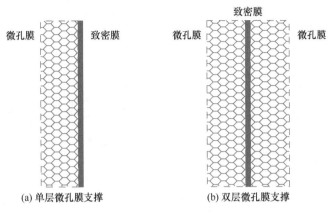

图 10-4 不对称膜

致密膜的厚度比较小，对气体分离的典型尺寸为 0.1～10μm，选择性高。因为膜的厚度薄，尽管渗透性较差，但透过量仍比较大。致密膜也称为选择性渗透膜。

微孔膜的厚度比较大，通常大于 100μm，具有较低的选择性、较高的渗透性，用于提高不对称膜的强度，称为支撑膜或基底膜。

10.2.4 膜材料

膜材料可以是天然高分子材料，如羊毛、天然橡胶、纤维素等，也可以是合成高分子材料(合成膜)，这是膜材料的主要来源，操作温度通常低于 100℃。合成膜分玻璃体膜和晶体膜两种：玻璃体膜表观像玻璃，无晶体结构，脆性，温度升高时玻璃体膜变得像橡胶，但不影响使用；晶体膜有晶体结构，脆性，当温度升高时会熔化，必须在低温下操作。陶瓷膜具有多孔性，耐高温，耐化学反应。金属膜可用作致密膜，如钯膜用于含氢气和氦气的气体膜分离过程，允许氢气和氦气通过。

10.3 膜的形状与组件

10.3.1 膜的形状

膜在使用时需要加工成一定的形状，比较常用的形状有 4 种：平板膜、管式膜、中空纤维膜和蜂巢单层膜。平板膜的典型尺寸是 $1m \times 1m \times 200\mu m$(厚)，常为不对称膜，致密层的厚度为 500～5000Å。管式膜的管径通常为 0.5～5.0cm，长为 6m，致密层可在管的内侧或外侧，支撑层可为玻璃纤维、金属或其他合适的材料。中空纤维的管径非常小，典型尺寸为 42μm(内径)×85μm(外径)×1.2m(长)，致密层厚度为 0.1～1.0μm，中空纤维膜在单位体积内提供了巨大的膜面积。无机膜通常制成蜂巢状、单层膜，膜的内径为 0.3～0.6cm，厚度为 20～40mm，长度为 0.85m，参见图 10-5。

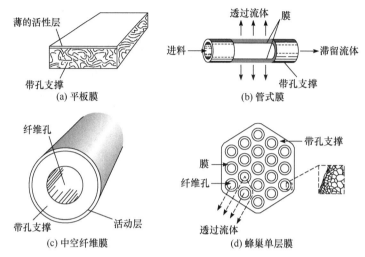

图 10-5   膜的形状

图 10-6 为陶瓷膜元件的照片图。

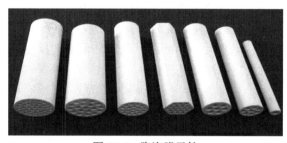

图 10-6   陶瓷膜元件

10.3.2   膜组件

膜被固定在一定的结构中，称为膜组件。平板膜、中空纤维膜、蜂巢是典型的膜组件。图 10-7 为常见的平板膜组件，其中(a)为平板膜组件结构，(b)为装配图。

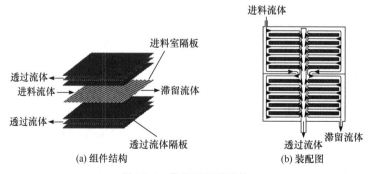

图 10-7   常见平板膜组件

图 10-8 为墨盒式过滤器。图 10-9 为螺旋卷式膜组件，也是平板膜组件。图 10-10 为中空纤维膜组件。图 10-11 为管式膜组件。

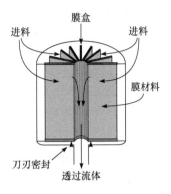

图 10-8　墨盒式过滤器

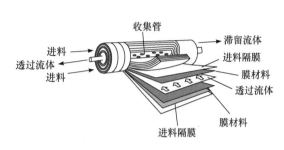

图 10-9　螺旋卷式膜

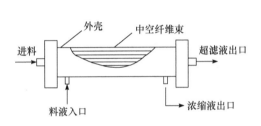

图 10-10　中空纤维超滤膜组件

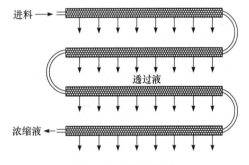

图 10-11　管式膜组件

表 10-1 给出了几种常用蜂巢状陶瓷膜组件的尺寸规格及端面形状。

表 10-1　陶瓷膜元件规格

端面形状	◎	⊕	⊛	⊛	⬡	⊛	⊛
膜孔径	MF:1.2、0.8、0.2、0.1μm			UF:300、100、50、20、5KD			
外径/mm	10	30	30	25	30	41	41
通道直径/mm	7.0	6.0	4.0	扇形	4.0	3.6	6.0
通道数	1	7	19	9	19	37	19
长度/mm	1016	1016	1016	1200	1016	1016	1016
膜面积/m²	0.022	0.13	0.23	0.23	0.23	0.42	0.36

10.4　膜分离过程的模型

膜的性能取决于膜两侧流体的浓度，也就是两侧流体浓度决定了分离性能及所需要的膜面积，而两侧流体浓度又与流动方式密切相关。例如，进料与透过流体是逆流还是并流直接影响两侧流体的浓度差。

理想流动模型假设：①两侧流体均充分混合，主体流体的浓度与膜表面处的流体浓度相等；②流体流动方向只有一个，即不存在涡流或返混。膜分离过程的设计方法取决于所选择的流动模型，错流模型比逆流及并流模型简单。

对于真实的膜分离过程，膜组件决定流动模型，真实的流动模型可能偏离理想情况很远，有时很难确定选择哪种流动模型合适。

10.4.1 理想流动模型

图 10-12 给出了四种理想流动模型。充分混合模型假设膜两侧的流体充分混合，各点浓度一样；并流模型假设膜两侧流体流动平行且方向一致，流体的浓度随传质过程而变化；错流模型假设膜两侧流体的流动方向互相垂直，浓度随传质而变；逆流模型假设膜两侧流体的流动方向平行且相反，浓度随传质而变。

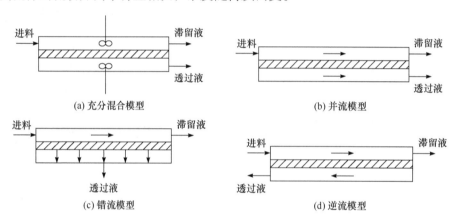

图 10-12 理想流动模型示意图

在同样的进料条件及分离要求下，分离效果按充分混合模型、并流模型、错流模型、逆流模型的顺序依次变好，所需要的膜面积依次递减。

10.4.2 多级膜分离

单级膜分离是指没有循环、一个或多个以串联或并联模式连接的膜组件。单级分离一般达不到预期的分离效果，膜分离过程也是一样。

膜分离过程的分离因子可用下式表示：

$$\alpha_{A,B} = \frac{y_{P,A}/y_{R,A}}{y_{P,B}/y_{R,B}} \tag{10-4}$$

式中，$\alpha_{A,B}$ 为分离因子；$y_{P,A}$ 为透过相中 A 组分的浓度或分压；$y_{R,A}$ 为残留相中 A 组分的浓度或分压；$y_{P,B}$ 为透过相中 B 组分的浓度或分压；$y_{R,B}$ 为残留相中 B 组分的浓度或分压。

对于气体膜分离，当渗透压力为零时，通量可用式(10-2)表示。

为了强化分离效果，通常采用多级形式，参见图 10-13。

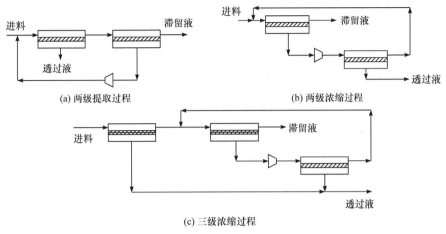

(a) 两级提取过程　　　　　　(b) 两级浓缩过程

(c) 三级浓缩过程

图 10-13　几种多级膜分离过程

10.4.3　充分混合模型的推导

图 10-14 所示为充分混合模型。假设：①气体在膜的两侧充分混合，没有边界层；②进料侧膜表面浓度等于滞留液的浓度；③透过侧膜表面浓度等于透过液浓度；④沿着膜表面没有压力梯度。

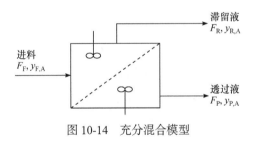

图 10-14　充分混合模型

对于二元物系(多元模型类似)、理想气体，有以下关系模型。

1. 传递模型

i 组分的通量与其单位通量成正比，也与其分压推动力成正比：

$$\frac{F_P y_{P,A}}{A_M} = \frac{P_{M,A}}{\delta_M}\left(P_F y_{R,A} - P_P y_{P,A}\right) \tag{10-5}$$

$$\frac{F_P y_{P,B}}{A_M} = \frac{P_{M,B}}{\delta_M}\left(P_F y_{R,B} - P_P y_{P,B}\right) \tag{10-6}$$

对二元物系有

$$y_{P,A} = 1 - y_{P,B} \tag{10-7}$$

$$y_{R,A} = 1 - y_{R,B} \tag{10-8}$$

将以 B 组分表达的变量替换成以 A 表达，得

$$\frac{y_{P,A}}{1 - y_{P,A}} = \frac{P_{M,A}}{P_{M,B}} \left[\frac{y_{R,A} - \dfrac{P_P}{P_F} y_{P,A}}{1 - y_{R,A} - \dfrac{P_P}{P_F}\left(1 - y_{P,A}\right)} \right] \tag{10-9}$$

式中，F 为标准体积流率(流量)，m^3/s；A_M 为膜表面积，m^2；$P_{M,A}$ 为组分 A 的透过能力，$[m^3/(m^2 \cdot s \cdot bar)]$；$\delta_M$ 为膜的厚度，m；P_F 为进料压力，bar；P_P 为透过侧压力，bar；$y_{P,i}$ 为 i 组分在透过侧的摩尔分数；$y_{R,i}$ 为 i 组分在滞留侧的摩尔分数。

2. 物料平衡

以标准体积定义透过率：

$$\theta = \frac{F_P}{F_F} \tag{10-10}$$

总物料平衡和组分物料平衡方程为

$$F_F = F_P + F_R = \theta F + \left(1 - \theta\right) F_F \tag{10-11}$$

$$F_F y_{F,A} = F_P y_{P,A} + F_R y_{R,A} = \theta y_{P,A} F + \left(1 - \theta\right) y_{R,A} F_F \tag{10-12}$$

解 $y_{R,A}$ 得

$$y_{R,A} = \frac{y_{F,A} - \theta y_{P,A}}{1 - \theta} \tag{10-13}$$

代入传递模型式(10-9)，求解 $y_{P,A}$。代入后得到二次方程

$$a_0 + a_1 y_{P,A} + a_2 y_{P,A}^2 = 0 \tag{10-14}$$

式中

$$\alpha = \frac{P_{M,A}}{P_{M,B}} \tag{10-15}$$

$$a_0 = -\alpha y_{F,A} \tag{10-16}$$

$$a_1 = 1 - \left(1 - \alpha\right)\left(\theta + y_{F,A}\right) - \frac{P_P}{P_F}\left(1 - \theta\right)\left(1 - \alpha\right) \tag{10-17}$$

$$a_2 = \theta\left(1 - \alpha\right) + \frac{P_P}{P_F}\left(1 - \theta\right)\left(1 - \alpha\right) \tag{10-18}$$

解得

$$y_{P,A} = \frac{-a_1 + \sqrt{a_1^2 - 4a_0 a_2}}{2a_2} \tag{10-19}$$

进而求得组分 A 的回收率，以及所需要的膜面积。

充分混合模型是一种简单模型,所用假设与实际情况偏差比较大,膜面积经常被高估。二元物系的推导过程可类似地向多元物系扩展,但多元物系的计算很复杂。充分混合模型的假设对液体膜分离过程失真更严重。

10.5 膜分离过程及其应用

10.5.1 气体膜分离

气体膜分离技术用于从气体混合物中分离小分子气体(<50kg/kmol),膜的两侧压差一般在 20~40atm。也可用于按类别分离气体,在使用致密固体膜从空气中分离有机气体时,有机气体更容易透过膜。

典型应用有从甲烷中分离氢气、空气分离、从天然气中分离二氧化碳和硫化氢、从天然气中回收氦、合成气中调整氢气与一氧化碳比例、天然气及空气的脱水、从空气中脱除有机气体。

【例 10-1】 气体膜分离氢气与甲烷。

图 10-15 为气体膜分离过程的典型应用案例。甲苯歧化反应生成苯和二甲苯,为控制结焦,防止催化剂因结焦而失去活性,进料中需要加入大量的氢气,氢气也参与了反应,生成苯和甲烷。两个反应方程式如下:

$$2C_7H_8 \longrightarrow C_6H_6 + C_8H_{10}$$

$$C_7H_8 + H_2 \longrightarrow C_6H_6 + CH_4$$

氢气进料中还含有约 15%(摩尔分数)的甲烷和约 5%(摩尔分数)的乙烷。因此,反应器出口物料的组成有未反应的甲苯和氢气、反应产物苯和二甲苯以及甲烷、乙烷。

未反应的反应物需要循环使用,反应产物需要分离出来,需要控制甲烷、乙烷在工艺中的积累,因此设计了两种工艺流程,参见图 10-15。图 10-15(a)为弛放气流程,闪蒸出来的气相分成两股,一股循环利用,另一股排放到燃料气系统中。图 10-15(b)为氢气膜

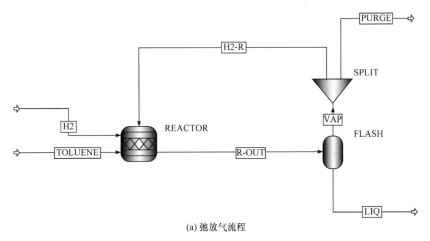

(a) 弛放气流程

图 10-15 甲苯歧化过程示意图

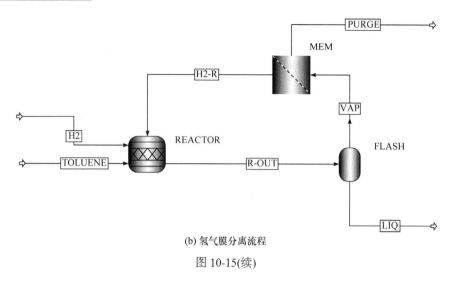

(b) 氢气膜分离流程

图 10-15(续)

分离流程，闪蒸出来的气相进入膜分离设备将氢气分离出来，循环利用，膜分离组件的滞留物以甲烷、乙烷为主，进入燃料气系统。理论和实践均证明，图 10-15(b)所示的氢气膜分离流程明显优于图 10-15(a)所示的弛放气流程。

10.5.2 微滤、纳滤、超滤

类似于常规过滤过程，微滤(microfiltration)、超滤(ultrafiltration)和纳滤(nanofiltration)均是利用多孔材料的拦截能力，以物理截留的方式去除溶液中一定大小的杂质颗粒的过程。

在压力驱动下，溶液中的水、离子、有机小分子等尺寸小的物质可通过膜的微孔到达膜的另一侧，大分子如菌体、胶体、颗粒物、有机大分子等不能透过膜而被截留。该过程以压差为推动力，常温操作，无相态变化，不产生二次污染。分离效果与膜的孔径有关，通常以透过通量和截留率表示其分离性能，参见表 10-2。

表 10-2 微滤、纳滤、超滤相关数据

过程	膜的孔径/μm	截留物质
微滤	0.1～10	菌体、蛋白、胶体、悬浮物等
超滤	0.005～0.05	色素、蛋白、热源、多糖、油等
纳滤	0.0005～0.005	中药有效成分、蛋白、色素、多价离子等

微滤、超滤、纳滤的典型工艺流程示意图如图 10-16 所示。核心设备为膜分离设备，原料从原料罐由泵抽出，经循环泵增压后进入膜分离设备，部分液体透过膜进入渗透液侧，收集到渗透液储罐，没有透过的滞留液由循环泵打循环。膜分离设备的渗透液侧预留压缩空气进口，用于膜的反吹清洗。

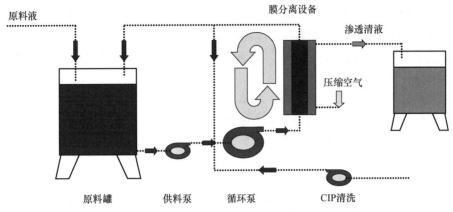

图 10-16 微滤、超滤、纳滤的典型工艺流程示意图

几种膜分离技术主要用于水处理或者其他溶液的处理，依据截留物质及分离的质量要求而定。在医药、食品、饮料、农产品深加工等领域有广泛应用，用于水处理、浓缩等过程。例如，微滤用于截留溶液中的微粒、细菌及其他污染物，用于分离发酵液中的菌体与溶液；超滤早期用于工业废水和污水处理，现在也已扩展到食品加工、饮料工业、医药工业、生物制剂、中药制剂、临床医学、资源回收、环境工程等众多领域。

微滤多用于半导体工业超纯水的终端处理，反渗透的首端预处理。在啤酒与其他酒类的酿造中，用于除去微生物与异味杂质等。张艳等采用氢氧化镁吸附与无机陶瓷微粒膜相结合的方法对印染废水进行脱色处理，脱色率可达 98%以上，并对膜污染和清洗进行研究，取得了较好的效果。

超滤的典型应用有：与反渗透联合制备高纯水，可以处理生活污水，处理工业废水[包括电泳涂漆废水、含油废水、含聚乙烯醇(PVA)废水等]，从羊毛精制废水中回收羊毛脂，纤维加工油剂废水处理，浓缩牛奶，分离果汁，回收疫苗及抗体，脱色等。操作压差为 $1.5 \sim 10$ atm，操作温度 $<70℃$。

纳滤膜孔径介于反渗透与超滤膜之间，对分子量在 $200 \sim 1000$ 之间的有机物和高价、低价、阴离子无机物有较强的截留能力。纳滤被广泛用于水软化、有机生物活性物质及化工中间体的除盐和净化浓缩、水中三卤代物前驱物的去除、废水脱色等领域。高从堦等采用纳滤技术在上海染料化工八厂进行了纯化和浓缩染料的工业性试验，结果表明，纳滤可除盐至 0.3%，并可将染料从 $6\% \sim 12\%$ 浓缩到 $20\% \sim 30\%$。张国亮等以海洋高硬度苦咸水为水源，采用纳滤膜软化技术制备饮用水，系统连续运行 27 个月，淡化水符合国家生活饮用水卫生标准，并对纳滤的分离特点及高硬度下实际运行的注意点做了进一步探讨。纳滤一般使用不对称膜，操作压差一般为 $5 \sim 20$ atm，操作温度 $<50℃$。

【例 10-2】 陶瓷膜在制药行业的应用。

陶瓷膜已被成功用于制药行业，用于去除发酵液中的菌体、细胞碎片、大分子蛋白、多糖，去除酶解液、生化料液中的不溶性杂质与胶体，去除中药提取液中的蛋白、鞣质、淀粉，去除脱色液中的活性炭粉末，去除淀粉糖液中的淀粉、胶体、蛋白、细菌，也用于化学合成过程中的催化剂回收(膜反应器)。典型应用案例如下：

(1) 抗生素类：硫酸连杆菌素、7-ACA 头孢菌素、红霉素、棒酸、万谷霉素、替考霉素、烟酰胺、根瘤菌等。

(2) 氨基酸类：赖氨酸、谷氨酸、L-苯丙氨酸、甘氨酸等。

(3) 有机酸类：乳酸、柠檬酸、酒石酸等。

(4) 其他合成药物类：维生素 C、核黄素、肌苷、鸟苷、核酸、扑热息痛、烟酰胺、酶制剂等。

(5) 中药制剂类：单方/复方口服液、注射剂等。

(6) 动物脏器提取物：蚓激酶、胸腺素、脑蛋白水解液、干扰素、胰岛素等。

(7) 植物提取物：茶多酚、葛根素、异黄酮、多糖、多肽等。

图 10-17 及表 10-3 给出了某中药提取液采用板框压滤机及陶瓷膜处理后的效果对比。图 10-18 给出了工厂设备照片。

图 10-17   某中药提取液采用板框压滤机及陶瓷膜处理后的效果实物图对比

表 10-3   某中药提取液采用板框压滤机及陶瓷膜处理的对比

内容	陶瓷膜	板框压滤机
过滤形式	动态的错流过滤，密闭式	滤饼过滤，敞开式
过滤精度	0.2μm，0.05μm，至 5kD，过滤液澄清透亮	>1μm，透过液混浊，杂质多
有效成分收率	可高达 99%以上	较低，95%左右
投资	一次性投资较高	较低
操作与维护	可全自动操作，易于控制	劳动强度大，操作环境恶劣
其他	对于菌体含量很高的物料不能直接过滤；浓缩液要另行处理	对于某些黏度大、菌体小的物料很难过滤；滤渣含水量少

图 10-18　工厂陶瓷膜设备照片

10.5.3　反渗透

如图 10-19 所示，把相同体积的稀溶液(如淡水)和浓溶液(如盐水)分别置于半透膜的两侧时，稀溶液的溶剂会自发地穿过半透膜向浓溶液的一侧流动，这种现象称为渗透(osmosis)。当渗透过程达到平衡时，浓溶液侧的液面会比稀溶液侧的液面高出一定高度，即形成压差，称为渗透压。渗透压的大小与溶液的固有性质(溶液种类、浓度和温度等)有关而与半透膜的性质无关。若在浓溶液的一侧施加一个大于渗透压的压力，溶剂的流动方向将与原来的渗透方向相反，开始从浓溶液侧向稀溶液侧流动，这种现象称为反渗透(reverse osmosis，RO)。

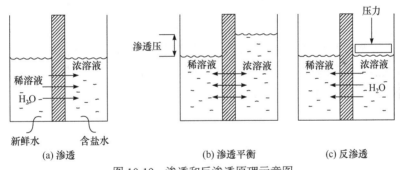

图 10-19　渗透和反渗透原理示意图

利用这一原理制成反渗透装置，可以截留原水中的无机盐，获得高纯水：使用高压泵将待处理的水增压，借助半透膜的选择截留作用阻挡水中的离子及细菌、病毒通过，透过侧为高纯水，截留侧为含离子的水。反渗透膜的孔道直径为 0.0001～0.001μm，较高选择性的反渗透膜元件除盐率可达 99.7%。

类似地，海水淡化、制剂用水、注射用水、无菌无热源纯水、食品饮料工业、植物(农产品)深加工、牛奶工业、生物医药、生物发酵、锅炉用水、半导体工业用水、城市给水处理、城市污水处理、工业电镀废水处理、纸浆和造纸工业废水处理、化工废水处理、冶金焦化废水处理、食品与医药工业废水处理、发电厂脱盐水制备等，都可见到反渗透的应用案例。

反渗透过程使用多孔膜，操作压差一般为 10～50atm，操作温度<50℃。

【例 10-3】　反渗透组合蒸发(中文名为机械式蒸汽再压缩技术，mechanical vapor

recompression，MVR)处理化工企业高盐废水。

煤化工和石油化工企业的生产过程中都有大量高盐废水产生，为了环保特别是零排放的要求，这些高盐废水需要进一步处理。反渗透组合蒸发是一个比较好的处理工艺，第一步通过反渗透将高盐废水浓缩，同时回收其中的水分，第二步采用 MVR 蒸发器对浓缩后的高盐废水进行蒸发，再结晶出盐分。

图 10-20 给出了该工艺的示意图，图中省略了废水预处理、换热及泵类设备。废水进料进入反渗透装置，大量的水透过膜得到回收，同时将高盐废水浓缩；浓缩后的高盐废水进入 MVR 蒸发器蒸发，蒸发后的二次蒸汽经热泵压缩后提升温度，然后作为蒸发器的热源蒸汽，蒸发器出来的更浓的盐浆液进入结晶工序进一步处理。

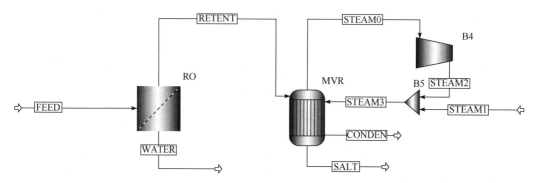

图 10-20   反渗透+MVR 处理高盐废水工艺流程示意图

MVR 的工艺流程如图 10-21 所示。蒸发器中物料蒸发产生的二次蒸汽经压缩机加压后升温，再进入蒸发器的加热蒸汽系统循环使用。因此，MVR 是利用蒸发系统自身产生的低品位二次蒸汽，采用压缩机对其机械做功提升为高品位的蒸汽热源，再循环利用的。MVR 工艺简单，节能效果显著，能耗低于传统的多效蒸发。

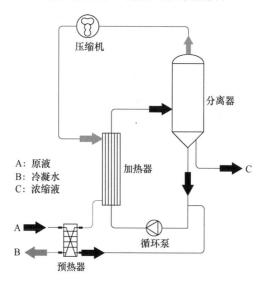

图 10-21   MVR 工艺流程示意图

MVR 只是能量利用方式发生了变化，可与多种蒸发器进行组合，如与膜式蒸发器、强制循环蒸发器、板式蒸发器进行组合，分别构成 MVR 膜式蒸发器、MVR 强制循环蒸发器和 MVR 板式蒸发器。

MVR 的核心设备是压缩机系统，目前国内普遍采用整体撬装式离心风机、罗茨压缩机和高速离心压缩机。

10.5.4 渗透气化

渗透气化(pervaporation，PV)是一种新兴的膜分离技术，其原理见图 10-22，使用选择性高的致密膜，高压液体进料后，被分离的组分溶解于膜，穿过膜后在低压下变为气体，实现分离。为了增大传质推动力，提高组分的渗透通量，一般在流程中设置预热器，将料液加热到适当温度后再进入膜分离组件。受膜材料耐温限制，渗透气化的操作温度不能高于 100℃。

渗透气化可用于分离共沸物系。如图 10-23 所示，黑色圆圈表示分离膜，圆点分别表示乙醇、水、甲醇和异丙醇的分子。膜的内侧为待分离的液体混合物，外侧为真空，真空侧物质的相态为气态。左侧图表示乙醇和水的分离，水容易透过膜气化，乙醇不容易透过膜，因而可以实现乙醇和水的分离。右侧图表示甲醇、水和异丙醇的三元混合物，甲醇和水容易透过膜气化，异丙醇被挡在膜的内侧，实现了异丙醇与甲醇和水的分离。

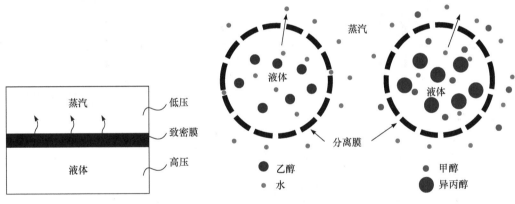

图 10-22　渗透气化原理示意图　　图 10-23　渗透气化分离液体混合物示意图

通过 Aspen Plus 可以查得乙醇和水存在共沸点，常压下乙醇和水共沸时的共沸组成(质量分数)为：乙醇 95.62%，水 4.38%，也可绘制乙醇和水的 *T-x-y* 相图，如图 10-24 所示。同样方法可以查得甲醇、水和异丙醇三元混合物存在异丙醇和水的共沸物，共沸组成(质量分数)为：异丙醇 87.27%，水 12.73%。由此可知，渗透气化技术可以有效破坏共沸物系的共沸组成，实现共沸物系的高效分离。

渗透气化使用的膜是致密膜、有致密皮层的复合膜或非对称膜，找到合适的膜是渗透气化成功的关键。

【例 10-4】　渗透气化组合精馏工艺分离共沸物。

图 10-25 给出了一种渗透气化与精馏耦合的工艺，其核心是使用渗透气化模块消除共沸点，再使用精馏塔实现常规分离。待分离物料与溶剂进入精馏塔 1，在该塔内通过共沸精馏实现物料分离，塔釜得到产品 1，共沸组成从塔顶采出，进入渗透气化设备，其中

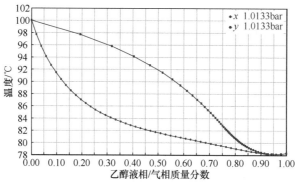

图 10-24   乙醇和水的 T-x-y 相图

的水或甲醇透过膜，溶剂及其他溶解的组分进入精馏塔 2 进一步分离，塔釜得到产品 2，塔顶溶剂回到精馏塔循环使用。如果不需要第 2 精馏塔，渗透气化的滞留物(溶剂)可直接回到精馏塔 1 循环使用。

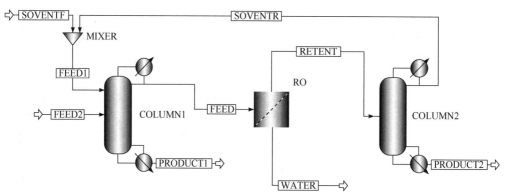

图 10-25   渗透气化与精馏耦合的工艺流程示意图

该技术适用于酯、醇、杂环、酮类等绝大部分混合溶剂的分离，参见表 10-4。

表 10-4   渗透气化适用的溶剂

溶剂名称	添加剂名称
乙醇，甲醇	三氯甲烷
异丙醇(IPA)	丁酮
N,N-二甲基甲酰胺	正丁醇
二噁烷	乙腈
乙酸乙酯	戊醇
乙醚	丙酮
碳酸二甲酯	甲基异丁基酮
N-甲基吡咯烷酮(NMP)	乙苯
三甲胺	甲苯
乙二醇乙二醚	二甲苯
吡啶	甲基叔丁基醚
二氯甲烷	四氢呋喃(THF)

注：包括但不限于表中所列溶剂的混合物的分离与提纯。

该技术回收有机溶剂的纯度可以达到或超过 99.5%，回收率可以达到 95%，能耗水平为 300～400 元/t 产品。

下面是一些典型的工业案例(广州汉至蓝能源与环境技术有限公司提供)。

【案例 1】　乙酸甲酯-水-甲醇的分离，含两对共沸物系：乙酸甲酯+水，乙酸甲酯+甲醇。处理结果参见表 10-5。

表 10-5　乙酸甲酯-水-甲醇的渗透气化-精馏组合分离效果(%)

项目	乙酸甲酯	丙酮	水	甲醇
原料	87.6	1.0	3	8.4
分离要求	不做要求	不做要求	≤0.1	≤0.1
分离结果	99.4	0.5	0.002	未检出

【案例 2】　某药厂 6 种溶剂与水的分离，参见表 10-6。

表 10-6　某药厂 6 种溶剂与水的分离(%)

待分离溶剂	处理前含水	要求含水	处理后含水
乙酸乙酯	3	0.3	0.02
甲基异丁基酮	0.5	0.08	0.02
吡啶	70	0.5	0.02
四氢呋喃	5	0.1	0.02
异丙醇	1	0.1	0.08
二氯甲烷	1	0.1	0.02

【案例 3】　四对共沸体系(四氢呋喃+水，四氢呋喃+甲醇，苯+水，苯+甲醇)的分离，参见表 10-7。

表 10-7　四对共沸体系的分离效果(%)

项目	四氢呋喃	苯	水	甲醇
原料	78.4	13.6	6.64	1.3
分离要求	脱除杂质	≤1.0	≤0.05	≤0.05
分离结果	99.6	0.3	0.042	未检出

10.5.5　膜的污染和清洗

膜材料很"娇气"，容易因为化学腐蚀、机械撞击或超温而损坏，也容易被污染、堵塞，导致传质效果下降。对于液体膜分离组件，定期清洗是很有必要的，同时有必要通过预处理清除溶液中的细小颗粒。

膜的清洗方法主要有两种，一种是在线反吹，另一种是离线用专用设备清洗。

思考与练习题

1. 简述微滤、纳滤、超滤、反渗透的异同及适用范围。
2. 简述渗透气化的原理及适用条件。
3. 陶瓷膜的特点有哪些？有哪些成功的工业应用？
4. 分离氢气使用什么膜材料比较好？

参 考 文 献

陈倩, 李士雨. 2012. 甲醇合成及精馏单元的能效优化[J]. 化学工程, 40(10): 1-4.

郭欣, 李金来, 李士雨. 2013. 一种变换工段废热回收与低温甲醇洗工艺冷冻站集成的节能系统: CN203240840U[P]. 2013-10-16.

郭欣, 李士雨, 李金来. 2012a. 低温甲醇洗装置低温段系统能效优化[J]. 化学工程, 40(10): 10-24.

郭欣, 李士雨, 李金来. 2012b. 一种低温甲醇洗工艺装置: 2012207311489[P]. 2013-08-21.

何玉娟, 李士雨. 2004. 天然香料的提取技术[J]. 化工进展, 23(9): 972-978.

金浩, 陆佳伟, 汤吉海, 等. 2018. 带侧线反应精馏-渗透汽化生产乙酸乙酯集成过程模拟与分析[J]. 化工学报, 69(8): 3469-3478.

李柏春, 贾彦霞, 秦兴华, 等. 2019. 酯交换合成乙二醇二乙酸酯反应精馏研究[J]. 化学工程, 47(5): 12-17.

李金来, 李士雨, 曲波, 等. 2012. 二甲醚精馏及回收不凝气中二甲醚的方法及装置: CN103012076A[P]. 2013-04-03.

李萍萍, 李士雨, 顾鑫. 2017. 熔融结晶法浓缩稀硫酸[J]. 现代化工, 37(11): 187-190.

李士雨. 2006. 桉叶素的纯化[J]. 精细化工, 23(1): 35-37.

李士雨. 2016. 一种熔融结晶法浓缩稀硫酸: CN108069405B[P]. 2021-05-07.

李士雨, 陈倩, 李金来. 2012. 一种甲醇合成及精馏的热集成装置: CN203007175U[P]. 2013-06-19.

李士雨, 郭欣, 李金来. 2013. 一种与低温甲醇洗工艺配套的丙烯冷冻站系统: CN203148128U[P]. 2013-08-21.

李士雨, 李响, 齐向娟, 等. 2010. 乙醇溶析结晶法由棉籽壳制备木糖[J]. 化工学报, 61(6): 1482-1485.

李士雨, 秦文军, 王静康. 1994. 熔融结晶技术用于制备高纯对二氯苯[J]. 化工装备技术, 15(4): 1-4.

李士雨, 王静康. 1995. 桉叶素应用与制备综述[J]. 精细化工, 12(5): 12-15.

陆佳伟, 孔倩, 汤吉海, 等. 2020. "背包式"反应精馏集成过程研究进展[J]. 化工进展, 39(12): 4940-4953.

潘勇, 张喆, 童雄师, 等. 2015. ZIF-8/乙二醇-水浆液吸收-吸附 CH_4/H_2 和 CH_4/N_2[J]. 化工学报, 66(8): 3130-3136.

齐向娟, 李士雨. 2005. 采用 ChemCAD 模拟乙酸丁酯催化反应精馏过程[J]. 化工设计, 15(6): 8-10.

王勇, 李士雨. 2014. 乙醇质量分数对精甲醇产品质量影响及控制[J]. 化学工程, 42(4): 68-72.

张兰天, 李士雨. 2003. 水溶剂法提取蓝桉叶油脚油中的精油[J]. 化学工业与工程, 20(6): 528-530.

宗杰, 马庆兰, 陈光进, 等. 2018. ZIF-8/乙二醇体系分离捕集 CO_2 溶解度的模拟计算[J]. 化工学报, 69(10): 4276-4283, 4132.

中华人民共和国国家质量监督检验检疫总局, 中国国家标准化管理委员会. 2011. 工业用甲醇质量标准. GB/T 338—2011.

Al-Malah K I M. 2017. Aspen Plus Chemical Engineering Applications[M]. Hoboken: John Wiley & Sons, Inc.

Chen W, Guo X N, Zou E B, et al. 2020. A continuous and high-efficiency process to separate coal bed methane with porous ZIF-8 slurry: experimental study and mathematical modelling[J]. Green Energy & Environment, 5: 347-363.

Chen W, Zou E B, Zuo J Y, et al. 2019. Separation of ethane from natural gas using porous ZIF-8/water-glycol slurry[J]. Industrial & Engineering Chemistry Research, 58(23): 9997-10006.

Doherty M F, Malone M F. 2001. Conceptual Design of Distillation Systems[M]. New York: McGraw-Hill Book Co.

Duncan T M, Reimer J A. 2019. Chemical Engineering Design and Analysis: An Introduction[M]. 2nd ed. Cambridge: Cambridge University Press.

Gorak A, Sorensen E. 2014. Distillation: Fundamentals and Principles[M]. London: Elsevier Inc.

Henley E D, Seader J D. 1981. Equilibrium-Stage Separation Operations in Chemical Engineering[M]. Hoboken: John Wiley & Sons, Inc.

Jia C Z, Li H, Liu B, et al. 2018. Sorption performance and reproducibility of ZIF-8 slurry for CO_2/CH_4 separation with the presence of water in solvent[J]. Industrial & Engineering Chemistry Research, 57(37): 12494-12501.

Kiss A A. 2013. Advanced Distillation Technologies: Design, Control and Applications[M]. Hoboken: John Wiley & Sons, Inc.

Kister H Z. Distillation Operation[M]. Hoboken: John Wiley & Sons, Inc.

Li H, Gao X T, Jia C Z, et al. 2018. Enrichment of hydrogen from a hydrogen/propylene gas mixture using ZIF-8/water-glycol slurry[J]. Energies, 11(7): 1890.

Li H, Liu B, Yang M K, et al. 2020. CO_2 separation performance of zeolitic lmidazolate framework-8 porous slurry in a pilot-scale packed tower[J]. Industrial & Engineering Chemistry Research, 59(13): 6154-6163.

Liu H, Liu B, Lin L, et al. 2014. A hybrid absorption-adsorption method to efficiently capture carbon[J]. Nature Communications, 5: 5147.

Liu H, Pan Y, Liu B, et al. 2016. Tunable integration of absorption-membrane-adsorption for efficiently separating low boiling gas mixtures near normal temperature[J]. Scientific Reports, 6(1): 21114.

Luyben W L. 2013. Distillation Design and Control Using Aspen Simulation[M]. 2nd ed. Hoboken: John Wiley & Sons, Inc.

Moulijn J A, Makkee M, van Diepen A E. 2013. Chemical Process Technology[M]. 2nd ed. Hoboken: John Wiley & Sons, Inc.

Myerson A S, Erdemir D, Lee A Y. 2019. Handbook of Industrial Crystallization[M]. 3rd ed. Cambridge: Cambridge University Press.

Noble R D, Terry P A. 2004. Principles of Chemical Separations with Environmental Applications[M]. Cambridge: Cambridge University Press.

Pan Y, Jia C Z, Liu B, et al. 2016. Separation of methane/ethylene gas mixtures efficiently by using ZIF-67/water-ethylene glycol slurry[J]. Fluid Phase Equilibria, 414: 14-22.

Petlyuk F B. 2004. Distillation Theory and its Application to Optimal Design of Separation Units[M]. Cambridge: Cambridge University Press.

Robbins L. 2011. Distillation Control, Optimization, and Tuning: Fundamentals and Strategies[M]. Boca Raton: CRC Press.

Robin S. 2016. Chemical Process Design and Integration[M]. 2nd ed. Hoboken: John Wiley & Sons, Inc.

Rousseau R W. 1987. Handbook of Separation Process Technology[M]. Hoboken: John Wiley & Sons, Inc.

Seader J D, Henley E D. 1998. Separation Process Principles[M]. Hoboken: John Wiley & Sons, Inc.

Seader J D, Henley E D. 2006. Separation Process Principles[M]. 2nd ed. Hoboken: John Wiley & Sons, Inc.

Seader J D, Henley E D, Keith Roper D. 2011. Separation Process Principles: Chemical and Biochemical Operations[M]. 3rd ed. Hoboken: John Wiley & Sons, Inc.

Wankat P C. 2012. Separation Process Engineering Includes Mass Transfer Analysis[M]. 3rd ed. Boston: Pearson Education, Inc.

Yang M K, Han Y, Zou E B, et al. 2020. Separation of IGCC syngas by using ZIF-8/dimethylacetamide slurry with high CO_2 sorption capacity and sorption speed but low sorption heat[J]. Energy, 201: 117605.